高等职业教育“十二五”规划教材

大学生心理健康教程

主　编　孙英华
副主编　张立敏　谷　雨
参　编　马春莉　侯　军
　　　　卢正芳　李　冲
主　审　刘双山

北京理工大学出版社
BEIJING INSTITUTE OF TECHNOLOGY PRESS

图书在版编目（CIP）数据

大学生心理健康教程／孙英华主编．—北京：北京理工大学出版社，2012.3（2013.7重印）

ISBN 978－7－5640－5606－3

Ⅰ.①大…　Ⅱ.①孙…　Ⅲ.①大学生－心理健康－健康教育－教材　Ⅳ.①B844.2

中国版本图书馆 CIP 数据核字（2012）第 022282 号

出版发行／北京理工大学出版社
社　　址／北京市海淀区中关村南大街 5 号
邮　　编／100081
电　　话／(010)68914775(办公室)　68944990(批销中心)　68911084(读者服务部)
网　　址／http：//www.bitpress.com.cn
经　　销／全国各地新华书店
印　　刷／北京兆成印刷有限责任公司
开　　本／787 毫米×1092 毫米　1/16
印　　张／13
字　　数／299 千字
版　　次／2012 年 3 月第 1 版　2013年7月第3次印刷
印　　数／6001～8000册
定　　价／28.00 元

责任编辑／葛仕钧
申玉琴
责任校对／周瑞红
责任印制／王美丽

前　　言

21 世纪是一个科学技术和经济全球化迅猛发展的世纪，是一个竞争激烈的世纪，是一个交往频繁的世纪，充满着不同文化、生活方式的融合与冲突，充满着挑战和机遇。对我们国家而言，经济的迅猛发展又伴随着经济危机，生活水平提高的同时自然灾难及重大社会事件又不断发生，人们感受着强烈的不确定感，心理面对着巨大的冲击。大学生作为一个特殊群体，是社会上最活跃、最敏感、有知识的人，他们敏锐地感觉到变化和冲击，而且由于他们正处于人格观念的形成期，生理和心理变化迅速，如何疏解压力，内心是否健康快乐，金钱能否给人以幸福等问题令他们感到困惑与迷茫，导致近年来学生因心理疾病、精神障碍等原因不惜伤害自己和他人的案例时有发生，因此大学生心理健康教育问题，越来越被学校和社会所重视。

《关于加强普通高等学校大学生心理健康教育工作的意见》（简称《意见》）指出，当前高校大学生心理健康教育工作的主要任务是：根据大学生的心理特点，有针对性地讲授心理健康知识，开展辅导或咨询活动，帮助大学生树立心理健康意识，优化心理品质，增强心理调适能力和社会生活的适应能力，预防和缓解心理问题。帮助他们提高环境适应能力和社会生活的适应能力、自我管理、人际交往，帮他们处理好求职择业、人格发展和情绪调节等方面的困惑，提高健康水平，促进德智体美等全面发展。

本教材按照《意见》精神，从大学生的实际状况出发，对大学生的心理发展过程以及存在的问题进行较为深入的研究和探讨，囊括了大学生心理健康教育的任务的内容；同时针对学校心理健康教育模式，介绍了一些心理治疗、心理咨询的理论与手段。本教材在内容上主要突出三个特点：一是适合大学生的知识水平和认知特点，便于大学生了解自身特点，丰富心理学的知识；二是能使大学生了解群体心理的发展特点，对寻求心理问题咨询和自我调节提供方法；三是为大学生开发潜能、完善自我提供了训练方法和案例。本书旨在探讨大学生在成长过程中的心理健康这一主题，帮助更多的大学生学会心理调适的方法，掌握自我塑造的基本途径，帮助他们对心理健康、人生追求做更加深入的思考，以期在人生的道路上走得更好。

本教材整体框架设计、栏目的拟定和写作思路由孙英华拟定。具体分工为：孙英华编写第一章、第八章、第九章、第十章、第十一章；张立敏编写第二章、第三章；谷雨编写第四章、第五章；马春莉编写第六章；李冲编写第七章；侯军、卢正芳参加课程实践的编写；由刘双山主审。编写过程中查阅了许多专家学者的论著，从中受益匪浅，在此表示感谢！由于时间仓促，加之作者水平的局限，本书尚有太多的不足与欠缺，恳请大家批评指正。

目　　录

第一章　心理健康概述

时代的发展，社会的进步使大学生这一特殊群体，需要面临着多重人生任务，需要探索和回答多重人生问题，诸如生命与生活的意义，学习与生活的联系，社会发展与个人成才的关系，友谊与爱情的获得。面对越来越多的学习和就业压力，面对各种复杂的人际关系与多元化的爱情观念等问题，大学生们常常感到困惑不解，无所适从。根据中国疾病控制中心提供的数字表明，在全国大学生中，有心理问题的占 16% ~25%，具体表现如感到困惑、郁闷、敏感、自卑，甚至出现自伤、伤人等情况不尽相同。关注心理健康就是关注生命，心理健康是学业成就、事业成功、生活快乐的基础，保持心理健康可以极大地提高生命质量。

第一节　大学生心理健康概述

一、什么是健康

健康是人类生存与发展的基本要求之一，也是每一个大学生成人成才的基础。传统观点认为：健康是指人体生理机能正常，没有缺陷和疾病，即"无病就是健康"的理念。随着现代科学技术的进步，现代医学的发展以及大量的医学实践发现，很多生理疾病的产生离不开心理因素，临床诊断开始注意提醒病人心理调节，临床护理也开始注重心理的意义。人们逐渐认识到心理、社会因素在健康与疾病及其相互转化中的不容忽视的作用，因而逐步确立了身心统一的健康观，从更全面的角度诠释健康，健康的"生物—心理—社会医学"模式应运而生。

早在 1948 年联合国世界卫生组织（World Health Organization，简称 WHO）就把健康定义为：健康是一种在生理、心理与社会适应方面的完满的状态，而不仅是没有疾病和虚弱的状态。

世界卫生组织还具体提出了健康的十条标准：

①有充沛的精力，能从容不迫地担负起日常工作和生活，而不感到疲劳和紧张；

②积极乐观，勇于承担责任，心胸开阔；

③精神饱满，情绪稳定，善于休息，睡眠良好；

④自我控制能力强，善于排除干扰；

⑤应变能力强，能适应外界环境的各种变化；

⑥体重得当，身材匀称；

⑦眼睛明亮，反应敏锐，眼睑不发炎；

⑧牙齿清洁，无空洞，无痛感，无出血现象；

⑨头发有光泽，无头屑；

⑩肌肉和皮肤富有弹性，步伐轻松自如。

从以上十条健康标准可以看出，健康包括了身体健康和心理健康，二者缺一不可，相辅相成。

案例　　　　　　　　　　　阑尾炎也有冒牌货

武翔，男，21岁，大学四年级，计算机专业。平时学习非常努力，学习成绩也很不错。最近几个月，武翔被奇怪的腹痛“缠”上了，每当疲劳或精神紧张时，他的肚子就会痛。一天下午，武翔的肚子又痛了，开始是脐周痛，后来转为右下腹痛，同学们见状，连忙把他送到了医院。武翔告诉医生，他从小就有肚子痛的毛病，在家乡曾被诊断为“慢性阑尾炎”。医生结合病史和体检结果，很快下了“慢性阑尾炎急性发作”的诊断。虽然当时化验结果提示血项中的白细胞水平不高，但考虑到“慢性阑尾炎”经常发作会影响学习、工作，医生还是建议武翔做手术。武翔考虑再三，长痛不如短痛，最终上了手术台。手术进行得很顺利，武翔很快便康复了。然而，术后的病理报告却让武翔傻了眼，上面赫然写着“正常阑尾”四个字。难道我的肚子痛不是阑尾炎引起的？我的阑尾根本没病?”武翔不由得担心起来。术后不久，武翔的担心变成了现实。每当他闷闷不乐或情绪激动时，肚子就会痛。去医院反复检查，都没有发现异常情况。最终，外科医生建议武翔去看心理医生。心理医生经过全面检查后认为，武翔患的不是真正的阑尾炎，而是假性的阑尾炎，或称“精神性阑尾炎”。经过一段时间的心理治疗后，武翔的肚子痛再也没犯过。

分析：所谓精神性阑尾炎是由于精神过度紧张引起的一系列类似阑尾炎的症状，如转移性右下腹痛、恶心、呕吐、发热、脉搏加快等，而阑尾本身并无充血、肿胀、化脓等炎症反应。失恋、人际关系紧张、工作繁忙、考试前用脑过度、突发事故惊吓等情况均可引起精神性阑尾炎。这种阑尾炎的症状很逼真，很容易被误诊。在英国南安普顿大学的汉森教授曾调查过219名被诊断为急性阑尾炎的患者，术后证实56人的阑尾完全正常。也就是说，有26%患者阑尾被枉割了！其中精神性阑尾炎占了大多数。该调查还发现，精神性阑尾炎患者术后还会出现上述阑尾炎症状。

精神性阑尾炎的疼痛症状与精神因素关系密切，如果发现自己一紧张就会肚子痛，一生气就会肚子痛。一旦放松情绪或转移注意力，疼痛就能减轻，应想到腹痛可能与心理因素有关，不是真正的阑尾炎。精神性阑尾炎多发生在敏感多疑、紧张焦虑的人身上，这些人要避免精神性阑尾炎的“纠缠”，关键是要保持良好的生活态度，尽可能减少不良情绪的刺激，懂得适时调整自己的情绪。

1989年世界卫生组织对健康作了新的定义，即“健康不仅是没有疾病，还包括躯体健康、心理健康、社会适应能力良好和道德健康”。这一新概念强调生理健康是物质基础，心理健康、良好的社会适应能力和道德健康是整体健康的统帅。

二、什么是心理健康

1. 心理健康的含义

迄今为止，关于心理健康还没有一个统一的概念。心理健康从一般意义上讲，是指没有心理疾病。但从本质特征来说，是指一种积极发展的心理状态。心理健康是心理学、社会学、精神病学、心理卫生学等多门学科所共同关心的重要问题。

1946年第三届国际心理卫生大会给心理健康下的定义为：“所谓心理健康是指在身体、智能以及情感上与他人的心理健康不相矛盾的范围内，将个人心境发展成最佳的状态。”

心理学家英格里斯（H. B. English）认为：“心理健康是一种持续的心理状况，当事者在各种情况下都能进行良好地适应，具有生命的活力，并能充分发展其身心潜能。这是一种积极的丰富的情况，而不仅仅是免于心理疾病。”

社会学家玻肯（W. W. Bochm）认为：“心理健康就是合乎某一水准的社会行为，一方面为社会所接受，另一方面能给自己带来快乐。”

精神病学专家孟尼格尔（Karl Menniger）认为：“心理健康是指人们对于环境及个体相互之间最有效率以及快乐的适应情况。不只是要有效率，也不只是要有满足感，或是能愉快地接受生活的规范，而是需要三者俱备，心理健康的人能保持平静的情绪、敏锐的思维、适应社会环境行为的能力和令人愉快的气质。”

我国心理学家叶弈乾认为：“当所有的心理活动过程包括心理操作过程和心理适应过程以及两者的相互作用都处于正常状态时，个体心理才是健康的。”

综上所述，学者们都倾向于认为心理健康是一种内外协调统一的良好心理状态。我们认为，心理健康是指对人的行为活动起积极作用的、在个体身上所表现出来的一种内外协调的良好心理状态。

2. 心理健康的判断标准

案例　　对大学的过度不满

学生甲，省重点高中毕业生，考入外地某工学院。报到后感到大学校舍等环境还不如原来的学校，老师也不像心目中的大学老师。“这哪像个大学！”，他极度失望、情绪低落，军训中途擅自回到家中。父母、亲友反复劝说令他越发烦躁，坚决不肯再上这所大学。

我们该如何评估上面个案中的学生的行为、心理状态呢？

先从几个角度来分析这个学生的状况：一是他的情绪反应比较强烈，如极度失望、烦躁；二是他的行为，军训途中擅自回家，不再肯回学校；三是不听父母的劝说等。

从统计学角度看，他比其他人情绪和行为反应强烈，如对大学不满意的同学很多，但不一定有他如此强烈的情绪，如极度失望；也不一定有过激的行为反应，如擅自回家。也就是说，处于同样情况下，大多数人的情绪、认知和行为反应常被作为评价的参考标准。心理学称为常模。在这个常模范围可以称之为正常，反之可以称为异常。

但是可能这个同学在家停留一段时间后情绪会慢慢平稳下来，会比较理性地思考自己面对的问题，则他又在情绪反应上趋于正常。思考的结果是回学校还是放弃这个学校来年再考，这两种选择都被认为是可以选择的行为。换句话说，其情绪正常不以其是否按父母或其他人意愿去选择作为评价标准。

这个学生的困扰还可以归结为是对新的环境不适应，或者对大学的期望值比较高，不能忍受现实与理想差距太大。但我们不能对这个学生简单地做价值判断，如认为他意志品质不强、过于理想化、比较考虑自己的感受等。我们认为他的反应是自然的、可以理解的，他有自我选择的权利。从心里的角度去理解，很难说哪一种选择是正确的。但是他自己要为自己的选择负责，因为不同的选择要承受不同的压力：不再回到学校就要面临复读、再考、再进大学是否满意等各种新的挑战。

其实一个人心理是否健康一直是心理学、医学、社会学等学科领域不断探讨但没有绝对标准答案的问题，主要是因为人的复杂性。对心理健康问题的探讨具有这样的特点：

（1）无法像医学一样可以通过各种仪器进行诊断。如身体有病，比如感冒，可以通过检查身体是否发烧、流鼻涕、咳嗽等得出结论。由于人心理的复杂性，常常无法运用仪器去测查心理的状况而做出结论。

（2）不能用伦理道德去衡量。比如有不少同学上网，甚至逃课、不完成作业。他们违反了学校的规范，但是不能简单地称他们心理不健康。

（3）不同文化对人的心理行为理解不一样。不同的地区、不同的民族以及不同的国家形成了不同的文化，可能在某种文化中能被接受的行为，在另一个文化中就会被认为是异常的。所以心理健康是一个相对的概念。

人的心理状态是不断变化发展的。就像前面的案例。那个学生的情绪和行为反应如果是变化的，就不能通过某次、某时的行为和情绪反应作判断。也就是说，评价心理健康是个动态的过程。

一般来说，判断个体心理健康主要看四个方面：

一是经验标准，即当事人按照自己的主观感受来判断自己的健康，研究者凭借自己的经验对当事人的心理健康状况进行判定。如果个体感到忧郁、不安、恐惧，但又没有可以解释的客观原因，或者坚决否认自己“不正常”，其实是缺乏自知力的表现，是异常的。

二是社会适应标准，以社会中大多数人的常态为参照标准，观察当事人是否适应这个常态而进行心理健康的判断。

三是统计学标准，依据对大量正常心理特征的测量取得一个常模，把当事人的心理与常模进行比较。将在一般人生活中表现最多见的某种行为视为正常，表现独特、怪异的视为异常。例如，锁门后检查一下是否锁好为正常行为，如果反复检查，甚至离开后再返回确认就是异常。

四是自身行为标准，是指每个人以往生活中形成的稳定的行为模式，即正常标准。

总之，心理健康是一个动态的过程，而不是一个静态的结果。一个心理健康的人，是处在一个健康成长的过程之中的人，也许他可能会碰到许许多多的麻烦，也许他也会有一时心理困扰，但他是一个有能力来应付和处理自己问题的人。也就是说，看一个人的心理是否健康，不是看他现在、此时的情况，而是看他走在什么样的路上和怎样走。如果他处在困境中，也不是看他一时的心境，而是看他如何应对和走向何方。另外，心理困扰不代表心理不健康，只是出现的时间不同、表现的内容不同、严重的程度不同。每个人都可能在不同的发展阶段出现不同程度的心理问题。心理健康的人，应勇于面对自己的烦恼，积极调整使自己走向和谐与适应。

心理健康的十条标准

美国心理学家马斯洛和米特尔曼提出的心理健康的十条标准被认为是“最经典的标准”：

（1）充分的安全感；

（2）充分了解自己，并对自己的能力作适当的估价；

（3）生活的目标切合实际；

（4）与现实的环境保持接触；

（5）能保持人格的完整与和谐；

(6) 具有从经验中学习的能力；

(7) 能保持良好的人际关系；

(8) 适度的情绪表达与控制；

(9) 在不违背社会规范的条件下，对个人的基本需要作恰当的满足；

(10) 在不违背社会规范的条件下，能作有限的个性发挥。

3. 心理健康的等级

根据中外心理健康专家们的研究，人的心理健康水平大致可以分为三个等级：

(1) 心理常态。其表现为经常有愉快的心理体验，适应能力强，善于与别人相处，能够较好地完成同龄人正常发展水平上应做的活动，包括具有调节情绪的能力。

(2) 心理问题（心理障碍或心理失调）。它是指人们心理上出现的问题，主要表现为失恋、落榜、人际关系冲突造成的情绪消沉、心情不好、焦虑、恐惧等消极情绪，与他人相处略感困难，生活自理能力有些吃力等。心理问题几乎是人人都可能遇到，心理问题不影响其社会功能，持续时间较短，自己可以有效地进行心理调节或在心理咨询师帮助下即可恢复常态。

(3) 心理疾病。心理疾病是由于个人或外界因素引起个体强烈的心理反应（思维、情感、动作行为、意志）并伴有明显的躯体不适感，是大脑功能失调的外在表现。表现为严重的适应失调，不能维持正常的生活、工作，如不及时治疗可能恶化，成为精神病患者。比较轻的心理疾病有“神经症“和”“变态心理”。

神经症主要是由心理、社会因素导致产生的一类心理疾病，神经系统没有病变，它的愈后一般比神经病、精神病要好。神经症是一组功能性疾病，包括神经衰弱、强迫症、抑郁性神经病、疑病症、恐惧症、焦虑症等。它们的共同特点是大脑皮层功能发生暂时的、可逆性的紊乱。

“变态心理”也称异常心理或病理心理，它是指人们的心理活动，包括思想、情感、行为、态度、个性心理特征等方面产生变态或接近变态，从而出现各种各样的心理异常活动，如洁癖、恋物癖。此状态之患者一般不能通过自身调整而康复，需要专业的心理治疗。

第二节　大学生心理特点与心理健康

一、大学生的心理特点

大学生心理成熟并非完全取决于他们生理成熟的水平，更多的是受到社会环境尤其是学校教育的影响和制约，同时还取决于大学生社会生活实践的广度和深度。就大学生心理发展的整体来看，他们正处在迅速地走向成熟而又未真正完全成熟的阶段，这显著地表现在他们矛盾的心理特点方面。

大学生心理发展的一般特点表现为以下五个方面：

1. 心理发展滞后于生理发展

发展是个体生理和心理的连续变化过程。其中，每个阶段都是这一连续过程的一个组成部分。发展的过程中既包含着积极的、进步的变化，也包含着消极的、衰退的变化。所谓生理发展就是指一个人在生理方面的发展，即器官在其构造上变得更加精密和机能有所提高。例如：身高的增长，肌肉的发达，智力的增长，体重与形态的发展与变化等。

可以说，大学生已进入青年发育期的晚期阶段，从生理角度来讲，他们大多已基本发育完全，但其心理发展正处于心理断乳的关键时期，远未达到成熟状态，因此说心理发展滞后于生理发展。

2. 追求自我形象的完满与现状的矛盾交织

进入高校的大学生，希望自己有更大的进步，他们对自身的知识结构、综合能力素质、性格爱好、个人兴趣、气质等个性心理素质的培养均提出了较高的要求，确立了较高的目标。但是，大学生群体中人才济济、山外有山、天外有天，因此，许多大学生有一种自豪感与自卑感交织的心理，一遇到挫折就容易对自身的能力产生怀疑，出现消极的自我评价，甚至否定自己的能力。产生悲观消极的情绪，造成较大的心理负担，直至引发心理障碍。

3. 智力水平比较高，一方面有很强的求知欲，另一方面缺乏浓厚的学习兴趣

大学生有较强烈的求知欲，希望能够在大学的学习中学到更多的科技学术和人文社会科学方面的知识，以充实自己，为今后走向工作岗位打下坚实的理论知识基础。同时，他们大多又对自己所学的专业缺乏兴趣和刻苦钻研的动力，造成学习效率不高，时间不能够得到充分地利用，自身的潜力不能充分地发挥与施展。

4. 学习自制力和生活自理能力偏低

由于中学教育大多采取比较封闭的教学模式，中学生的学习内容、学习事件都由教师来确定，有的中学生甚至自习时间都由教师安排，学生的学习自觉性和主动性非常低，势必造成他们进入大学以后，一时很难适应大学的学习方法或学习模式。大学着重强调培养学生的自学能力，除了正常的上课之外，自学的时间大多由学生来支配。学生的学习的主动性、自觉性差别很大。由于有些家长对升学的子女采取的过分保护策略，导致了一大批学生只会啃书本，生活自理能力偏低。有的学生甚至自己的衣服都不会洗，到放假的时间一起带回请父母代劳；有的学生不会安排料理生活，家里给寄来了生活费，还不到月中就花销殆尽。

二、大学生心理健康的标准

（一）大学生心理健康的标准

大学生心理健康的标准应从以下几个方面来加以把握：

第一，智力正常。这是大学生学习、生活与工作的基本心理条件，也是适应周围环境变化所必需的心理保证。因此衡量时，关键在于是否正常地、充分地发挥效能，即有强烈的求知欲，乐于学习，能够积极主动参与学习活动。

第二，情绪健康。其标志是情绪稳定和心情愉快。包括的内容有：愉快情绪多于非愉快情绪，乐观开朗，富有朝气，对生活充满希望；情绪较稳定，善于控制与调节自己的情绪，既能克制又能合理宣泄；情绪反应与环境变化相适应。

第三，意志健全。意志是人在完成一种有目的的活动时所进行的选择、决定与执行的心理过程。意志健全者在行动的自觉性、果断性、顽强性和自制力等方面都表现出较高的水平。意志健全的大学生在各种活动中都有自觉的目的性，能适时地做出决定，并运用切实有效的方式解决所遇到的问题，在困难和挫折面前，能采取合理的反应方式，能在行动中控制情绪，而不是行动盲目、畏惧困难、顽固执拗。

第四，人格完整。人格指的是个体比较稳定的心理特征的总和。人格完整就是指有健全统一的人格，即个人的所想、所说、所做都是协调一致的。人格结构的各要素完整统一，具有正确的自我意识，不产生自我同一性的混乱，以积极进取的人生观作为人格的核心内容，并以此为中心，把自己的需要、目标和行动统一起来。

第五，自我评价正确。正确的自我评价是大学生心理健康的重要条件，做到自知，恰如其分地认识自己，摆正自己的位置，既不以自己在某些方面高于别人而自傲，也不以某些方面低于别人而自惭，能够自我悦纳、喜欢自己、接受自己、自尊、自强、自制、适度自爱、正视现实、积极进取。

第六，人际关系和谐。良好而融洽的人际关系是事业成功与生活幸福的前提。其表现为：乐于与人交往，既有广泛而融洽的人际关系，又有知心朋友；在交往中保持独立而完整的人格，有自知之明，不卑不亢；能客观地评价别人和自己，善取人之长以补己之短，宽以待人，乐于助人，积极的交往态度多于消极的交往态度，交往动机端正。

第七，社会适应正常。个体与客观现实保持良好的秩序。进行客观地观察以取得正确认识，以有效的办法应对环境中的各种困难，还要根据环境的特点和自我意识的情况努力进行协调，或改变环境中某些方面适应个体需要，或改造自我以适应环境。

第八，心理行为符合大学生的年龄特征。人在不同年龄阶段时心理发展表现出相应的质的特征，这种特征称为年龄心理特征。一个人的心理行为，总是随着年龄的增长而发展变化。如果一个人的认识、情感和语言举止等心理行为表现基本符合他的年龄特征，就是心理健康的表现；如果严重偏离相应的年龄特征，心理发展严重滞后或超前，则是行为异常、心理不健康的表现。

（二）正确理解大学生心理健康的标准

心理健康与否的界限是相对的，要找到绝对标准是非常困难的。大学生心理健康标准的掌握也同样存在这样的问题：如何把握标准？我们认为应掌握三个标准，即相对性、整体协调性和发展性。

第一，标准的相对性。事实上，大学生心理健康与否并无明显的界限，而是一个连续化的过程，如将正常比作白色，将不正常比作黑色，那么在白色与黑色之间存在着一个巨大的缓冲区域——灰色区（图1－1），大多数人都处于这一区域内。这也说明：对多数学生而言，在人生的发展过程中面临一些心理问题是正常的，不必大惊小怪，应积极加以矫正。与此同时，个体灰色区域也是存在的，大学生应提高自我保健意识，及时进行自我调整。一个人产生了某种心理障碍并不意味着永远存在或行将加重。这是一个发展的问题，反映到心理上，形成心理冲突是非常正常的。许多发展性问题是可以自行解决的。

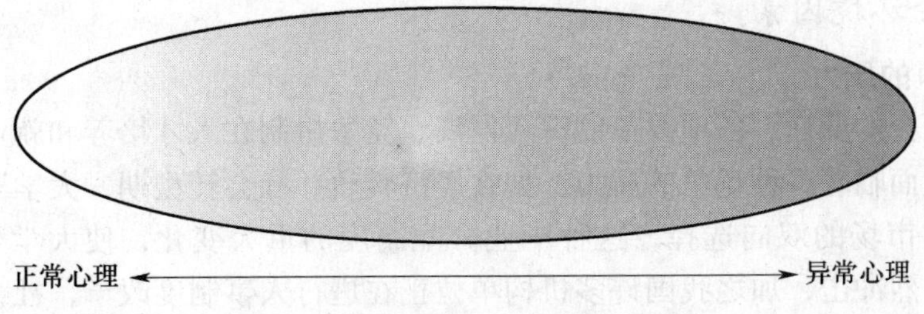

图1－1 精神健康灰色区理论示意图

第二，整体协调性。把握心理健康的标准，应以心理活动为本考察其内外关系的整体协调性。从心理过程看，健康的人的心理活动是一个完整统一的协调体，这种整体协调保证了个体在反映客观世界的过程中的高度准确性和有效性。事实表明，认识是健康心理结构的起点，意志行为是人格面貌的归宿，情感是认识与意志之间的中介因素。从心理结构的几方面看，一旦不能符合规律地进行协调运作时，就可能产生一系列的心理困扰或问题，从个性角度看，每个人都有自己长期形成的稳定的个性心理，在没有明显的外部因素影响下是不会轻易发生变化的。从个体与群体的关系看，每个个体在其现实性的基础上隶属于不同的群体，不同群体间的心理健康标准是有差异的。

第三，发展性。我们在研究大学生整体心理健康时，应将目光投向发展的健康观，即更多的大学生在发展中面临许多人生的课题，心理危机与心理困难等问题也都是在发展的大背景下产生的。事实上，不健康的心理可能是人在发展中不可避免的发展性问题，其症状会随着发展而自行消失。

三、影响大学生心理健康的主要因素

总的说来，大学生的心理问题是由来自社会、学校和家庭的各种压力直接造成的。由于大学生的文化层次较高，社会对其期望、要求也较高，大学生自我关注和人生目标的定位也较高，因此，他们所面临的心理压力自然要比一般的社会成员要大得多，其压力源也广得多。归纳起来，主要有以下几个方面。

（一）个体因素

1. 遗传因素

人的心理主要是在后天环境影响下形成和发展起来，然而，人的心理发展与遗传因素也有着密切的关系。根据统计调查及临床观察，许多精神疾病的发病原因确实具有血缘关系。同时，遗传易感性在一些人身上也是存在的，以遗传素质为基础的神经类型及各个年龄阶段所表现的身体特征也影响着人的心理活动。

2. 情感因素

人的心理活动总是通过人的情感变化而影响内脏器官的活动。积极、愉快的情感对人的生活起着良好的作用，有助于发挥机体的潜能，提高工作效率，增进人体健康。近代医学科学实验研究已肯定消极情感对身心疾病的发生、发展过程起着不良作用。例如，无所依靠和失望的情绪会降低一个人的免疫力。情绪在心理变态中起核心作用，情绪异常往往是心理疾病和精神病的先兆。因此，良好的情绪是心理健康的重要保证。

（二）社会环境因素

1. 社会竞争的压力

随着我国社会的变迁、各项改革的深入发展、竞争机制在人才培养和就业制度上的引进等，高校大学生面临着各种竞争的压力。如在经济转轨、社会转型期，大学毕业生由国家统一分配转向人才市场的双向选择，这种毕业分配制度的重大变化，使大学生“天之骄子”的优越感受到强烈冲击，加之我国许多机构单位正在进行人事制度改革，社会的下岗失业人数逐年增多等，大学生感到前途渺茫，原有的优越感、美好的理想在现实面前遭受挫折，这种失落感极易导致大学生产生心理问题。

2. 信息矛盾引起的认知问题

大学生正值长身体、长知识、学做人的重要时期，正处于世界观、人生观、价值观的形成过程中，可塑性极强。随着网络信息时代的到来，各方面信息纷繁复杂，良莠不齐，而大学生由于思想不完全成熟，缺乏社会经验、智力支持，导致对信息的加工处理能力不强，使理论与现实产生激烈的矛盾冲突。这些冲突如果得不到及时解决，就会产生心理障碍或其他心理问题。

3. 其他社会因素

不同的社会文化对人的心理健康也有重大影响。文化精神病学的研究表明，不同文化（科学、教育、宗教、风俗、传统文化、社会习惯等）中精神病的发病率与临床表现形式都存在明显的差异。比如，在发展中国家狂躁或抑郁性精神病较少见，而在发达国家抑郁症却是颇为常见的病症。另外，一些重大事件也是个体产生心理障碍的诱发原因，这些重大因素包括恋爱婚姻、亲友的生离死别、重大自然灾害以及其他应急事件等。对唐山大地震孤儿的研究显示，目前（距地震已 30 年）参加调查的 260 名地震孤儿中有 32 例仍患有创伤后应激障碍，他们的压抑焦虑程度仍明显高于同龄人。生活环境的变化和重大的情感冲击，都可以作为一种刺激源引发个体的应激反应，给个体带来较大压力，影响人的心理健康。

（三）家庭环境因素

家庭的影响主要包括家庭的情绪氛围、父母的教养态度、家庭结构及家庭经济状况四个方面。家庭是人生的奠基石，父母是孩子的第一任老师，对学生的成长与成才的影响是长久而深远的。家庭的情绪氛围是良好心理素质形成的前提，家庭成员间的语言及人际氛围，直接影响着家庭中每个成员的心理，对个性逐渐成熟的大学生影响更具有特别的意义。父母的教养态度和教育方法直接影响孩子的行为和心理，民主、平等而非命令、居高临下的，开明而非专制的，潜移默化而非一味娇宠的教养态度与教育方法有利于学生心理的健康发展；家庭结构的变化如单亲家庭、重新组合家庭等因素必然会对正在读书的大学生心理有一定影响；家庭经济状况特别是困难甚至贫困家庭的学生易产生心理不适感。目前，高校学生中有 20% 来自经济困难家庭，他们在生活条件方面，在吃穿乃至言行举止方面都与大城市来的学生有很大差距。他们除了参与学业竞争外，还得承受因高额的学费和生活开支而带来的经济方面的压力。不少贫困学生在学习之余不得不靠勤工俭学来维持学习生活。因此，他们所承受的心理负担明显地超过了其他同学，极易导致心理上的不平衡。

（四）学校环境因素

1. 环境变迁

心理学研究表明：个体所处的环境的巨大变迁也会使个体产生心理应激。虽然环境变迁只是生活事件的一部分，但这种变化对个体适应的影响比较突出。生活环境的变迁对新生是一个不小的挑战。这种变化的主要方面就是要自己独立生活，应付一切生活琐事。

相对来讲，大学生对新的人际关系的适应远比对学习和生活环境的适应困难。进入大学意味着进入全新的人际关系之中。面对来自各种风格、特点各异的新同学，如何建立协调、友好的人际关系是非常重要的。这一过程的进展将对整个大学生活产生非常大的影响，在大学生中普遍存在着人际关系、交往以及适应障碍。

2. 学业期望

大学的学习目的、学习方式、学习内容都是有别于中学的。随着社会对大学生要求的提高，用人标准的转变，促使很多在校大学生既要学习专业知识，同时还要选修一些相关知识，如外语、计算机、汽车驾驶等，考取各类证书，以适应激烈的市场竞争。如果大学生学习方法不当，学习动机不强，学习目的不明确，自我约束能力弱，则容易出现焦虑、紧张等情绪反应，同时还会严重影响自信心，发生苦恼以及自我否定等心理问题，极大地影响大学生的心理健康。

3. 自我认知

处于大学阶段的青年人已强烈意识到“自我”，也注意到了自我的脆弱，因而产生了强烈的充实自我、发展自我的愿望。有的同学在追求发展自我的中顾此失彼，没能达到期望的目标，从而产生了不良心理反应。还有的同学，在发展自我的过程中放大了自我弱势、忽略了自我优势，由于害怕暴露自己的弱点而采取防御机制，缺乏必要的社会支持，甚至产生严重的烦恼和恐惧不安等。

第三节　大学生保持健康心理的意义与方法

一、心理健康对大学生成长的意义

（一）心理健康可以预防精神疾病、心身疾病和恶性事故

保持心理健康对于预防精神疾病、心身疾病和恶性事故有重要的意义。

精神疾病是一种严重的心理障碍，这与大学生的心理健康水平密切相关。由于社会生活的纷繁复杂以及面临的各种压力，大学生随时都面临着来自各个方面的心理应激。开展心理健康教育，能够教会大学生很好地处理各种矛盾，提高心理承受水平，使其在挫折面前有足够的心理准备，并采取积极有效的措施，从而预防精神疾病的发生。

心身疾病是指心理因素在病症的起因中占据重要地位的病症，如冠心病、高血压、溃疡、某些肿瘤疾病等。诸如情绪不稳定、易大喜大怒、过于争强好胜、长时间的焦虑不安、不满等心理很容易导致疾病的产生。对大学生开展心理健康教育，可以使他们有效地抵制各种不良诱因，矫正不良的心理反应，有效地预防心身病症的发生。近年发生的高校恶性事故中，有许多原因与大学生的心理健康状况有关。心理健康水平较低的人，很容易产生无法控制的愤怒情绪，出现过激行为。提高大学生的心理健康水平可以预防这类事件的发生。

皮肤是天然的心理压力检测表

疱疹：心理压力使身体抵抗力降低，这样一来免疫系统的防线就不那么牢固了。

粉刺：心理压力促进了皮脂腺的活动，使皮肤出油，促进了粉刺的产生。

湿疹：心理压力本身并不会使皮肤干燥、脱落，但它可以加重已经有的症状。比如心理压力下的出汗不但会使湿疹更加严重，甚至还会导致脱皮、流脓、发红和发痒。

脱发：受到精神创伤的人由于激素增加和血液循环中出现问题，会使黑头发脱落。只有心理压力水平恢复正常时，头发才会重新生长。

（二）心理健康对于大学生成才有着重要的意义

健康的心理是大学生接受思想政治教育以及学习科学文化知识的思想前提，是在校期间

大学生正常学习、交往、生活、自身发展的基本保证。如果一个人经常过度地处于焦虑、郁闷、孤僻、自卑、犹豫、暴躁、怨恨、猜忌等不良心理状态，是不可能在学习、工作和生活中充分发挥个人潜能、身心得到发展，进而取得成就的。

大学生保持健康心理之所以重要，是因为他们所承担的和将要承担的学习任务和社会责任较为繁重和复杂，执行起来较为困难和艰苦。社会主义现代化建设取决于人才素质的提高和合格人才的培养。新世纪的大学生面临着世界范围内的经济竞争、政治斗争、军事斗争乃至综合国力中其他方面的竞争，大学生的心理健康对他们的品德素质、思想素质、智力素质乃至身体素质的发展都有很大的影响。心理素质是人才素质的基础，心理健康是良好的心理素质的基本要求。为了培养和造就跨世纪的人才，必须普及心理健康知识，优化大学生的心理素质。

案例　　幸亏没有雇用这样的人

一位专科生毕业时到一家中外合资企业应聘高级职员，应试后自我感觉良好，对朋友们夸口说："我若考不上那就没有人能考得上了。"等到揭榜，他却意外地名落孙山，因而感到无脸见人，不久便传来他自杀的消息。后来，公司发现是工作人员抄漏了名单，其实他考了第一名。这时有人问公司经理是否感到遗憾。经理说："我确实为这位先生感到遗憾，但同时也为本公司感到庆幸。"问者不解其意。他解释道："如果我的工作人员不出差错，我将会录取一个经不起任何打击的废物，那才是本公司的不幸。"

二、大学生保持心理健康的方法

心理健康不仅关系到大学生的生活、学习、成长、幸福，也关系到社会的发展、民族的兴衰。因此，大学生保持心理健康至关重要。大学生保持心理健康的方法包括以下几个方面。

（一）增强心理卫生保健意识，提高自我调节能力

心理卫生又称精神卫生，旨在采取适当措施，培养健全的人格，消除个体的各种不良反应，预防心理障碍和心理疾病的发生，使人处于能按其身心潜能进行活动的健康水平。进入高校的大学生身体、心理素质逐步走向成熟，具备了自我调整的能力，了解心理卫生知识、增强心理卫生自我保健意识是通往心理健康的重要途径。大学期间各种思想意识都会对大学生的心理发展产生影响，自觉地接受良好的、健康的、情趣高雅的教育，自觉抵制腐朽的、晦暗的意识侵蚀，提升自己的品位、格调是保持健康心理的有效方法。运用各种方法进行自我调节，使自己处于恬静、舒适、愉悦的心境之中是大学生得以健康成长的前提。

（二）进行积极的心理防御，理智寻求外界的帮助

大学生在学习生活中难免要遇到这样或那样的矛盾与冲突、失意与困惑，建立积极的心理防御阵地就显得尤为重要。积极的心理防御就是要以理智、审慎的态度去对待挫折与冲突，选择无害的方式释放积蓄在内心的破坏性能量，将被压抑的欲望以积极的方式流露出来。面对过强的冲突，用转移大脑兴奋中心来缓解不良情绪等。在必要时，求助知心朋友、心理老师或心理咨询机构，也是采取积极的心理防御的办法。

（三）培养良好的人格品质，提高承受挫折的能力

现代社会的发展对大学生的心理健康提出了更高的要求，不仅要没有明显的心理疾

患，而且要追求形成健全的人格，提高对社会的适应能力，进而创造性地发展个人与社会的终极目标。个性良好的人格品质首先应该正确认识自我，培养悦纳自我的态度，扬长避短，不断完善自己；其次，应该具备应对挫折的承受能力，对挫折有正确的认识，在挫折面前不惊慌失措，采取理智的应付方法，化消极因素为积极因素。挫折承受能力的高低与个人的思想境界、主观判断、挫折体验等有关。大学生应该努力培养自己，使自己具有宽阔的胸怀、健全的人格，从更高更广的视角来看问题，能够从宏观上、本质上去认识事物，把握生活。只有这样，学生的抗挫折能力才会增强，思想境界才能提高，心理才能保持健康。

（四）养成科学的生活方式，建立合理的生活秩序

许多大学生是第一次离家独立生活，一时间似乎得到了许多的“自由”。如果滥用这种“自由”，或随心所欲，或负担过重，不顾自己的身体状况和生理节奏，都会导致精神损伤。生活方式对心理健康的影响已为科学研究所证明。健康的生活方式指生活有规律、劳逸结合、科学用脑、坚持体育锻炼、少饮酒、不吸烟、讲究卫生等。大学生的学习负担较重，心理压力较大，为了长期保持较高学习的效率，必须建立合理的生活秩序，科学地安排好每天的学习、锻炼、休息时间，使生活有规律。

（五）积极参加社会实践活动，磨炼意志品质

一个人的心理素质、意志品质如何，只有通过实践才能表现出来，也只有在实践中才能真正地培养锻炼出来。高校是培养高素质高技能人才的摇篮，“工学结合、校企融合”是培养大学生的主要人才培养模式。开展“走进社区、走进企业、走进机关团体”的大学生社会实践活动，是多数高校提高大学生社会实践能力的“必修课”。大学生应积极参加社会实践活动，这样不但可以增强社会观察力、思维力、操作力，而且可以广泛地了解社会、拓宽生活面、增加社会经验，在社会实践中陶冶情操、调节心理、促进心理平衡，磨炼自己的意志品质。实践证明：经常参加社会实践活动不仅是大学生提高专业技能的有效手段，而且还是培养大学生健康心理素质的最佳途径。

课程实践

活动一　心理测试

症状自评量表

题号	症　状	1	2	3	4	5
1	头痛					
2	神经过敏，心中不踏实					
3	头脑中有不必要的想法或字句盘旋					
4	头晕或昏倒					
5	对异性的兴趣减退					
6	对旁人的责备委曲求全					
7	感到别人能控制自己的思想					

续表

题号	症 状	1	2	3	4	5
8	责怪别人制造麻烦					
9	忘性大					
10	担心自己的衣饰不整齐及仪态不端庄					
11	容易烦恼和激动					
12	胸痛					
13	害怕空旷的场所或街道					
14	感到自己精力下降，活动减慢					
15	想结束自己的生命					
16	听到旁人听不到的声音					
17	发抖					
18	感到大多数人都不可信任					
19	胃口不好					
20	容易哭泣					
21	同异性相处时感到害羞不自在					
22	感到受骗、中了圈套或有人想抓你					
23	无缘无故地感到害怕					
24	感到不能控制地大发脾气					
25	怕单独出门					
26	经常责怪自己					
27	腰痛					
28	感到难以完成任务					
29	感到孤独					
30	感到苦闷					
31	过分担忧					
32	对事物不感兴趣					
33	感到害怕					
34	你的感情容易受到伤害					
35	旁人能知道你的私下想法					
36	感到别人不理解你、不同情你					
37	感到人们对你不友好、不喜欢你					
38	做事必须做得很慢以保证做得正确					
39	心跳得很厉害					
40	恶心或胃部不舒服					
41	感到比不上他人					
42	肌肉酸痛					
43	感到有人在监视你、谈论你					
44	难以入睡					

续表

题号	症　状	1	2	3	4	5
45	做事必须反复检查					
46	难以作出决定					
47	怕乘电车、公共汽车、地铁或火车					
48	呼吸有困难					
49	一阵阵发冷或发热					
50	因为感到害怕而避开某些东西、场合或活动					
51	脑子变空了					
52	身体发麻或有刺痛感					
53	喉咙有哽塞感					
54	感到前途没有希望					
55	不能集中注意力					
56	感到身体的某一部分软弱无力					
57	感到紧张或容易紧张					
58	感到手或脚发重					
59	想到死亡的事					
60	吃得太多					
61	当别人看着你或谈论你时感到不自在					
62	有一些属于你自己的看法					
63	有想打人或伤害他人的冲动					
64	醒得太早					
65	必须反复洗手、点数目或触摸某些东西					
66	睡得不稳不深					
67	有想摔坏或破坏东西的冲动					
68	有一些别人没有的想法或念头					
69	感到对别人神经过敏					
70	在商场或电影院等人多的地方感到不自在					
71	感到任何事情都很困难					
72	一阵阵恐惧或惊恐					
73	感到在公共场合吃东西很不舒服					
74	经常与人争论					
75	单独一个人时神经很紧张					
76	别人对你的成绩没有做出恰当的评论					
77	即使和别人在一起也感到孤独					
78	感到坐立不安心神不定					
79	感到自己没有什么价值					
80	感到熟悉的东西变陌生或不像真的					
81	大叫或摔东西					

续表

题号	症　　状	1	2	3	4	5
82	害怕会在公共场合昏倒					
83	感到别人想占你便宜					
84	为一些有关“性”的想法而苦恼					
85	认为应该为自己的过错而受惩罚					
86	感到要赶快把事情做完					
87	感到自己的身体有严重问题					
88	从未感到和其他人亲近					
89	感到自己有罪					
90	感到自己的脑子有毛病					

症状自评量表是从感觉、情感、思维、意识、行为到生活习惯、人际关系、饮食睡眠等多种角度来评定一个人是否有某种心理症状及其严重程度如何。

测验的每一个项目均采取五级评分制，具体说明如下：

1 = 无：自觉并无该项症状（问题）；

2 = 轻度：自觉有该问题，但对受检者并无实际影响，或影响轻微；

3 = 中度：自觉有该项症状，对受检者有一定的影响；

4 = 偏重：自觉常有该项症状，对受检者有相当程度的影响；

5 = 严重：自觉该症状的频度和强度都十分严重，对受检者的影响严重。

作为自评量表，这里的“轻、中、重”的具体含义由评者自己体会，不作硬性规定。

测试要求：

（1）独立的、不受任何人影响的自我判断。

（2）评定时间范围是“现在或最近一周”。

（3）每次评定一般在 20 分钟内完成。

指导语：

以下列出了有些人可能会出现的问题，请仔细阅读每一条，然后根据最近一星期以来自己的实际感觉，选择最符合你的一种情况，填在测验答卷纸中相应题号的评分栏中。

统计分析指标：

SCL—90 的统计指标主要有以下各项。

（1）总分和总均分：总分是 90 个项目各单项得分相加，最低分为 90 分，最高分为 450 分，总分超过 160 分，可考虑筛查阳性，需进一步检查。总症状指数（也称总均分，是将总分除以 90）的分数在 0 ~ 0.5 之间，表明个体自我感觉没有量表中所列的症状；在 0.5 ~ 1.5 之间，表明个体感觉有点症状，但发生得并不频繁；在 1.5 ~ 2.5 之间，表明个体感觉有症状，其严重程度为中等；在 2.5 ~ 3.5 之间，表明个体感觉有症状，其严重程度为严重；在 3.5 ~ 4 之间表明个体感觉有症状，且症状的频度和强度都十分严重。

（2）阳性项目数：单项分≥2 的项目数。表示个体在多少项目中呈现“有症状”。

（3）阴性项目数：单项分 = 1 的项目数，表示个体“无症状”的项目数有多少。

（4）因子分：SCL—90 包括 9 个因子，每一个因子反映出个体某方面的症状情况，通过因子分可了解症状分布特点。当个体在某一个因子得分大于 2 时，即超出正常均分，则个体在该方面就很有可能有心理健康方面的问题。

各因子名称及所包含项目：

（1）躯体化：包括题1、4、12、27、40、42、48、49、52、53、56、58共12项，该因子主要反映主观的身体不适感。

（2）强迫症状：包括题3、9、10、28、38、45、46、51、55、65共10项，反映临床上的强迫症状群。

（3）人际关系敏感：包括题6、21、34、36、37、41、61、69、73共9项，主要指某些个人不自在感和自卑感，尤其是在与他人相比较时更突出。

（4）抑郁：包括题5、14、15、20、22、26、29、30、31、32、54、71、79共13项，反映与临床上抑郁症状群相联系的广泛的概念。

（5）焦虑：包括题2、17、23、33、39、57、72、78、80、86共10项，指在临床上明显与焦虑症状相联系的精神症状及体验。

（6）敌对：包括题11、24、63、67、74、81共6项，主要从思维、情感及行为三个方面来反映受检者的敌对表现。

（7）恐怖：包括题13、25、47、50、70、75、82共7项，它与传统的恐怖状态或广义恐怖所反映的内容基本一致。

（8）偏执：包括题8、18、43、68、76、83共6项，主要是指猜疑和关系妄想等。

（9）精神病：包括题7、16、35、62、77、84、85、87、88、90共10项，其中有幻听、思维播散、被洞悉感等反映精神分裂症状项目。

（10）其他：包括题19、44、59、60、64、66、89共7项，主要反映睡眠及饮食情况。

活动二　自助阅读

李开复是一位信息产业的执行官和计算机科学的研究者。1998年，李开复加盟微软公司，并随后创立了微软中国研究院（现微软亚洲研究院）。2005年7月20日加入Google公司，并担任谷歌全球副总裁兼中国区总裁一职。2009年9月4日，宣布离职并创办创新工场，任董事长兼首席执行官。

从1990年起，李开复多次被邀请到大学校园里与中国大学生近距离接触，被大学生渴望成才的热情感动。从2000年4月起，李开复陆陆续续写了很多封给大学生的信，在互联网上和中国高校广为流传。

《给中国学生的第一封信：从诚信谈起》

《给中国学生的第二封信：从优秀到卓越》

《给中国学生的第三封信：成功、自信、快乐》

《给中国学生的第四封信：大学四年应该这样度过》

《给中国学生的第五封信：你有选择的权利》

《给中国学生的第六封信：选择的智慧》

《给中国学生的第七封信——21世纪最需要的7种人才》

第二章　环境适应与心理发展

大学是一场短跑还是一场长跑？几乎所有上过大学的人都会得出这样的结论——大学时光转瞬即逝，一切似乎都发生在电光火石的瞬间。大学，绝对是一场短跑。既然是短跑，那么起跑就显得至关重要了。大学的起跑，其实就是一种适应。适应得快，占据了有利的首发位置，状态迅速地调整到最好，再接着跑你就会发现你已经在队伍的前端，而在随后的过程中，不论是后面不断要冲上来的对手，还是你曾经领先的地位，都会促使你习惯性地全力奔跑，保持领先。当领先变成了一种习惯，一切都变得那么自然。所以有人说，大学生活的前三个月也许已经决定了后面三年是精彩还是平淡。迅速地认识自己角色的改变，自觉地调整心态，尽快地适应大学的客观环境，适应大学人际关系的变化，适应大学的学习方式，是实现大学生心理健康的重要途径。

第一节　心理适应概述

一、什么是心理适应

心理学范畴里使用适应范畴时通常由三个角度，一是生物学意义上的适应，即生理适应，如感官对声、光、味等刺激物的适应。通常所说的“暗适应”和“明适应”，是视觉上的适应，“入芝兰之室，久而不闻其香，入鲍鱼之肆，久而不闻其臭”是嗅觉上的适应。二是心理上的适应，通常是指遭受挫折后借助心理防御机制来减轻压力，恢复平衡的自我调节过程，这是一种狭义的适应概念。三是对社会环境的适应，是指为了生存而使自己的行为符合社会要求的适应和努力改变环境以使自己能够获得更好发展的适应，这是广义的社会适应的概念。

社会适应也是我们通常所说的环境适应。适应有积极和消极之分，积极适应是指无论身在何处，都能为了自己的生存而去主动发现和利用环境中的资源，并在此基础上改变环境，这是最佳的适应状态。消极适应是指在一个新的环境中，被动地感知环境，被动地应对环境刺激。能动地适应和改造环境是心理健康的重要标志之一。

青蛙实验

19世纪末，美国心理学家曾经做过一次著名的青蛙实验：他们把一只活蹦乱跳的青蛙丢进沸水里，这只青蛙在千钧一发之际，竟奇迹般地跳出来水面，成功地死里逃生。半小时以后，心理学家再使用同样的锅，里面放入的是大半锅凉水，把青蛙放到锅里头，慢慢地一点点加热，刚开始青蛙悠然自得地享受温水，过了一段时间，等水温热到它熬不住的时候，却已无力逃生。

二、环境适应与角色改变

大学生的环境适应，归根到底是环境改变后的角色适应；大学生的心理适应，从某种意义上说，就是角色的适应。在许多情况下，角色改变是极其自然的，以至于人们没有特别感觉到自己在进行这种调适。

（一）大学生的角色与角色改变

角色是来自早期法国剧院里的词语，指上面写着演员角色的纸卷。在心理学中，角色也叫社会角色，通常指期望个人的、训练个人的，并鼓励其在一定社会情境中去完成某种权利、义务和责任的行为模式。一般来说，每一个社会角色都有一套相应的社会道德规范或行为标准，这些标准客观上规定了个体在扮演某一特定角色时所应具有的角色和行动，是不以扮演者自己主观的标准为转移的。

在社会中，角色不是孤立存在的，而是与其他角色联系在一起的。这样一组相互联系、相互依存、相互补充的角色就是角色集。任何一个大学生都不可能仅仅承担某一种社会角色，而总是承担着多种社会角色，他所承担的多种角色又总是与更多的社会角色相联系，所有这些就构成了角色集。

（二）大学生角色转变的特点

1. 角色转变的滞后性

在自己所处的环境改变之后，个体会有新的角色出现，要达到心理适应就必须及时完成角色改变。由于种种原因，特别是在角色期望的作用下，大学生的某些角色达到认同需要一定的时间，从而使角色改变表现出滞后性。大学生角色改变的滞后性是不少大学生环境适应不良的根本原因。

（1）角色期望。个体对自己在一定环境中可能身份的预期和愿望，称为角色期望。角色期望与角色改变密切相关，既可以成为个体行为的动机，也可能成为个体适应环境的障碍。大学生在中学阶段都期望自己考入理想的大学；预期考入大学后彻底改变自己的面貌，实现自己的“才子佳人”梦；期望自己在人际关系方面能够左右逢源，挥洒自如；如此等等。

（2）角色认同。个体在实际生活中对自己角色的接受和体现，即为角色认同。角色认同与角色改变直接相关，角色改变的基础是角色认同，只有当个体认同了新环境中的角色，角色改变才能真正产生。角色认同受角色期望的影响，现实与角色期望之间的差异越小，个体越易达到角色认同，从而越易出现角色改变。所以，大学生的角色改变是其以角色期望为基础而进行的角色认同。由于大学生的角色期望都很理想化，现实环境难以恰好符合，因此，角色认同存在一定的困难，使角色改变呈现出滞后性。现实环境与角色期望之间的差异越大，角色改变的滞后时间越长，大学生也就更难适应现实环境。角色改变的滞后性决定了大学生对各种环境的适应需要一个过程，同时可能出现障碍。

2. 角色改变的差异性

（1）速度差异。大学生角色改变的速度不同，实际是大学生角色改变滞后性存在差异的表现。角色期望内容与角色认同速度都可以成为角色改变速度差异性的决定因素，将大学期望得愈美好，角色认同愈延迟，角色改变的速度就可能愈缓慢。这方面的差异要说明的是，不同的大学生适应环境的速度不同，有的很快就可以适应，有的却要较长的时间，甚至难以适应。

（2）内容差异。大学生角色改变的内容存在差异性，即有的是大学生学习方面的角色改变，有的是人际方面的角色改变。这种差异可以解释：为什么有的大学生在学习方面适应而在人际方面不适应；为什么有的大学生在多个方面不适应，而有的只是个别方面不适应或各个方面都适应；为什么有的大学生为自己是一名大学生而自豪，有的却对自己是某类大学或某类专业的大学生而自卑。

案例　　　　　　　　　　　　**“角色”模拟实验**

1973 年，斯坦福大学的心理学家津巴多做了一个经典的模拟实验，形象而深刻地阐明了人与角色的密切关系。所谓模拟实验就是让被测试者在模拟得非常逼真的情境下做出反应，然后对被试者的行为进行观察研究。

津巴多首先发出广告，录取了 20 多名大学生担任志愿者。随后，他随机地把这些志愿者分成两组，其中 6 名大学生扮演“看守”，另外的人扮演“犯人”。接下来的一切都完全按照当时监狱里的情境进行。实验者发给“看守”警服和警棍，使他们装备得与真的一样，告诉他们要轮流值勤，注意维持秩序。“犯人”先是被“看守”戴上手铐，押到“警察局”；签字画押、验明正身后，又被蒙住双眼，带到一个地下室的“监狱”里。在这里，他们进一步经历了作为“犯人”所受的待遇，如全身喷消毒剂，脱去平常的衣服，换上统一制作的布袋式囚衣，“看守”和其他“犯人”不再对他们称呼姓名，而改用号码称呼，每名“犯人”被分别关入只有一张床、一个门的单人牢房。

实验期间，“看守”和“犯人”的公开行为都会被录像、录音。津巴多和他的助手们通过闭路电视和录音装置来观察“犯人”和“看守”的行为与谈话，并不定时地与他们进行个别谈话和交流，从而获得更丰富全面的信息。但是，仅过几天，实验就超出了研究者们的控制范围，参加实验的“看守”和“犯人”们的表现越来越“专业化”。“看守”们日益强化自己的权力，渐渐学会了从侮辱、恐吓以及非人性地对待“犯人”中获得乐趣，不时地命令他们做俯卧撑，拒绝他们上厕所的要求，以及做出各种虐待狂似的行为；而“囚犯”们最初会进行反抗，但很快就变得被动、情绪低落，一个接一个地出现了抑郁、愤怒、沮丧等心理症状。这个实验原计划进行两周，可 6 天后，有一半的“囚犯”被试要求释放，因为他们几乎达到了崩溃的边缘。因此，津巴多被迫停止了实验。

这个实验给我们最大的启示在于：人社会角色地位的改变将对人的心理和行为产生巨大影响。不同角色赋予一个人的权利和责任不同，人们对他的期待也会不同，这些无形的东西影响一个人的心理和行为，从而促成他的变化。当我们在社会地位或社会角色有较大变化的时候，应该有意识地调整自己的心理状态，防止或减轻其向不好的方向变化。

第二节　大学生适应问题的表现与调适

环境不适应的最初起因是环境改变了，从原来对高中生活的适应，处于平衡状态，到大学之后，环境有了新变化，平衡被打破，继而引发一系列的不适应。每个人都会遇到不适应。因为什么引起不适，每个人具体原因不同；在哪些方面不适，每个人不尽相同；不适症状持续多久，因人而异。大学期间常见的不适应有习惯型不适应、情感型不适应、压力型不适应和不满型不适应，针对不同类型的不适应，需采取不同的策略进行调整。

一、习惯型不适应与调适

主要表现：生活习惯、学习习惯的不适应。如生活习惯的冲突，特别是在气候、饮食、环境等方面不适应。大学生多没有固定的教室，上课或自习常常遇到到处找教室等烦恼之事。学习方法的冲突，如中学生的学习方法对于高自觉、高自主、高强度、高效率的大学学习是不适应的，会让一些学生因摸不着头脑而产生焦虑和迷茫。

案例　　　　　　　　　痛苦中的挣扎

崔某，女，17岁，某大学一年级新生。来自城市，备受父母宠爱，家中生活事宜均由父母料理。父母只要求她努力学习，甚至连衣服鞋袜也不用自己洗。入学后，非常想家，自述："简直待不下去了，成天想家。早上醒来一睁眼就想到不是在家里，不想起床，不想吃饭，但又怕身体垮了父母着急，便强迫自己起床锻炼、吃饭。在操场上跑步，听广播里放的音乐有'妈妈'之类的歌词就要哭，一边跑一边哭。到处都听见本地人的口音，总觉得是被抛弃到异地来的外乡人，孤独极了。班上组织出去玩，我无论怎么也高兴不起来，反而愈玩愈伤心，觉得到处都不如家乡。每天晚上熄灯后都在被窝里哭，也不知到什么时候才入睡。周末，看见寝室里的本地同学回家，更伤心难受。父母肯定希望我快活，希望我好好读书。我迫使自己快活起来，强迫自己好好学习。但是，基本上学不进去，就是望着书发呆，晚自习要在图书馆坐两三个小时才能坦然一点。好多作业没做，现在成天提心吊胆，担心期末考试不及格，担心被淘汰，让别人笑话，担心家人失望。从内心来说，我后悔上大学，也不知上学来干什么。我现在完全没有了在家时的活跃，没有了中学时代的丰富多彩，觉得大学生活一点儿不充实。现在只有烦恼——忧愁——烦恼——忧愁。两个多月我可以说是靠大量的QQ聊天、邮件和不断地打电话支持着自己的精神。"

类似主人公这样的不良适应表现，可以从以下几方面来调节自己：

1. 主动锻炼和提高自身的生活自理能力

现在的大学生大多是独生子女，家长在物质上照顾周到，舍不得让孩子做家务，甚至必要的生活事情都代为处理。这些情况一般在集体生活一段时间后，就能逐渐好转。同学间互相影响、互相学习，能够在一定程度上促进生活自理能力的提高。

独立生活能力的另一个重要方面体现在对钱的管理上。家长一般每月或几个月给学生一次生活学习费用，大学生就要自己独立计划如何进行消费。除了交学费买学习用品，一般大学新生没有太多"理财"的经验。计划不当甚至没有计划的学生常常在月初的时间里大手大脚，过度消费，超前消费，把后面的伙食费提前花掉。花钱是要有计划的，这首先要考虑，在整个生活中，哪些开支是必需的、基本的，哪些是可有可无的。还要了解自己父母的经济能力和自己挣钱的可能性。

2. 培养良好的生活习惯

生活习惯是指通过重复或者练习而巩固形成的一种自动化的行为模式。按照是否有利于人的身心健康，生活习惯可以分为积极和消极两大类，大学生常见的消极生活习惯有如吸烟、酗酒、饮食不规律、包宿上网破坏自身生物和心理节律等。消极的生活习惯是逐渐养成的，积极的生活习惯也是能够培养的。

第一，每天要有严格的作息时间，生活的高度规律性是身体健康的保证。大学生自己可以安排和利用的时间较多，生活内容较为丰富多彩，如果不能妥善计划，生活杂乱无章就会使人精疲力竭，学业成绩的下降是必然的。

第二，要有良好的饮食习惯。大学生中胃病患者较多。要么是饮食不规律，很多人早晨起床较晚，来不及吃早饭便去上课，有的就索性取消了早饭，有的则在课间饿时随便吃些零食。要么是暴饮暴食。有个别学生有饮酒的习惯，这不仅影响身体健康，而且也会增加开支。

第三，坚持锻炼身体。因为读书而使身体垮掉的大有人在。尽管学校常开展各种体育运动以促进学生增强体质，真正重视身体锻炼的学生却并不多。这与上面所述的没有严格作息时间有很大关系。当然，过度的体育活动也是不利于身体健康的，而且，运动过量后的疲劳会妨碍学习的顺利进行。

第四，保持乐观而平稳的心境、有积极向上的精神状态。生活中难免有各种各样的坎坷与困境，面对困难，要有乐观的态度；遇到逆境，不要失去信心，要学会自我调整，学会寻求帮助，学会向别人倾诉。倾诉不仅能宣泄、化解心中的郁闷，而且还会得到别人的帮助，迅速走出不良心境。

二、情感型不适应与调适

主要表现：迷恋过去，希望回到过去，充满恋旧感，对新环境陌生，对新同学的性格、言行、习惯等很难接纳，不愿与他们交往，于是产生孤独感和寂寞感。

案例　　留恋过去

王某，男，18 岁，大一新生。自述："进大学前，幻想着大学生活浪漫、幸福，可是来到大学后却觉得人地两生。特别是到了节假日，看到当地同学陆续回家或与老同学团聚，我的思乡之情油然而生。我是多么留恋过去的中学时代，过去的同学、朋友，过去熟悉的生活环境，甚至后悔不该考外地的大学，其实我们那里有不少像样的大学，我们班的好几个与我要好的同学都在家乡的大学上学。我觉得大学还不如过去的中学时代好，人长大了上了大学但生活却没什么意思，还不如少年时代好玩。"

主人公的这种心情，在新同学中普遍存在，是大学新生中经常遇到的心理状态，心理学上称之为"回归心理"。"回归心理"是一种恋旧心态，当我们开始新环境适应的时候，总自觉不自觉地从对过去的回忆中寻找慰藉。它是由于对大学生活不适应，对新环境的陌生而造成的，由于人地两生而特别留恋过去，想回到过去那个熟悉而亲切的环境中去。

"回归心理"应当说是一种正常的心态。每一个人，尤其是第一次离家的大学生更容易产生这种心理。因为还没有与新同学建立起友好熟悉的关系，对新环境中的一切都没有对自己家乡那种亲切、熟悉和热爱的感觉，如果再遇到一些挫折或不愉快的事情，这种回归心理还会增强。恋旧是对新的现实不适应的一种反映。一方面是由于墨守成规，对新的环境、生活方式或变化不能接受，喜欢维持既定的生活秩序；另一方面是由于缺乏弹性，对现实缺乏应战的能力。有人说：失去的总是最好的，忘记过去是一种背叛。人都会沉湎与追忆过去，但过度依恋就是不健康表现。如果长期处于一种怀旧、留恋过去的心理状态，影响情绪、人际交往、学习，就会产生心理不适，严重的甚至导致心理障碍。

克服"回归心理"的建议：

（1）首先要认识到人的一辈子，其实就是一个不断"丧失"的过程：胎儿丧失了襁褓，才能学会站立和走路；青少年丧失了父母的呵护，才能成为具有独立生活能力的人……如果我们一辈子都惧怕丧失，都不愿意付出任何代价，那么我们也终将丧失发展的机会。从这个角度来看，今天由于丧失所带来的暂时的痛苦和不适应，换来的正是明天的飞跃。如果明白了这一点，那么与其消极被动地面对新的环境，不如积极主动地去适应新的环境。

（2）与他人多接触。与家人、老同学、老朋友多交流信息，沟通思想，可减轻怀旧情绪。与新同学一回生，二回熟，三回成朋友。如果你想赢得别人的喜爱，赢得朋友，就必须开放自己、关心别人，当你有了新朋友时，就会有人分享你的快乐和烦恼，你也就有了更多的进步动力。

（3）培养业余爱好。整天学习工作会使人感到枯燥单调乏味。充分利用大学里的课余时间，利用社团活动机会，开辟实践途径，让自己的课余生活丰富起来。

案例 **适应新环境，迎接新挑战**

Z同学：男，18岁

我现在一点都看不下去书，老想着回家。原来把大学生活想象得挺美好的。可进入大学后发现情况完全不是我想象中的那样。

宿舍里有4个人，其中两个和我作息习惯不一样，他们要9点才起床，喜欢在宿舍上自习，但是我喜欢去教室。另一个人和我性格差异很大，我们在讲话时有很多观点不一致，就是话不投机。本来想在宿舍发展一个朋友，现在看来也不可能了。中学时，同学之间座位都是固定的，交朋友也比较容易，现在大家座位都不固定，交朋友就难了，宿舍以外的同学之间很难碰到面，大家都忙于学习。我现在很多时候都一个人独来独往，心里很想有个知心朋友，感到很孤单，有时候都想哭，给以前的同学写信，他们要过很长间才能回信。

周围的人都是以自我为中心，宿舍里的同学经常根本不顾别人的想法，不像我们那山区农村，大家都是互相帮助的，同学之间也都很友好。另外在学习上，周围的同学都很刻苦，成天看书，而我每天完成老师布置的作业后，很容易放松自己，不知道做完作业后该干什么事，该看什么书。有时候就在网络上耽误了很长时间，也很后悔浪费了学习时间。但我看书又总是看不进去，现在也很担心期末考试不及格。

我现在完全没有了在家时的活跃、中学生活的充实和快乐。我都待不下去了，经常想着乘车回家。有时看书，一听到火车轰鸣的声音的，我的心就飞回家了，书再也看不下去了。

分析：Z同学的情况是大学新生中经常遇到的心理困惑，心理学上称之为“回归心理”，主要表现为由于对大学生活不适应，对新环境陌生而产生的依恋过去、渴望回到过去生活的心态。

“回归心理”是一种正常的心理状态，特别是对于第一次离家的年轻人来说，在对新环境适应之前留恋过去的美好，极为常见。如果不能尽快地熟悉和适应新环境，而长期处于怀旧、恋旧的心理中，就会增强对新环境的心理冲突和抗拒，从而影响正常的生活和学习。因此，尽快适应新环境，克服过度的“回归心理”，对于新生来说显得尤为重要。

就Z同学的具体情况而言，其“回归心理”的产生主要由于原因：

一是以中学同学之间的单纯关系来衡量大学同学之间关系的复杂性，故而对彼此之间生活习惯的差异、想法观点上的不同以及一部分同学的自我中心显得不适应。既没有集体生活中求同存异的态度，也没有人际交往上正确的沟通理念，更没有对个性存在缺点的同学宽容的胸怀，而“求同存异”、正确的沟通理念、宽容态度，恰是处理复杂人际关系时所需要的三大重要基础，刚进入大学的同学在此方面显然有所欠缺。

二是处于学习生活中的“断乳期”而显得无所适从。中学阶段高考的学习目标明确，又有老师在学习上每一步的具体指导和跟踪。而大学生活，一方面要求学生在学习上的独立性和自觉性，另一方面存在着高考目标实现后新目标的寻找和确定，在新目标确定和自主性形成之前正是一个“断乳期”。Z同学在学习上典型表现还是对中学学习方法的依赖和延续，不能自主地安排自己的学习生活，也还没有意识确定新的目标，因而表现出明显的对大学学习生活的不适应。

咨询指导：

(1) 帮助其认识到适应困惑在大学新生中是一种普遍现象，一般来说，任何人在面对新环境时都有一个适应过程。因此，关键在于以积极的态度去努力适应新环境，为自己进一步发展创造条件。

(2) 介绍新环境的特点以及可以充分利用的大学资源，除了图书馆丰富的学习资源之外，还有良好的体育设施，满足兴趣爱好的各种社团组织资源，学校所在城市对张同学来说的异城风光和人情风俗。

(3) 在学习上帮助分析中学学习和大学学习的不同，并介绍如何进行学习生活自主安排以及摸索确立新目标的重要性。

(4) 在人际交往方面，介绍“求同存异”“宽容”的具体内容以及什么是正确沟通理念，并举实例帮助其认识如何在实践中体现以上三大原则。

第一次咨询面谈重点在对一些知识的介绍和认知疗法，咨询后还先后和Z同学所在的班级及所在系领导进行沟通，多安排一些诸如“学习经验交流会”“小组体育竞赛”“节日联欢会”等多种形式的活动，以增进同学友谊，取代思乡之情。

此外，还请Z同学参加了由辅导老师组织的“心理交流活动”，活动由新生、高年级学生、老师共同参加。在活动中，咨询老师先请Z同学就“当前需要什么”“我有哪些困难”等问题当众发言。然后请高年级同学就自己的切身体会介绍自己适应大学生活的经验，现场气氛热烈融洽。活动过后，Z同学反映收获很大，心情好多了。

三、压力不适应型与调适

有人打过这样一个比方：上大学之前，大学是一盏很亮同时很远的灯，同学们好像在黑夜里，除了这盏灯，周围的一切都看不清，大家只顾朝着灯跑。上了大学，好像天一下亮了，灯被淹没了，周围的东西却清晰了，才发现还有很多东西可学可比，还有诸如交际能力、文体才能等方面的差距。这种既自负又自卑的心态使得不少刚入学的新生在最初的大学生活的新鲜感过去之后，容易产生一种莫名的迷茫和失落。

主要表现：由于来自于学业、就业竞争、经济负担等现实压力，或来自于虚荣心过强造成的压力，感到竞争对手林立，自己时刻处于紧张的备战状态，甚至怀疑自己的能力，不但无法享受知识的乐趣，反而越努力，成绩越不理想。情绪上有明显的郁闷、焦虑，生理上出现失眠、头晕等症状，行为上表现为一种无目标状态。

案例　　　　来自山区学生的困扰

白某，男，20岁，大一学生；来自贫困山区，父亲在他几岁时就去世了。母亲含辛茹苦将三个孩子养大。为了供他读书，哥姐初中辍学。哥姐近三十岁才成家，去年患重病，借了几千元医药费，病还未痊愈。现在家中只有六十多岁的多病的老母亲，有好多事她干不了，经济状况更不好了，经济的压力影响了学习，学习成绩很不理想，又觉得对不起亲人和家乡父老。

自述：“由于我是新中国成立以来全村唯一考上大学的学生，所以在来上大学之前，老乡们特意凑钱给我放了庆贺电影。当时，心里很激动，决心好好学习，还想争取考上研究生。我为如今这种学习状况内疚、忧虑，有时感到自己简直就是个低能儿。为了不辜负父老乡亲的期望，能完成学业，我下决心节衣缩食渡过难关。我一周只吃一份菜；进大学后没买过新衣服，人长高了，衣服穿上又小又短；班上开展的需要花钱的活动，如郊游、生日宴会等，能不参加就不参加；平时尽量节约几角钱甚至几分钱。可这样一来，有的同学嘲笑我、讥讽我，说我农村来的就是小家子气、吝啬、没有小伙子的潇洒气度。每当这时，我就只能用苦笑来回答他们。由于我的经济条件差，参加集体活动少，有些同学又指责我不关心集体。我委屈、苦恼、孤独、自卑，常叹命运不公。”

案例中主人公的压力主要来自于经济方面以及环境反差太大造成的不适。大学校园与山区中学截然不同，一切都是那么新奇、高深、神秘，心里自然会莫名恐慌起来；刚进校时，看见其他同学穿着风格各异，潇洒得体，自己连一件像样的衣服都没有；别人见多识广、谈吐自如，自己却孤陋寡闻，插不上嘴；进食堂，别人买肉菜，自己只敢买廉价小菜；周末，别人包宿、逛街、看电影，自己只能躲在宿舍或教室里；相比之下，自己是那么寒酸、土气，于是自卑，不敢主动与其他同学接近……贫困生、偏远生压力之大可想而知，他们出现这样那样的心理问题，如焦虑、自卑、紧张、失眠等，带有一定的普遍性。对这些学生应该多一些理解，更加关心、爱护、帮助，加强心理适应的指导，帮助他们正确认识自己和评价自己，注意生活节奏，提醒适当参加文娱、体育及其他活动，保持乐观情绪，使他们顺利地度过大一适应关键期。

案例　定位自我，适应新环境

女，18 岁，大一学生。中学时在班上名列前茅，担任班级团支部书记，高中担任班长，深得老师的信任和同学的羡慕。高考成绩突出，被录取在学校的一个热门专业。接到录取通知书后非常满意，决心在大学学习中大显身手，保持在中学时的优越地位。但入学近一个学期的学习中，学习成绩在班上属中等位置，军训时因动作不标准受批评和纠正，宿舍人际关系也不融洽，在班上未担任主要干部，只任团小组长和寝室长。考试成绩一般，情绪低沉，决心在期末考试中与班上同学一决高下，但期末考试科目较多，自己在复习时情绪很不平静，学习效果不佳，看书时注意力难以集中，读过的内容记不住。为了争一口气，开夜车学习，造成心跳过速和失眠。

案例中的主人公在新环境里，缺乏客观的自我认识，采用不当的自我评价，使问题逐渐产生并积累起来。

在中学里面，学习成绩的好坏，一直是学生自我评价的重要标准。许多大学生在中学里是佼佼者，深得老师关注，是同学们心目的中尖子，是家长的宠爱对象，是生活里的中心和重心。然而，在大学里，尤其是重点大学、名牌大学，几乎每个人都有辉煌的过去，重新排定座次时，就只能有少数人保持原来的中心地位和重要角色。多数学生在从中心角色向普通角色的转变中，自我评价会受到不同程度的冲击。这种冲击基本上来自于两个方面：与别人学习成绩的比较和能力特长方面的比较。

大学里评价人的标准并非是单一的学习成绩，能力特长是在实际生活中衡量一个人水平的重要因素，并且有愈来愈重要的倾向。比如，一个大学生知识面很宽，或者社会交往能力很强，或者能歌善舞，或者有体育专长，这些都能令人刮目相看。这会使那些只看重学习成绩但缺少能力或特长的人心理上产生不平衡感。来到大学里，大学生需要对自己进行重新的评价。自我评价是自我认识与自我态度的统一，是自我意识的重要组成部分，自我评价方式不同可以激发或压抑人的积极性，将直接影响到大学生活中的学习效能、职业选择和事业奋斗中的自信心。大学生应该掌握多元化的自我评价方式，才能够客观分析别人，准确认知自己。

四、不满型不适应与调适

主要表现：有些同学由于高考发挥失常或者填报志愿失误，最终来到了自己不满意的学校或者不满意的专业，理想与现实发生冲突，大有自尊心受挫的失败感，于是郁郁寡欢，不愿意见老同学，也不愿意与新同学交往，把自己封闭起来，有的沉浸在网络中，有的寻找别的刺激，对周围环境牢骚满腹，抱怨不断，日积月累，难以自拔。

案例　　无奈的迷惘

有个学生在给报社的一封求助信中写道：“高考中，我以2分之差被调配到现在的学校，与自己心目中的大学相去甚远，对所学专业也不感兴趣，我陷入苦恼之中，想明年再参加高考，但一想到家中年迈的父亲和多病的母亲，以及乡亲们的殷切期望，我就只好打消此念。面对现实，我怎么也提不起学习的劲头。渐渐地，我感到自己变了，以前那个乐观上进的我不见了，代之以现在沉默寡言、消极落后的我。我真害怕这样下去会毁了自己。面对现实，我不知该如何是好，希望您能给我指点迷津。”

理想是美好的，但是空中楼阁无法供人居住，画饼无法供人充饥。敢于冒险的人可能是勇士，也可能是莽夫。对于绝大多数普通人来说，遵循的信条是“好汉不吃眼前亏”“识时务者为俊杰”。所谓“识时务”是指了解客观环境的变化，给予妥善的应对。识时务者宁愿选择实惠、安全的途径，而不是一意孤行，拿自己的青春和前程做赌注，白白荒废大学生活。

意大利文艺复兴时期的著名诗人但丁说：“走自己的路，让别人去说吧。”这句话曾被无数青年男女奉为人生的座右铭。但曾经沧海的过来人会嘲笑他们幼稚浅薄，而他们自己也很快会发现现实是多么冷酷严峻。权衡利弊，考虑长远，他们并不能真正做到随心所欲。美国心理学家曾做过一个很好的现场实验来说明这一问题。

案例　　识时务者为俊杰

1969年10月，美国兵役局将对所有19~25岁的青年男子抽签，以决定谁去越南当兵打仗。1~120的低位数被认为是坏运气的，如果碰巧抽到了这些数字，他们必须在一年内去部队报到。121~140是中位数，抽到这组数字的年轻人仍像抽签之前那样处于不确定的状态，他们不知道兵役局是否要其去当兵。241~365的高位数是安全的数字，抽到这组数字的人知道，至少在一年之内他们不会去当兵。因为直到中位数的人被征集完毕之后，他们才会被征。因此，他们可以在未来的一年内自由选择职业，如果是大学毕业，可以考虑进研究生院。

研究以哈佛大学的本科生为被试。研究人员告诉他们有三种选择可以免于服兵役：医学院、神学校和教书。这是当时美国年轻人普遍不喜欢的三种职业。另外有三种很吸引人的选择，但不能免除服兵役：去大公司工作、进研究生院和旅行。研究者预计，抽到低位数的人会更倾向于接受免于服兵役的机会，教书或进神学院能免于兵役，带来安全感，所以他们会改变过去习惯的看法，转而认为这些选择是有吸引力的。而抽到高位数的人则刚好相反，因为服兵役的风险已经明显降低了，所以免于服兵役的选择对他们来说就不那么具有吸引力，他们会更倾向于进研究生院或去旅行或进大公司任职。

在抽签的前5天，研究者调查了84名哈佛大学的本科生，问他们毕业后打算做些什么，让他们对自己所喜爱的工作进行评估。在抽签之后，研究者又将该问题给这些学生，要求他们务必在问卷上填上自己的名字。研究发现，前测与后测的结果是不一样的。抽签作为一个重要的因素影响，改变了人们的选择。一些人在抽签之前选择的是去旅行、进研究生院等，因为这些活动是自己所喜欢的。但抽到低位数之后，他们就放弃了个人的偏爱，为了躲避服兵役而去低就那些自己并不太喜欢的工作。

课程实践

活动一　心理测试

心理应付方式测验

请认真阅读下述题目，并选择当你身处压力情景时，最可能使用或采取的表达方式。

（请在以下四种答案中，选择最符合你自己实际情况："0"表示不用或者没有用过；"1表示有时使用；"2"表示使用很多；"3"表示使用最多）回答问题的时候，请在自己心中想象这种压力情景。

题号	题　目	你的选择			
		0	1	2	3
1	我会主要考虑以后怎么办				
2	我尽量去分析问题，以便更好地理解它				
3	我转向其他活动或工作，不再去想那些事情				
4	我认为时间一过，事情自然就会公开化，只是耐心等待				
5	我争辩或讲和，尽量采取主动				
6	我会做些不一定有用的事，但至少我是做了				
7	我争取找到有关的人帮忙				
8	我会找一些人谈话，以便更多地了解问题				
9	我会批评或惩罚自己				

续表

题号	题　　目	你的选择			
		0	1	2	3
10	我尽量使问题留有某种余地				
11	我会期待着出现奇迹				
12	我会听天由命，有时我运气不好				
13	我会无所谓，像什么也没有发生一样				
14	我会尽量控制自己的感情				
15	我将尽量去看问题好的一面				
16	我会埋头睡上一觉				
17	我会向惹起问题的人发火				
18	我会接受别人的同情和理解				
19	我会想一些能使自己感到舒服的事情				
20	我将主动针对该问题做些有用的事情				
21	我将尽量去忘掉所有的事情				
22	我会去寻求专门的帮助				
23	我做些改变和调整，正所谓“吃一堑，长一智”				
24	我将静观其变				
25	我会作出道歉或做些补偿				
26	我会订出行动计划并去执行				
27	我接受另一件好事情来补回自己的需要				
28	我会发泄一下自己的情绪				
29	我会认为是我自找麻烦				
30	我在事后会比事前感觉好些				
31	我会找能帮助自己的人去谈话				
32	我会尽量先休息，以便暂时摆脱危机				
33	我会通过喝酒或抽烟等方式来使自己感到舒服些				
34	我会去做冒险来解决危机				
35	我尽量做到不冲动，不急躁				
36	我将寻求新的信心				
37	我会维护自己的声誉，坚强不屈				
38	我会重新发现生活的意义				
39	我认为改变一些事情，整个事情就会慢慢好转				
40	我将避免与人接触				

续表

题号	题　目	你的选择			
		0	1	2	3
41	我会尽量不让它影响我，一般不去对它做太多考虑				
42	我会去征求我所尊敬的亲属或朋友的意见				
43	我尽量不让其他人知道这件事情有多糟				
44	我尽量使事情淡化，不会太认真地对待此事				
45	我会与别人交谈我的感受				
46	我坚持己见，争取我所想得到的结果				
47	我把事情尽量推到别人身上去				
48	我将凭借过去的经验，因为过去我也遇到过类似的情景				
49	我知道该怎么做，所以会努力使事情解决				
50	我不会相信事情真的已经发生				
51	我会告诉自己，下一次事情就不会这样了				
52	我会用几种不同的方法来解决问题				
53	我接受事实，因为对此已经无能为力了				
54	我将尽量排除干扰，只想眼前的事情				
55	我希望自己能改变已经发生的事情				
56	我将设法改变自己的一些感受				
57	我会幻想有一个比眼前处境要好的地方或机会				
58	我希望事情很快会过去				
59	我幻想或祈祷事情会自己好转				
60	我祈求上天来保佑				
61	我会做好最坏的打算				
62	我会仔细考虑将如何说或如何去做				
63	我想象并模仿我所崇拜的人来处理自己所遇到的事情				
64	我将尽量从别人的角度来看问题				
65	我提醒自己事情可能还会更坏				
66	我接受教训，将其作为一次锻炼				

评分与分析：

借助于以上的测验项目，心理学家将人们的“应付方式”分为以下几个方面。

（1）直接型应付：在测验项目46、7、17、28、34、6，6个项目中得分累计超过10分的，属于该类型应付，即对压力事件面对面地直接处理。

（2）间接型应付：在测验项目44、13、41、21、15、12，6个项目中得分累计超过10

分的，属于该类型应付方式，即多采用间接或迂回的方式应付所面临的压力。

（3）自我控制型应付：在测验项目14、43、10、35、54、62、63，7个项目中得分累计超过12分的，属于该类型应付方式，即多采用自我控制的方式来应付所面临的压力。

（4）寻求帮助型应付：在测验项目8、31、42、45、18、22，6个项目中得分累计超过10分的，属于该类型应付方式，即多采用寻求社会支持的方式来应付所面临的压力。

（5）逃避型应付：在测验项目58、11、59、33、40、50、47、16，8个项目中得分累计超过15分的，属于该类型应付方式，即多采用逃避的方式来应付面临的压力。

（6）计划型应付：在测验项目49、26、1、39、48、52，6个项目中得分累计超过10分的，属于该类型应付方式，即用理智分析与解决所面临的压力问题。

（7）主动型应付：在测验项目23、30、36、38、60、56、20，7个项目中得分累计超过12分的，属于该类型应付方式，即多采用积极主动的态度来应付所面临的压力。

活动二 自助阅读

（1）《谁动了我的奶酪》．［美］斯宾塞·约翰逊．吴立俊，罗琳，译．北京：中信出版社出版．

（2）《做个high大学生——大学生学业与生活成功全书》．［美］吉拉尔德·科瑞．李茂兴，译，北京：华龄出版社．

（3）《人性的迷失与复归——罗杰斯的人本心理学》．江光荣．武汉：湖北教育出版社．

第三章　大学生的自我意识

“认识你自己”这句镌刻在古希腊戴尔菲城那座神庙里唯一的碑铭，犹如一把千年不熄的火炬，表达了人类与生俱来的内在要求和至高无上的思考命题。“我究竟是一个怎样的人？”“在大社会里、小环境中我究竟处在什么样的位置？”“我到底行不行？”“别人怎样看待我呢？”“我应当成为怎样一个人呢？”“我怎样改变现状成为理想中的那种人呢？”从古至今，人们不断探索着这些命题。这些都属于自我意识。

正如人们常说的，人生最大的挑战就是战胜自己，而形成健康的自我意识、正确认识和把握自我，是战胜自己的前提。自我意识水平的高低不仅是个体心理发展水平的重要标志，而且将影响和制约其心理健康和行为选择。大学生自我认识、自我评价、自我控制如何，直接影响着大学生的社会适应和身心健康。如果一个大学生能正确认识自己并能接纳自己，对自己有合理的期望，而且知道自己为什么而活，善于利用每一个成长机会改进自己、完善自己，他的一生就会快乐并有价值。

第一节　自我意识概述

自我意识的确立是大学生心理发展的重要标志之一，对大学生人格的形成、心理发展起着重要作用。大学阶段的自我意识是大学以前的自我意识的继续与深化，同时又有着质的不同。这一时期，大学生自我意识从分化、矛盾走向统一，对于人的一生都有着特别重要的意义。

一、什么是自我意识

（一）自我意识的含义

自我意识是指一个人对自己的认识、评价和期待，是对自己的心理体验。把自己与自然界以及其他社会成员区分开来，这是自我意识最基本的特征，也是人和动物最大的区别。自我意识是个体意识发展的高级阶段，它不是单一的心理品质，而是一个包含认知、情感、意志等多种心理机能的、完整的心理系统，它包括个体对自身的意识和对自身与周围世界关系的意识两个方面，它建立在个体对自身认知和评价的基础上。例如，一个人对自己身高、体重的了解，对自己正在进行的思维活动的觉察，对自己人格特点的认识，对自己人际关系状态的理解，对自己形象感到满意或不满意，对自己行为的反思和自知等，都是自我意识的具体表现。一般来说，它包括以下三个方面的内容：

1. 个体对自身生理状态的认识和体验

指对自己身高、体重、容貌、身材、性别等的认识以及对生理病痛、温饱饥饿、劳累疲乏等的感受等。如果一个人对自己的生理自我不能接纳，如嫌自己个子矮、不漂亮、身材差、皮肤黑等，就会讨厌自己，自卑而缺乏自信。

2. 个体对自身心理状态的认识和体验

指对自己知识、能力、情绪、兴趣、爱好、性格、气质等的认识和体验。如果一个人对自己的心理自我评价低，如嫌自己能力差、智商不高、情绪起伏太大，自制力差等，就会否定自己。

3. 个体对自己与周围关系的认识与体验

指对自己在群体中的地位、作用以及自己和他人的相互关系的认识、评价和体验。如果一个人认为周围的人不喜欢自己，不接纳自己，找不到知心朋友，就会感到很孤独、寂寞。

影响个体自我意识的因素除了与人的自我态度、成长经历、生活环境有关以外，他人评价，特别是生命中重要人物如父母、家人、老师、朋友、同学等的态度和评价，会对自我意识的发展产生重要影响。

（二）自我意识的心理功能

1. 决定个体行为的持续性与目标性

人是社会的动物，人的行为既受诸多社会因素决定，又在很大程度上与自己的自我意识有着密切的联系。每个人的现实行为，并不单是由其所在的情境决定的，而且更重要的是与对自我的认知、自我意识有着密切的联系。那些自我意识积极的学生，其成就动机和学习投入及学习成绩也明显优于那些自我意识消极的学生。当学生认为自己声名不佳时，他们会放松对自己行为的约束。可以说，个人怎样理解自己，是保证个体如何行为及以何种方式行为的重要前提。

2. 决定个体对经验的解释

不同的人可能会获得完全相同的经验，但每个人对这种经验的解释却可能有很大的不同。解释经验的方式决定于一个人的自我意识。一个自认为能力一般，只该获得平均成绩的学生，对于比较好的成绩会认为是取得了极大的成功，感到十分满足；而对于同样的成绩，一个自认为能力优秀、应当获得出众成绩的学生，会解释为是遭到了很大的失败，并体会到极大的挫折。事实证明，当个人的既有自我意识消极时，每一种经验都会与消极的自我评价联系在一起；而如果自我概念是积极的，每一种经验都可能被赋予积极的含义。

3. 影响个体的期望水平

自我意识不仅影响到个体现实的行为方式和个体对过去经验的解释，而且还影响到个体对未来事情发生的期待。这是因为，个体对自己的期望是在自我意识的基础上发展起来的，并与自我意识相一致的，其后继的行为也决定于自我意识的性质。研究发现，差生的成绩落后并不是孤立存在的，而是他的整个行为动力系统都出现了角色偏离的结果。成绩长期落后对于普通学生是不正常的，但对于差生，由于他们的整个行为动力系统都出现了偏离，并在偏离的状况下形成了一个新的自相一致的系统，因而在系统内部一切并没有不正常。换言之，落后的学习成绩正是差生自己“期待”的结果。

二、自我意识的分类

心理学家对自我意识进行了多角度的研究和分析，一般将自我意识从以下几个方面进行分类：

（一）认知自我、情绪自我和意志自我

根据自我意识的结构要素可分为认知自我、情绪自我和意志自我。认知自我包括自我感觉、自我观察、自我概念、自我分析与评价等。比如说“我是高个子”“我很老实”“我的脾气很温和”等，都属于认知自我的内容。情绪自我包括自尊、自爱、自信、责任感、义

务感、优越感等。比如说一个人感到很有自信，因为自己较有能力；很喜欢自己，因为自己长的潇洒（或漂亮）。意志自我包括自主、自立、自制、自律等，主要表现为个体对自己的行为表现的调节以及个体对待他人和自我态度的调节。比如说："我怎样才能成为一个更有自信的人""我怎样才能克服自己的惰性"。

（二）根据自我意识内容可分为生理自我、心理自我和社会自我

生理自我是指个体对自己生理属性的认识，包括身体、外貌、体能等方面的认知和体验。如果一个人对自己的生理自我不能接纳，嫌自己个子矮、不漂亮、就会感到自卑。心理自我，是指个体对自己的心理活动包括心理过程和个性心理特征的意识，主要是对自己心理属性的意识，包括对自己的心理过程性格、能力、气质等方面的意识。如觉得自己比较温和，智商较高。社会自我，是指个体对自己社会属性的认识包括自己在各种社会关系中的、角色地位权利等方面的认识、体验和评价。如果一个人认为周围的人不喜欢自己，不接纳自己，找不到知心朋友，就会感到孤独、寂寞。自我意识划分示意图，如图 3－1 所示。

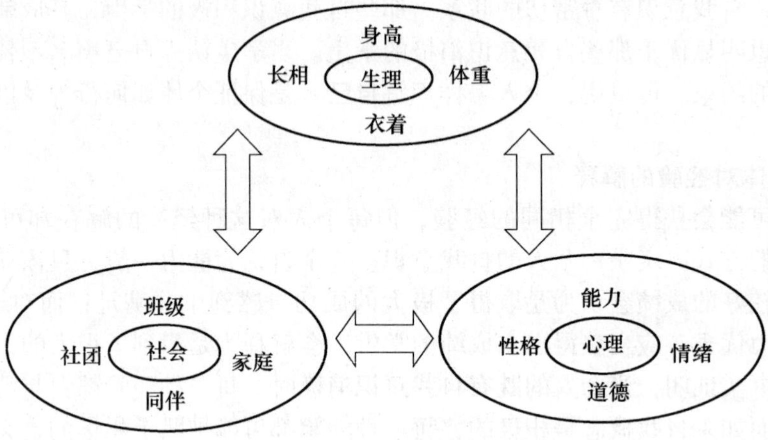

图 3－1　自我意识划分示意图

（三）现实自我、投射自我和理想自我

根据自我观念可分为现实自我、投射自我和理想自我。现实自我是指个体从自己的立场和观点出发，对自己目前的实际状况的评价和看法，是对当前自己是什么样的人的回答，比方说：认为自己是个大学生或自己的家庭经济比较窘迫。投射自我是指个体想象他人对自己的评价和看法。比如，觉得别人看不起自己或认为自己的能力很强。理想自我是指个体要实现的比较完善的一种自我境界或形象，是个人追求的目标。即自己想要成为什么样的人，比如，大学毕业后想当名科学家、政治家或企业家。

投射自我和现实自我之间往往有距离，当距离加大时，个体便会感到自己不为别人所了解。理想自我虽非现实自我，但对个人的认识、情绪和行为的影响很大，是个人行为的动力和参考系。当现实自我、理想自我和投射自我三者出现较大差距时，个体就会产生某些心理问题。

三、自我意识的形成和发展

个体的自我意识从发生发展到相对稳定，经过 20 多年的时间。它是在社会交往过程中，

随着语言和思维的发展而发展起来的。

艾里克森（Erik Erikson，1902—1994）是美国著名的精神病专家、精神分析学派继承者、新精神分析学派的代表。艾里克森经过深入系统的研究，提出人的自我意识发展是连续不断的，伴随我们人生的全过程，但在不同的发展阶段有一个核心课题。他把自我意识的形成和发展划分为以下八个阶段：

1. 婴儿期（0～1 岁）：信任感—不信任

这是指婴儿的需要与外界对他需要的满足保持一致。在这一阶段，母亲或其他养育者对婴儿的需求给予满足，婴儿会感到所处的环境是安全的，周围的人是可以信任的，进而扩展为对一般人的信任。反之，婴儿如果得不到关心与照顾，就会对外界，特别是对周围的人产生害怕与怀疑的心理，以致会影响到他下一阶段的发展。

2. 婴儿后期（2～3 岁）：自主—羞怯、怀疑

这是获得自主感，避免怀疑感与羞耻感的阶段。个体在第一阶段处于依赖性较强的状态，什么都由成人照顾。到了第二阶段，儿童开始有了独立自主的要求，如想要自己穿衣、吃饭、走路、拿玩具等，他们开始去探索周围的世界。这时候，如果父母及其他照顾者，允许他们独立干一些力所能及的事情，并表扬他们完成的工作，就能培养他们的意志力，使他们获得一种自主感，使他们感到自己能够操控自己。相反，如果成人过分爱护他们，处处包办代替，什么也不需要动手，或过分严厉，这也不准那也不许，稍有差错就粗暴地斥责，甚至采用体罚，就会使孩子产生自我怀疑与羞耻之感。

3. 幼儿期（4～5 岁）：自信—退缩、内疚

这是获得主动感受，克服内疚感的阶段。在这一阶段，个体的肌肉运动与语言能力发展很快，能参加跑、跳、骑的运动，还能把自己的活动范围扩大到家庭之外。除了模仿行为外，个体对周围环境充满了好奇心，知道自己的性别，也知道动物分公母，常常问问这，动动那。这时候，如果成人接受并鼓励孩子的好奇心和探索行为，让他们有更多机会去自由参加各种活动，耐心地解答他们提出的各种问题，而不是指责，那么孩子的主动性会得到进一步发展，表现出更高的积极性与更强的进取心。反之，如果父母对儿童采取否定与压制的态度，就会使孩子认为自己的行为是不好的，自己提出的问题是愚笨的，自己是让父母讨厌的，致使孩子产生内疚感与挫败感。这种内疚感与挫败感，还会影响到下一阶段的发展。

4. 儿童期（6～11 岁）：勤奋—自卑

这是获得勤奋感，避免自卑感的阶段。这一阶段，儿童的智力不断发展，特别是逻辑思维能力发展迅速。儿童提出的问题很广泛，且有一定的深度，他们的能力也日益发展，参加的活动已经扩展到学校以外的社会。这时候，对他们影响最大的已经不是父母，而是同伴或邻居，尤其是学校老师。他们很关心物品的构造、用途与性质，对工具技术特很感兴趣，但这一阶段他们的勤奋也常常带来一些不当的后果。如果这一阶段他们能得到成人的支持、帮助与赞扬，则能进一步加强他们的勤奋感，使之进一步对学习知识和认识世界发生兴趣，反之则会让孩子感到自卑。

5. 青年期（12～20 岁）：同一性—同一性混乱

埃里克森认为青年期的发展课题是自我同一性的确立，这一阶段的核心问题是自我意识的确立和自我角色的形成，即要回答“我是谁”的问题，具体来说，则是自我意识的确立和自我角色的形成。青少年对周围世界有了新的观念与思考方法，他们经常考虑自己到底是怎样一个人，他们从别人对自己的态度中，从自己扮演的各种社会角色中，逐渐认识和了解自己。此时，他们逐渐摆脱对父母的依赖，开始更加重视与同伴建立亲密的友谊。在与同伴的交往中，他们进一步认识自己，对自己的过去、现在、将来产生一种内在的连续之感，也认识到自己与他人在外表、性格、能力等方面的相似及差异，认识到社会生活中自己的现实与未来的关系，及心理上的自我同一性。

在中国的教育环境下，对于大学生来说，青年期对自我同一性的探索从总体上来说被推迟到18岁之后，也就是高中毕业考上大学之后。因为青年期正好是初中和高中阶段，面对异常激烈、严酷的学业竞争压力，社会、学校和家长都一致要求学生心无旁骛以学业为重，这也成了绝大多数立志上大学的学生对自己的要求，因此埃里克森理论中提到的青年人为了寻求自我同一性，所进行的各种尝试，实际上对于青年期的中国学生来说难得有机会去实践，他们基本都要等完成考完大学的任务之后，才能够真正自主地去思考探索自我同一性的问题。

6. 成人前期（20～24岁）：亲密—孤独

这是建立家庭生活的阶段，是获得亲密感、避孤独感的阶段。亲密感是人与人之间的亲密关系，包括友谊和爱情。埃里克森认为，成熟的亲密意味着能够和愿意分享彼此的信任，在双方平等关系中包含着自我牺牲、妥协和承担义务。亲密的社会意义，是个人能与他人同甘共苦、相互关怀。亲密感在危急情况下往往会发展为一种相互承担义务的感情，它是在共同完成任务的过程中建立起来的。如果一个人不能与他人分享快乐与痛苦，不能与他人进行思想情感的交流，不关心与帮助他人，就会陷入寂寞的苦恼之中。

7. 成人中期（25～60岁）：创造—停滞

这是获得创造能力感，避免自私专注的阶段。这一阶段有两种发展的可能，一种可能是向积极方面发展，个人除关怀家庭成员外，还会扩展到关心社会上的其他人。他们在工作上勇于创造，追求事业的成功，而不仅是满足个人需要。另一种可能是向消极方面发展，即只顾自己以及自己家庭的幸福，而不顾他人的困难与痛苦，即使有创造，其目的也完全是为了自己的利益。

8. 成人后期（60岁至生命结束）：自我完善—悲观失望

这是获得完美感，避免失望感的阶段。如果前面七个阶段积极成分多于消极成分，就会在老年期汇集成完善和充实感，觉得这一辈子过得很有价值，生活的很有意义，不惧死亡，并将死亡看做是人生必然的一个部分。相反，如果消极成分多于积极成分，就会产生失望感，感到自己的一生失去了许多机会，走错了方向，想要重新开始又感到为时已晚，非常痛苦，非常绝望。

当老人们回顾过去时，可能怀着充实的感情与世告别，也可能怀着绝望走向死亡。自我调整是一种接受自我、承认现实的感受；一种超脱的智慧之感。如果一个人的自我调整大于绝望，他将获得智慧的品质。老年人对死亡的态度直接影响下一代儿童时期信任感的形成。因此，第8阶段和第1阶段首尾相连，构成一个循环或生命的周期。

艾里克森认为，人的自我意识必须经历这八个阶段，每个阶段都不可逾越，但时间早晚因人不同。只要在人生发展的各阶段有效地解决出现的特殊矛盾，就可以发展出积极的人格特征，自我在人生经历中不断获得或失去力量，保证个人适应环境，健康成长。否则，就会形成消极的人格特征，形成不健全的人格，见表3－1。

表 3-1　艾里克森的人生发展阶段

期别	年龄	心理危机	发展顺利	发展障碍
婴儿期	0~1岁	对人信赖——对人不信赖	对人信赖，有安全感	与人交往，焦虑不安
婴儿后期	2~3岁	活泼自主——羞愧怀疑	能自我控制，行动有信心	自我怀疑，行动畏首畏尾
幼儿期	4~5岁	自信——退缩内疚	有目的方向，能独立进取	畏惧退缩，无自我价值感
儿童期	6~11岁	勤奋进取——自贬自卑	具有求学、做事、待人的基本能力	缺乏生活基本能力，充满失败感
青年期	12~20岁	自我统合——角色混乱	自我观念明确，追求方向肯定	生活缺乏目标，时感彷徨迷失
成人前期	20~24岁	友爱亲密——孤独流离	成功的活，奠定事业、感情基础	孤独寂寞，无法与人亲密相处
成人中期	25~60岁	精力充沛——颓废迟滞	热爱家庭，栽培后进	自我放纵，不顾未来
成人后期	60岁以上	完美无憾——悲观绝望	随心所欲，安享天年	悔恨旧事，徒呼负负

第二节　大学生自我意识的发展及完善

一、大学生自我意识的特点

大学生自我意识特点和同年龄段的青年有相同之处，但是由于其特殊的教育环境和知识背景，他们的自我意识又与一般青年有不同之处，主要表现为以下几个方面：

（一）关注自身发展

大学生不像普通青年直接进入社会，而是有四至五年的知识技能的准备时间。在这段缓冲时期里，他们围绕个人发展、个人和社会的关系，主动积极地探索自我。他们会经常独思、反省这样的一些问题："我是谁？""我聪明吗？""我的性格怎样？""我将成为怎样的人？"等等。他们积极地将自己与他人作比较，把重要人物对自己的期望内化为个人的追求。这一思考举动，比过去任何时候都更主动、更自觉。

（二）自我评价能力提高

由于各类知识增多，生活范围扩大，感性与理性趋于成熟，大多数大学生对自己的分析、评价逐渐变得客观、全面。大多数学生对自我的认识和评价基本与外界一致，并且自觉地按照社会的要求来评价和设计自己。

（三）自我体验丰富复杂

普通青年进入社会后，角色开始定位，在自我体验上相对来说要稳定简单些。大学生的自我体验是既丰富又复杂的，可以说是一生中或种种社会群体中"最善感"的一个年龄阶段或群体。一般说来，大学生自我体验的情绪情感基调是积极的、健康的。大多数大学生喜欢自己、满意自己、自尊、自信、好胜。但大学生的自我体验也比较复杂，他们敏感、闭锁，且有一定程度的波动性。凡是涉及"我"的及与"我"相联系的事物，都常常会引起他们的情绪情感反应。他们对别人的言行和态度极为敏感，愿把自己的情感体验闭锁于内心。他们内心体验起伏较大，取得成绩时容易产生积极、肯定的自我体验，甚至骄傲自满、忘乎所以；遇到挫折时又易产生消极、否定的情感体验，甚至自暴自弃、悲观失望，有明显的两极情绪。

（四）自我控制能力提高

大学生处于青春晚期，生理发展已经接近或者达到成人状态了，心理也处在不断成人化的过程中。随着年龄的增长，知识和生活阅历的增加，大学生能够根据社会的评价对自己的言行进行反思，及时调整自己的行为和目标，并且根据自我设计目标，自觉调节行为。

（五）自我设计的愿望强烈

在不断认识自我的过程中，大学生会产生强烈的设计自我、完善自我的愿望，他们会给自己树立一个美好的理想形象。为了实现它，他们会不断充实自己的知识能力，培养自己良好的品德习惯。成就动机，会让大学生不屑于做一个庸庸碌碌、无所作为的人，而想干出一番事业，能对家人、社会有所贡献，以实现自己的人生价值。

二、大学生自我意识的矛盾

当代大学生自我意识的矛盾主要表现在以下几个方面：

（一）主观我与客观我的矛盾

由于大学生生活范围比较窄，社会交往多限于老师、同学、父母，比较简单、直接，因此他们对自我的认识参照点少，局限性较大，又加上社会对大学生一向期望甚高，使大学生的自我认识也沾染上了光环色彩，而现实生活的自己平凡，和想象中的自己仍有较大的差距，这种差距给大学生带来苦恼和不满。

（二）理想我与现实我的矛盾

这是大学生自我意识最突出、最集中的表现，主要源于理想自我与现实自我的差距。理想我是指个人想要达到的完美的形象，是个人追求的目标，它引导个体实现理想中的个人自我。现实自我是个人从自己的立场出发，对现实中自我的各种特征的认识。现实自我又称个人自我，主观性较强。在现实生活中，理想自我与现实自我总是存在着一定差距的，合理的差距能够使人不断进步、奋发有为。但是，如果差距过大，则有可能引起自发的分裂，产生各种各样的心理不适甚至自暴自弃，变得平庸无为，变得无所事事，变得没有动力。

大学生富于理想，抱负水平高，成就欲望强，对自己充满了信心。然而，他们较少接触社会，还不能很好地把理想与现实有机地结合起来，而且自己现实条件与自己的理想相差甚远，这给大学生带来很大的苦恼和冲突，也正是因为这种冲突和差距，激发大学生奋发进取的积极性。但是，如果理想自我和现实自我迟迟不能趋近统一，则会引起自我的分裂，导致一系列心理、生理问题。例如一位来自农村的大学生，哥哥姐姐都没读过高中，村里也只有几个人上了大学，而他却进了名牌大学。因此，家里甚至全村的人都对他寄予了很高的期望，并给予他很高的评价，当他学后学习成绩不理想，在班里属于中下水平时，他开始经常感到压抑，不仅学习不顺利时如此，当与同学关系出现一点不愉快时也如此，并经常影响睡眠。很明显，这位大学生把家人对自己的期望当成了现实的自我，即认为自我是出类拔萃的，且各方面都是最优秀的。此种不切实际的想法在进入大学后遇到了挑战。

（三）独立意向与依附心理的冲突

进入大学后，大学生独立意向迅速发展，他们希望能在经济、生活、学习、思想各方面独立，希望摆脱成人的管束。但他们在心理上又依赖成人，无法真正做到人格上的独立。这种独立和依赖的矛盾也一直是大学生苦恼的问题。应当指出的是，独立并非意味着独来独往，独立并非不需要任何人的帮助和指导，并非不需要依赖别人，而在于个人必须对自己的行为负有责任。“一个好汉三个帮”，即使是一个独立性很强的人，也有依靠别人的需要。不同的是，独立的人更多的是依靠自己的力量和努力去克服或解决自我的问题，而不是完全依靠他人的帮助或依赖于别人；独立的人能够权衡利弊、审时度势，能够勇敢做出决定并能够勇于承担自己的行为责任。

过分的依附使大学生缺乏对客观事情的判断能力与决断能力，显得优柔寡断，缺乏主见；而过分的独立又使部分学生陷入“不需要社会支持”及“凡事都要靠自己”，采取我行我素、孤傲自立的行为方式，但在遭遇挫折时又会出现不知如何寻求帮助的情况。事实上，任何心理成熟的独立的现代人，都需要他人的帮助，广泛的社会支持是个体心理健康不可或缺的。

（四）交往需要与自我封闭的冲突

大学生迫切需要友谊、渴望理解、寻求归属和爱，他们有强烈的交往需要，希望和朋友探讨人生，分享苦与乐。然而，大学生同时又存在着自我封闭的趋向，他们把自己的心灵深藏起来，与人交往常存戒备心理，总是有意无意地保持一定距离。正是这种矛盾冲突，使不少大学生常处于孤独感的煎熬中。这也是大学生常常感到的“交往不如中学那么自如真诚”的原因所在。例如，一位来自边远地区的大学生经常出现一种强烈的孤独感，觉得周围的人都很陌生，不愿意向别人讲自己的心里话，而且伴有明显的不良生理反应，如全身无力，听课不能集中注意力。出现这种情况的原因主要是一种自卑心理，觉得自己不但学习成绩不理想（在班里是中下水平），而且有很多事情自己都不懂（如音乐、文学作品等）。这样就自己把自己封闭起来，不愿与别人交往。自己虽然也很想打破这种状况，但又怕会发生应付不了的事情，于是出现了强烈的孤独感和各种伴随的反应。

这些矛盾都是大学生心理发展过程中的正常现象，是大学生自我意识迅速走向成熟而又未完全真正成熟的集中表现。自我意识的矛盾使大学生在心理和行为上出现某些不适应，或适应困难，感到苦恼焦虑、痛苦不安，很可能影响其心理发展的健康，但这都是迈向成熟的必经之路，是个体逐步获得自我内在力量的必要丧失。要想消除矛盾，获得自我意识的统一，可从以下三个途径进行自我调节：一是努力改善现实自我，使之逐渐接近理想自我；二是修正理想自我中某些不切实际的过高的标准，使之与现实自我趋近；三是放弃理想自我而迁就现实自我。按照心理健康学的标准，不管哪种途径达到自我意识统一，只要统一后自我是完整的、协调的、充实的、有力的，就是积极和健康的统一，这种统一有利于个体的心理健康和发展，有助于社会的进步和文明。

三、培养健全自我意识的途径

（一）正确地认识自我

俗话说“人贵有自知之明”。正确地认识自我，就是要全面地了解自我，不仅了解自己的性格、气质、能力，而且了解自己与他人的异同点，了解自己的过去和现在有什么不同，发生了哪些变化，其中特别重要的是要了解自己的长处和短处，把握自己与群体的关系，自己在社会生活中所处的位置，对自我做出恰如其分的评价。如果一个人能对自己有一个全面正确的认识和评价，就能够扬长避短、取长补短、控制自己、改变自己、完善自己，就能根据自己的实际情况选择相应的目标为之奋斗。例如，我是一个内向、坚强、上进、自信、有理想、懂事、好学、乐于助人、疾恶如仇、争强好胜、渴望成功与优秀、有一点自私、妒忌心强、自制力弱、说些小谎的大学男生。在父母眼中：我是一个懂事、有些害羞、不用父母操心、上进的、不乱花钱、有些懒惰的大男孩；在兄弟姐妹眼中（只有一个妹妹）：我是妹妹心中可以依靠与信赖的大哥，是一个诚实守信、爱护妹妹的好哥哥；在同学眼中：我是一个大方、乐于助人、受人尊敬、好人缘、有些懒散、追求自由的人；在老师眼中：我是一个默默无闻、成绩优秀、自律、品学兼优的学生；在恋人眼中：我是一个懂得爱、有责任感、守时守信、有幽默感、坚强的好男人。

这是一个学生的自我描述，也是自我认知的一部分，当自己将这些描述清晰地整理出来时，你可以与你的同学与家人、朋友、恋人沟通，听取他们对你自己评价的认同度，这也是自我过滤的过程。先将自己的优点列出，并得到大家的认同，再写出自己的弱点，请大家帮助分析，这些澄清的过程也是自我认识不断深化的过程。要做到正确认识自我，可以采用以下几种方法：

1. 自评

孔子曰："吾日三省吾身。"大学生要学会通过自省而认识自己，如"我是一个什么样的人"。可以通过三条途径来认识自己。一是自己眼中的"我"：包括身体、容貌、性别、年龄、职业、性格、气质、能力等。二是别人眼中的"我"：在与别人交往时，由别人对你的态度、情感反映而觉知自我。不同关系的人对自己的反应和评价不同，它是个人从多数人对自己反应归纳的统觉。三是自己心中的"我"。也指自己对自己的期许，即理想我。我希望成为一个什么样的人？自己的理想和人生目标是什么？大学生应该经常检查自己的行为和动机是否正确，检查自己行为的实施过程中有什么不足，检查自己行为的结果有哪些收获和缺憾，从中发现自己的优点与不足，以便有的放矢地进行自我调节。

2. 他评

与他人交往，从别人对自己的态度和评价中认识自己，是自我认识的重要途径，它可以帮助我们纠正自我认识的偏差，克服自我认识的主观性和片面性，有利于形成较为客观的自我改变。心理学家认为，当一个人的自我评价与别人对他的客观评价有较大程度的一致性时，表明他的自我意识较为成熟。常了解他人对自己的看法，有助于发现自己忽视的问题。个体可以通过他人对自己的态度、期望、评价来认识自己。

对待他人的评价和态度要注意的有：一是重视那些熟悉自己或与自己打交道比较多的人的评价，他们对自己了解比较全面，评价比较客观；二是特别重视具有一致性的评价，如果不止一个人都说到自己某些共同的问题，那么可能自己在这方面的问题就已经很明显了；三是既要重视与自己一致的观点，也要听取与自己不一致的意见；四是与人交往时，要用开放的心态，这样才能更多的了解自己。

说来容易，实际上要真正做到接受他人的评价就难了。因为有时候他人的评价往往带着指责、批评的情绪，用词又不一定文雅，作为受到批评的人，虽然第一反应是觉得那确实是自己的问题，但紧接着往往会本能地激发出自己的对抗情绪，不但不愿意承认对方的评价，还会反唇相讥，有理无理搅三分。即使对方是心平气和地提出自己的问题，自己本来也知道问题所在，但仍然觉得不舒服，甚至感到对方是有意伤害自己。面对他人的批评，这时候作祟的不是自尊心而是虚荣心。怕因为被指出缺点而被人看不起，认为有了缺点就低人一头，或者认为对方是有意要反对、伤害自己。

"闻过则喜""从善如流"就是中国古人能正确面对他人评价的榜样，也因此流传下来很多脍炙人口的故事。能够虚心接受他人的意见和批评，并且表示感谢，又能够善加分析，不盲目听信，从中发现自己真正的问题所在，正是一个人不断要求进步，自我完善的理智和智慧的表现。

3. 与他人比较

古人说"以铜为鉴，可以整衣冠；以人为鉴，可以知得失。"有比较才有鉴别。当人们在缺乏客观评价标准的情况下，可以通过与他人的比较来评价自己。但这种比较需要不同的参照常数，在比较时应注意三点：

第一，跟别人比较的是行动前的条件，还是行动后的结果。如来读大学前家庭经济条件如何，家住农村还是城市，读大学后自己及他人各取得哪些成绩。

第二，比较的标准是什么，是绝对的还是相对的：是可变的还是不可变的。如身材、家庭等是不可变的，而知识、能力等是可以提高的。

第三，与什么样的人比较。如果与自己相类似的人比较，就能找出自己的实际水平及在群体中的地位；与杰出人物比较，则能找出自己的差距和努力的方向。在与他人比较过程中，最重要的是要选定恰当的而不是盲目的对照参数，既不要以自己的长处比别人的短处，也不能以自己的短处比别人的长处。要注意看到自己和他人之间的差距，又要学会用发展、辩证的眼光去看待自己。这样，比较的视野越广阔，方法越科学，自我的位置就定得越恰当。恰当地与他人比较而正确地评估自己的人，就能做到既不妄自尊大，也不妄自菲薄，从而能合乎实际地确定自己的奋斗目标，制定切实可行的行动计划。

4. 用活动成果来评价自我

活动成果是自我认识中实践性原则的应用。活动成果的价值有时直接标志着自身的价值，社会衡量一个人的价值时主要是通过活动成果论定的。理想的活动成果可以使个体进一步认识自我的能力，发现自我的价值，从而进一步开发潜能，激发自信。其实任何一种活动都是一种学习，不经一事，不长一智。成败得失，其经验也因人而异。对聪明又善用智慧的人来说，成功、失败的经验都可以促使他再成功，因为他们了解自己，有坚强的人格特征，善于学习，因而可以避免重蹈覆辙；而对于某些自我比较脆弱的人来说，失败的经验可能使他丧失自信心。对于有些狂妄自大的人来说，他们可能因幸得成功而骄傲自大，以后做事便会自不量力，在遭受更多的失败后出现一蹶不振，从此不能支撑起独立的自我。

（二）积极地悦纳自我

每个人都知道"自我"是最重要的，可总是有些人不能真正地尊重自己、爱惜自己。他们可以喜欢朋友、喜欢自然，却不愿意喜欢自己，结果他们不快乐。例如有些大学生对自己的容貌、性格、才能、家庭等某一方面或几方面不满，而又无力改变，便产生厌弃自己的情绪。这种自我排斥的心态是心理幼稚的一种表现，如不及时摆脱，轻者导致心理异常，严重的可能酿成悲剧。人总是要对自己有所肯定又有所否定，并且在自我意识的发展中建立起二者动态平衡。否则，对自己不满过于强烈，就会加剧心理矛盾，产生心理持续紧张，这样不仅会使个体感到活得很累，还可能引发心理问题。因此，悦纳自我是建立成熟的自我意识的关键和核心。

要做到悦纳自我，需要强化四条理念：

一是坚信“只要真正付出努力，同等条件下，别人行，我也一定能行”。以此来增强自信心。而强烈的自信和理智的努力能激发个体的潜能，促进成功。成功后的愉悦又可以使个体进一步增添自信，形成良性循环。

二是不忘“尺有所短，寸有所长”。恰当地认同自己，而不是苛求自己。

三是懂得“失之东隅，收之桑榆”。正视自己的短处，既努力扬长又注意补短。

四是记住“失败是成功之母”。正确地对待成功和失败。成功是一个人努力所结出的果实。但成功和失败是相辅相成的，成功的果实只有在艰辛的努力中慢慢成熟，而且常常要经过许多的失误和挫折。如果一个人一遇到挫折就灰心退却，便永远也尝不到成功的美酒。

案例　　　　　　　　　麦克阿瑟的故事

在西点军校考试的前夜，麦克阿瑟感到非常焦虑，这时他母亲走过来对他说：“我的儿子，你必须相信你自己；否则没有人相信你；只要你抛弃了内心的怯懦，你一定能赢；尽管你没有把握成为第一，你必须做最好的自己。”当西点军校的考试成绩公布时，麦克阿瑟名列第一。后来，凭着自信，他成为美国著名的将军。

（三）科学地塑造自我

加强自我修养，不断进行自我塑造，达到完善自我、超越自我，是健全自我意识的终极目标。大学生情感丰富，社会磨炼不足，加上人生观和价值观没有完全确立，很容易受到各种社会思潮与其他外部环境的影响，对待问题容易偏激和情绪化，对自己的长处和短处往往都可能估计不足，顺境时，容易自视过高；受到挫折时，又容易走向另一极端，自卑自弃。常常会陷入“理想自我”与“现实自我”，“自我肯定”与“自我否定”等矛盾之中，并表现出心理的不平衡。因而，大学期间不仅是人才的准备阶段，也是人生的转折时期。这个时期的大学生尤其需要塑造自我，为在日后的社会竞争中取得成功打下良好的基础。

1. 确立目标

人的行为特点是有目的的行为，个体的行为有无目的性，结果是不一样的。一般地说，有目标指向的行为较无目标指向的行为成就大得多。因为正确的目标能够诱发个体的动机，强化人的行为，并促使其指向预定的方向。

确立正确的自我目标，关键是要按照社会的需要和个人的特点来进行设计，做一个“自如的我、独特的我、最好的我，社会欢迎的我”。所谓“自如的我”，是指不给自己提出脱离实际的过高要求，使自己总是陷入自责、自怨、自恨的境地，而是给自己设计可望可及又难及的目标，也就是对自己有吸引力同时只要付出相当的努力就能达到的目标，从而能够在坦然面对自己的客观存在中，不失积极地生活。所谓“独特的我”，是指不一味地追求时尚，在刻意模仿中失去自我，而是在接受自我的过程中扬长避短，自在地生活。所谓“做一个最好的自我”，是指立足于现实，选择适合自己的正确人生道路，尽最大努力，达到最佳水平，充分实现自己的人生价值，能够满意地生活。所谓“做一个社会欢迎的我”，是指要有正确的价值取向，把自我实现的蓝图与祖国的富强、人类的幸福结合起来，以为社会做出自己最大的贡献为己任，真正充实地生活。

2. 培养坚强的自控能力

在实现人生目标的旅途上，不仅有各种本能欲望的干扰，还会充满各种外部世界的诱惑。本能的欲望常令人背弃理智，如贪图安逸、追求物欲、趋利避害等。名种物质的诱惑，容易使人偏离正确的前进轨道，松懈奋进的斗志，放弃对远大目标的追求，甚至把青年人引向歧途。一个人要想成就一番事业，就必须能够摆脱诱惑，主宰自己的行动，这就需要有坚强的自我控制能力，以保证理智地约束自己的情感，把握自己的行为。

3. 塑造健全的人格

健康的自我意识的形成，除了要有对自我的正确认知外，还要有健全的人格的支持。大学生培养和谐、健全的人格，对健康的自我意识的发展，将起到良好的促进作用。

案例

让自信的阳光照耀着我

S 同学：女，20 岁

我一直以来对自己就缺乏自信，譬如小时候，很想参加绘画班，后来发现很多报名者以前都接受过训练，我是一点基础都没有，担心参加后会出丑，就放弃了报名。后来很多事情都是担心自己出丑就不参加了。

其实，我的学习成绩并不差，但我如果课程考得好了，就担心下一次能否保住优势，要是哪门课考得不好，就更些担心了。

现在生活中，很在意别人的看法，担心别人会不高兴，很多事都是按别人的意愿去做，结果，我做得很不舒服。

我发现身边的人自信心特别强，很想像他们那样，但我总是做不到。

分析：

自信心不足，一般来说，对于性格偏于内向的大学生来说较为常见，由于自信心不足而产生的自卑心理，大抵由以下因素引起：

一是基于中学时代的“尖子”水平到大学时代中下水平心理落差，对自我能力产生怀疑。

二是在和其他同学比较过程中较多地关注自我存在的不足和缺点尤其是进入大学以后，智力因素（学习）之外的非智力因素，诸如动机、兴趣、情绪、情感、性格、意志等因素会突显出来，某种程度上也是中学阶段应试教育的片面性的暴露。

三是基于性格内向，自小又缺少相关的自信培养。

就 S 同学而言，在其自卑心理的形成过程中，第一个因素表现得并不显著，因为她在学习成绩上并没有明显地感受到从中学阶段和大学阶段的落差。比较而言，第二、第三个因素在 S 同学身上表现得较为突出，从她对小时候参加绘画班经历的深刻印象看，第三个因素显得更为核心。

咨询指导：

基于以上分析，咨询中放弃了就第一、第二个因素进行认知启发的做法，而是有针对性地抓住问题核心，运用来访者中心疗法和认知领悟疗法相结合，以来访者自我陈述中“自己身边的人自信心特别强，很想像他们那样”这句话为切入点，在和她身边有自信的人的对比中，启发对方寻找自信的来源，进行她所缺乏的自信心培养。

具体的启发培养做法参照如下：

问：你刚才提到，身边的人自信心特别强，有这样的人吗？

答：有，我们宿舍就有一个女生，和什么人都有话说，而且很多人愿意和她说话，她这人一直显得特别自信，特别阳光。

问：你发现到她有什么不足或缺点吗？

答：有发现，她英语成绩在班上特别差，但她总是不在乎的样子。我曾问过她的追求，她说有一份好工作就，要活得开心一点。她似乎对自己要求不高，但我觉得这样没意思，我总想将来做一点成功的大事。

问：她英语差，是不是就不努力学习了呢？

答：不是的，我注意过她，她一直在努力学习，有时候她早上起床读英语比我起床还早。

问：那你能说，她“不在乎”“对自己要求不高”吗？

答：嗯，这样看来，她还是在乎的。

问：她既然“在乎”自己英语差的缺点，那她有没有表出不如别人的自卑呢？

答：没有，我从来没见过她有自卑的表现。

问：那是为什么呢？

答：我也不知道，也没有问过她这个问题。可能是她性格开朗吧。

问：性格开朗可能是其中一个原因。我以前听到一个比较自信的同学说：“人无完人，每个人都是有缺点的，因此我有缺点是正常的，也是可以接受的。”你同意他的看法吗？

答：人都是有缺点的，我同意，但人总是要不断改正自己缺点呀，怎么可以接受自己的缺点呢？

问：你说得很好。我觉得这里要区分两种态度的“接受”一种是“积极的接受”，即在接受自我缺点的同时努力改正自我缺点；另一种是“消极的接受”，即接受自我缺点不想改，就像有些人说：“我就是这种人，你爱怎样就怎样吧。”你刚才提出反对的应是“消极的接受”，你说是吗？

答：是的。

问：现在再来看一下你的那位英语特别差的室友，她之所以不自卑，除了可能的性格开朗的因素外，还会有什么原因呢？

答：应该是对自己的缺点采取了“积极接受”的态度。

问：那你对你自己的缺点呢？

答：我过去一直担心暴露自己的缺点，其实是不能接受我缺点；同时又总是以为接受自己的缺点是不对的，没有区分两种态度的接受。

问：我觉得你这样的分析很好。我们下面再来看看你的那位室友，你有没有留意，她有哪些优点和技巧，能够和周围的人打成一片呢？

答：有，一个是她说话比较风趣，另一个是她的话题很广泛，跟谁都说得来。

问：这是不是你借鉴学习的地方？

答：是的。

问：和她比较，你有没有什么优点？

答：有，我的优点是能够和人处长期的朋友，我的朋友不多，但我们关系很好，交往也很深。但我的缺点是不能像她那样在短时间内给人良好的深刻印象。噢，对了，我和她相比，其实各有优点，各有不足。

问：很好，现在我们总结一下，从你那位阳光的室友那里，我们可以获得哪些启示呢？

答：…呃，我觉得有三点吧：第一，要对自己的缺点采取积极接受的态度。第二，多展示和发挥自我优点。第三，在和他人交往中互相取长补短。

课程实践

活动一 心理测试

自我和谐量表

下面是一些个人对自己看法的陈述，填答时，请看清每句话的意思，然后选一个数字（1 代表该句完全不符合你的情况，2 代表比较不符合你的情况，3 代表不确定，4 代表比较符合你的情况，5 代表完全符合你的情况）以代表该句话与你现在对自己的看法相符合的程度。每个人对自己的看法都有其独特性，因此答案是没有对错的，只要如实回答就行了。

1. 我周围的人往往觉得我对自己的看法有些矛盾。
2. 有时我会对自己在某些方面的表现不满意。
3. 每当遇到困难，我总是首先分析造成困难的原因。
4. 我很难恰当表达我对别人的情感反应。
5. 我对很多事情都有自己的观点，但我并不要求别人也与我一样。
6. 我一旦形成对事物的看法，就不会再改变。
7. 我经常对自己的行为不满意。
8. 尽管有时得做一些不愿意做的事，但我基本上是按自己的意愿办事的。
9. 一件事好就是好，不好就是不好，没有什么可含糊的。
10. 如果我在某件事上不顺利，我往往会怀疑自己的能力。
11. 我至少有几个知心朋友。
12. 我觉得我所做的很多事情都是不该做的。
13. 无论别人怎么说，我的观点绝不改变。
14. 别人常常会误会我对他们的好意。
15. 很多情况下我不得不对自己的能力表示怀疑。
16. 我朋友中有些是与我截然不同的人，这并不影响我们的关系。
17. 与朋友交往过多容易暴露自己的隐私。
18. 我很了解自己对周围人的情感。
19. 我觉得自己目前的处境与我的要求相距太远。
20. 我很少去想自己所做的事是否应该。
21. 我所遇到的很多问题都无法自己解决。

22. 我很清楚自己是什么样的人。
23. 我能自如地表达我所要表达的意思。
24. 如果有足够的证据，我也可以改变自己的观点。
25. 我很少考虑自己是一个什么样的人。
26. 把心里话告诉别人不仅得不到帮助，还可能招致麻烦。
27. 在遇到问题时，我总觉得别人都离我很远。
28. 我觉得很难发挥出自己应有的水平。
29. 我很担心自己的所作所为会引起别人的误解。
30. 如果我发现自己某些方面表现不佳，总希望尽快弥补。
31. 每个人都在忙自己的事，很难与他们沟通。
32. 我认为能力再强的人也可能遇上难题。
33. 我经常感到自己是孤独无援的。
34. 一旦遇到麻烦，无论怎样做都无济于事。
35. 我总能清楚地了解自己的感受。

评分说明

该量表包括三个分量表，各分量表的得分为其包含的项目分直接相加，三个分量表刨含的项目分别为：

（1）自我与经验的不和谐：1、4、7、10、12、14、15、17、19、21、23、27、28、29、31、33；

（2）自我的灵活度：2、3、5、8、11、16、18、22、24、30、32、35；

（3）自我的刻板性：6、9、13、20、25、26、34。

此外，也可以计算总分，方式是将“自我的灵活度”项目反向计分（即1代表完全符合你的情况），再与其他两个分量表得分相加。得分越高和谐程度越低。在大学生中，低于74分为低分组，75~102分为中间组，103分以上为高分组。

活动二　自助阅读

（1）《自卑与超越》．［奥］Alfred Adler. 曹晚红，魏雪萍，译．北京：汕头大学出版社．

（2）《人格理论（第八版）》．［美］Richard Ryckman. 高峰强，译．西安：陕西师范大学出版社．

第四章　大学生的挫折与应对

在已经进入信息时代的现代社会，社会竞争日益激烈，温室花朵已经难以在社会立足发展。挫折的应对适应是当代大学生必须要面对的问题。目前，大学生由于生活阅历少、对社会的感受敏锐，思想不成熟，在应对挫折尚欠成熟。人人都会面对挫折情境，在有起有伏的人生路上，大学生经历一些挫折并不是坏事。挫折能够磨炼意志，提高心理承受能力，帮助大学生们克服困难，战胜自己，成为生活的强者。

第一节　挫折概述

一、什么是挫折

挫折是指人们在某种动机的推动下，在实现目标的过程中遇到了无法克服的障碍和干扰，使其需要活动不能获得满足时所产生的紧张状态和消极的情绪反应或不良情绪体验。

（一）挫折产生的条件

挫折情境、挫折认知、挫折反应是产生挫折感的主要条件。挫折情境，是指人们的需要不能获得满足的内外障碍或干扰等情境因素，如对专业不感兴趣、考试失误、竞争失败、比赛失利等。挫折认知是指人们对挫折情境的直觉、认识的评价。挫折认知既可以是对实际遇到的挫折情境的认知，也可以是对想象中可能出现的挫折情境的认知。比如有人总是怀疑别人在议论自己，虽然事实并非如此，但心理上因此而造成了主观压力以至影响与他人的关系。挫折反应，是指伴随着挫折认知，人们对自己的需要不能满足时产生的情绪和情感反应，是各种负面情绪交织在一起而形成的心理感受。常见有失眠、焦躁、紧张、烦恼、困惑、回避和愤怒等。

当挫折情境、挫折反应、挫折认知三者同时存在时，便构成典型的挫折心理。但如果主体认知不当，即使缺少挫折情境，只要有挫折认知和挫折反应这两个因素，也可以构成挫折心理。比如人际交往中某人并没有成为众矢之的，可总是怀疑同学们在议论自己；有的同学学习成绩本来已经很不错，可总害怕考试不能通过。这些受挫折的事虽然没有发生，却仍然能被体验，可以引起一系列的挫折情绪反应。挫折作为一种社会心理现象既有客观性，又有主观性。

（二）挫折情境与挫折感受因人而异

挫折既是客观的，更是主观的。挫折对人的影响与其说取决于挫折本身，不如说取决于对挫折的评价和态度、挫折情境与挫折感受有着密切的关系，但并不总是成正比。一般来说，挫折感受只有在特定的挫折情境下才会产生，挫折情境越严重，所引起的挫折感受可能越强烈。譬如，生活中重大的事件要比一般的错误对人产生的震动更大；长久而剧烈的挫折打击，常会摧毁一个人的精神，扭曲一个人的心灵。然而从挫折情境到挫折感受，并不是一个简单的“刺激—反应”的过程，而要受到个体实际状况的诸多因素制约，包括个体的生理状态、心理状态和社会适应能力，其核心是认知方式和挫折承受力。生活中常可以看到，面临同一挫折情境，有的人反映轻微，持续时间短，而有的人则反映强烈，持续时间长。对于同样的挫折情境，不同的认知会产生不同的反应、体验。

譬如，外出旅游，天色已晚时汽车抛锚在荒郊野外，车上的乘客所产生的心理挫折程度差异很大。有的人焦虑不安、怨天尤人，挫折感很强；有的心理平和、耐心等待，挫折感较小。同样的挫折情境造成不同的结果。心理卫生学很重视挫折感受与挫折情境一致程度的意义。那些心理健康水平高的大学生，虽面临较大的客观挫折情境，但主观挫折感受却不大，他们往往有较强的承受力。反之，心理健康水平低的人，即使挫折情境不大，但引起的挫折感受却很大。

从以上分析中我们可以看出，当挫折情境、挫折认知和挫折反应三者同时存在时，便会产生一种非常复杂的内心体验、即心理挫折。但如果主体认知不当，即使缺少挫折情境，只要有挫折认知和挫折反应这两个条件，也可以构成挫折心理。因此，挫折作为一种社会心理现象既有客观性，又有主观性。

二、挫折产生的原因

（一）大学生挫折心理产生的客观因素

构成挫折的客观因素是指个人自身因素以外的自然因素和社会因素给人带来的限制与阻碍，使人的需要和目标不能满足和实现而产生挫折。

1. 自然环境因素

构成挫折的自然因素是指个人不能预料和控制的天灾人祸、时空限制、意外事件等，如地震、洪水、交通事故、疾病、死亡等。自然因素造成的挫折每个人随时都可能遇到，其后果可能很严重，对人的影响很大；也可能是不严重的，对人只产生暂时的影响。

2. 社会环境因素

构成挫折的社会因素是指个人在社会生活中受到的各种人为因素的限制与阻碍，包括政治、经济、法律、道德、宗教、风俗习惯等方面。社会环境因素造成的挫折比自然环境因素造成的挫折更多，并且引起的后果更严重。因为自然环境因素造成的挫折使人想到“天有不测风云”，是无可奈何的，心里也容易承受些。而社会环境因素造成的挫折大多是人为的，使人感到可以不发生却发生了，所以心理上往往难以承受，情绪反应特别强烈。

3. 学校环境因素

有研究表明，大学生从高考到入校后的两三年中，普遍存在有挫折感，且91.3%的学生曾遭受三项以上的挫折，主要涉及大学学习目标、政治目标（入党、当学生的干部、获得某些奖励或荣誉等）及经济资助等。这些挫折的产生，除了学生自身因素密切相关之外，一个不可忽视的影响因素就是学校环境，主要表现在学习环境、学习管理制度及方式、教师的职业道德与业务能力、班集体氛围等。

4. 家庭因素

家庭是导致大学生产生挫折心理的一个重要因素，具体来说，主要有以下几个方面：一是家庭经济拮据。由于经济困难，大学生一方面要小心仔细地规划自己的经济开支，以防陷入窘迫的困境；另一方面要应付繁重的学习任务，有的还要参加勤工助学。由于经济和学业上的双重压力，面对现实，他们感到力不从心或无能为力。二是对家人的愧疚感。特困大学生大多家庭经济困难，家境贫寒，父母积劳成疾，有的甚至是靠兄妹外出打工或者在全家节衣缩食的支持下才有条件上大学。这就使他们背上沉重的心理负担。三是家庭教育不当。当代大学生中独生子女比例较大，独生子女成长的环境比较优越，经受的生活磨炼较少，而得到家庭的呵护关爱较多。他们缺乏必要的挫折锻炼和磨炼教育，很多心理上的不健全进入大学之前就已经形成，进入大学后生活及学习环境的改变、新的人际关系和各种压力，使心理承受能力和适应能力较差的学生会产生程度不同的挫折感。

（二）大学生挫折心理产生的主观因素

1. 个体生理条件的限制

个体因生理素质、体力、外貌、健康以及某些生理缺陷所带来的限制导致活动的失败，从而无法实现既定目标。如特别喜爱篮球运动，并希望加入校篮球队的学生却因身材矮小而被拒之门外；色盲的人不能从事自己喜爱的医疗或美术工作等。所有这些由于生理因素而产生的逆境都会让一些大学生产生受挫心理。当然，这在很大程度上与社会的某些价值观以及个人对这些特征的自我评价有关。

2. 认知模式

任何心理问题与心理障碍都有认知根源，不健康的心理常常来源于不健康的认知。所知决定所感，所感决定所行，感受与行为往往是外显的，人们很容易捕捉到，而认知却是内隐的，它决定着人们的行为却不为人们所察觉。这也是挫折心理难以克服的最重要的因素之一。

3. 人格特征

一般来说，人格特征有缺陷的人倾向于对生活做消极悲观的评价，容易产生挫折心理。如性格孤僻、内向的大学生，在人际交往过程中过于敏感，常常将他人无疑的眼神、动作、话语误解为对自己的排斥和鄙视，进而产生畏缩、抑郁等不良情绪，严重者可能会产生恐惧心理，难以与人相处。

4. 动机冲突

在现实生活中，需要是多种多样的，常常会因多种需要而产生多个动机，并指向多个目标。当这些并存的动机相互排斥，或者由于种种条件的限制不可能全部实现而必须有所选择取舍时，就形成了动机冲突。动机冲突常常导致部分需要和目标不能满足和实现，于是就造成了挫折。动机冲突也是构成挫折的个人因素的一个方面。动机冲突在每个人的生活中是经常出现的，也是大学生的重要挫折源。

三、挫折的双重效应

案例　　面对挫折的态度决定成败

小杨与小周是大学同学，他们在大学里的学习成绩都非常出色，两人毕业后，分别去了各自的工作岗位。然而，几年后，两人所取得的成绩却各不相同。

小杨毕业后分配到当地一家知名的文具公司，推销办公用品，这项工作充满了挑战。第一天去推销产品，小杨来到了一家办公大厦，但大楼保安却将他拦住了，没让他进去。吃了闭门羹的小杨没有灰心。他在大厦外面转了几圈，发现了安全门。于是他偷偷地从没有保安把守的安全门进到大楼中，并逐层推销，但是很多公司都对他不理不睬。尽管如此，他并没有因此放弃。在推销中，他始终面带微笑，以一颗平常心面对每次失败。功夫不负有心人。不到半天时间，他接到了好几张订单。由于小杨业绩出色，不久他就成了这家公司的部门经理。而小周呢？他毕业后被分配到了一家外资企业工作。在这里，他起初干得很起劲，可是后来因为工作上的具体琐碎的细节，却总也处理不好，他开始感觉到了压力的分量。他开始消沉起来，领导渐渐不再重用他了。时间久了，领导产生了想辞退他的念头。

同是大学生，因为面对挫折的态度不同，最终的结果也不一样。这无疑为我们每一个职场中人上了生动的一课。

挫折对大学生的影响是客观存在的，但影响的性质却是因人而异。也就是说，挫折具有两重性。

（一）挫折的积极影响带来成功

对于心理健康、认识正确、自我调节能力较强的大学生来说，挫折往往会产生积极影响。挫折不仅仅是人生路上的一次失败和打击，也是生活的一次挑战，个人成长的一个契机。

1. 挫折有利于磨炼大学上的意志和毅力

俗话说："宝剑锋从磨砺出，梅花香自苦寒来"。良好的生活环境和一帆风顺的成长经历很难造就出真正优秀的人才。从某种意义上说，只有经过磨难，经受过生活考验的人，才能真正成为一个完整的人。

2. 挫折有利于大学生提高解决实际问题的能力

顺利的成长经历使得许多大学生没有学会独立思考、独立面对现实生活，缺乏分析问题、解决问题的能力，因而在生活中稍遇不顺就会惊慌失措，无所适从。因此，大学生要成长，要成熟，就必须经历挫折，经历考验，正所谓"吃一堑，长一智"。在独立面对挫折的时候大学生会从中学到很多人生的哲理，提高分析问题、解决问题的能力。

3. 挫折有利于大学生正确的认识自我

不少大学生对社会、对自我存在一些不切实际的想法，有一些过高的期望。当他们用这些想法来指导自己的行动时，就容易出现挫折。挫折的产生无疑会使他们清醒，使他们学会合理的评价自己，正确地对待他人和社会，对生活形成恰当的期望值，这将会大大增强他们的社会适应能力。

（二）挫折的消极影响带来失败

对于那些心理素质较差、认知误区较多、自我调节能力不足的大学生，挫折往往会产生消极影响，成为人生的绊脚石。

1. 挫折会降低学习效率

学习是一种复杂的心理活动。学习效率除受个体智力水平的制约外，还与学习者的情绪状态、自信心等因素密切相关。有些大学生在遭受挫折后，一方面自信心会降低，出现自卑无能的感觉；另一方面，情绪状态长期处于焦虑不安中，使原有的学习能力受到影响，从而极大的降低学习效率。在现实生活中，一些大学生在一次考试失败后，学习成绩从此一路滑坡，就是挫折产生的消极影响的结果。

2. 挫折会影响适应能力

有些大学生在受挫后容易出现情绪波动，若连续遭受挫折，则可能导致神经系统紊乱。

这样不仅大大降低了学习上的思维创造力，而且生活适应能力也会大打折扣。现实中，一些大学生在学习上遭受挫折后，人际交往能力也会出现问题。

3. 挫折会损害身心健康

有些大学生在受挫后心态受到了严重影响，长时间处在痛苦之中，使身心一直处一种在一种紧张压抑或焦虑不安的状态，这种消极的心理如果延续很长时间得不到释放，就可能成为精神疾病的发病诱因，有时还会造成身体上的疾病。

4. 挫折还会导致性格与行为的偏差

有些大学生遭受重大挫折或持续挫折而无法作出相应的调整时，往往会使某些行为反应变成相应的习惯模式或个性特征。如一个原本热情开朗的人，会因为在人际交往中屡屡受挫而变得孤僻内向；一个对爱情有着美好憧憬的人，会因为失恋而变得心灰意冷，甚至害怕异性。同时，由于受挫的大学生处在应激状态下，感情易冲动，自控能力较差，不能正确评价自己的行为及其后果，可能会做出既损害他人又对自己不利的行为，甚至走上犯罪的道路。

第二节　挫折的心理防御机制

一、大学生的挫折反应

大学生在遇到挫折后，由于世界观、自我调适能力、生活态度及人格特征不同，其行为表现各不相同。有的能向挫折挑战，百折不挠，改变行为，达到目标；有的则灰心丧气，一蹶不振，以致精神崩溃，行为失常。挫折后的行为反应大致分为本能性反应和理智性反应。

（一）本能性反应

本能性反应是指人们在遭受挫折时出现的带有自然性、本能色彩的反应，其核心成分是紧张。受挫后的紧张心理超过一定限度，就会带来各种消极情绪，如愤怒、憎恨、恐惧、失望、痛苦、烦躁、过分焦虑等。如果这种消极情绪状态的强度过大，或时间过长，往往会直接危害人的身心健康，使心理活动失去平衡。本能性反应具有以下几种表现：

1. 焦虑情绪

焦虑是挫折后最常见的一种心理反应。焦虑是一种模糊的、紧张不安的综合性负性情绪，常常伴随忧虑、恐惧等感受，甚至可能会伴有冷汗、恶心、心悸、手颤、失眠等神经生理反应。当人们面临心理冲突、情境压力或遇到挫折，或者预感到某种不祥的事情或者不良的后果将要发生时，一般都会产生焦虑情绪。适度焦虑对提高效率、激发潜能有一定的积极作用。然而，过度焦虑是有害的，严重会导致心理疾病，发展成焦虑症。人际交往和学习上的挫折常常是引起大学生焦虑情绪的主要原因。由人际关系不良所导致的过度焦虑，使一些大学生不能适应集体生活，内心常处于渴望理解与自我封闭的矛盾中，时常会因一两件小事而加剧挫折感，从而影响正常的学习、生活。

2. 攻击行为

攻击是一个人受到挫折后产生的强烈的侵犯和对抗情绪反应。攻击是情绪反应中最常见的一种表现形式，也是大学生受挫后通常产生最直接、最简单的行为反应。当然挫折与攻击之间没有必然的因果关系。根据受挫者攻击的对象不同，可分为直接攻击和转向攻击行为两种。直接攻击即受挫后将愤怒的情绪直接导向造成其挫折的人或物，表现为对人讥讽、谩骂或者拳脚相加、损坏物品等形式。直接攻击行为较容易发生在那些自我感觉良好、自我评价偏高，或鲁莽、简单冲动性大、较缺乏生活经验的同学身上。转向攻击即不直接攻击造成挫折对象，而是把攻击转向自己或其他无关的人或物。这种行为常发生在那些自信心比较差，情绪较悲观、压抑、力量较弱或比较自我克制的同学身上。他们往往会在受挫后陷入自责或惩罚自己的情绪中，如把自己关起来、不吃饭、不睡觉等，严重的可引起心理障碍，甚至自杀。

3. 退缩冷漠

在强大的挫折面前，个体感到自己无能为力而采取回避、退缩行为。还有些人则是在长期的挫折过程中形成了“习得性无助”，一遇到困难，不管大小，本能性的逃避。冷漠是比攻击更为复杂、隐蔽的一种消极心理反应，表现为受挫后对挫折情境漠不关心、冷淡、退让、没有喜怒哀乐。冷漠反应常在个体不堪忍受挫折压力，攻击行为无效或无法实施，又看不到改变境遇的希望时发生，也可见于长期反复遭受同一挫折而无能为力的情境下。冷漠反应通常比攻击对身心的危害更大，它往往是个体压抑愤懑的一种表象。

4. 固执行为

个体遭受挫折后，听不进批评或劝导，看不清挫折实质，一意孤行的坚持自己的做法，重复某种不适当、无效的行为，其结果往往使个体失去改变困境的机会，在挫折中越陷越深。固执行为往往是不自觉的，具有强制性的特点。比如有的大学生因学习成绩滑坡而秉烛夜读，熬到深夜，其实效率并不高，而且影响白天的学习，于是再熬夜加班，如此恶性循环。明知这种做法不好，但仍固执地这样做。固执反应通常是由于挫折降低了人们的判断和解决问题的能力所致。

案例　　　　罗密欧与朱丽叶效应

莎士比亚的名剧《罗密欧与朱丽叶》描写了罗密欧与朱丽叶的爱情悲剧，他们相爱很深，但由于两家是世仇，感情得不到家里其他成员的认可，双方的家长百般阻挠。然而，他们的感情并没有因为家长的干涉而丝毫的减弱，反而相爱更深，最终双双殉情而死。在现实生活中，也常常见到这种现象，父母的干涉非但不能减弱两人之间的爱情，反而使其更加坚定，这种现象被心理学家被心理学家称为“罗密欧与朱丽叶效应”。心理学家的研究还发现，越是难以得到的东西，在人们心目中的地位越高，价值越大，对人们越有吸引力，轻易得到的东西或者已经得到的东西，其价值往往会被人忽视。

5. 退步行为

也叫“倒退”或“回归”，是指一个人受到挫折时不由自主地表现出一些与年龄、身份极不相符的幼稚心理行为。如因考试不及格而到老师面前哭哭啼啼、苦苦哀求；面临考试压力时，千方百计躲进医院、逃避考试等。这实际上是一种防御应对。因为当人们遇到挫折后，如果以成年人的应对方式面对挫折，就会产生心理上的紧张、焦虑和不安，受挫者为了避免出现这种情况，往往会放弃已经习得的成人的正常行为方式，而恢复早期幼儿的方式加以应对，从而减轻内心的心理压力。

6. 自杀行为

自杀是一个人遭受挫折后的一种极端反应方式，也可以看做是受挫后针对自身的一种典型的特殊攻击行为。通常，自杀行为是在挫折的打击大大超出受挫者对挫折的承受能力的情况下发生的，特别是当受挫者将受挫的原因归结为自己，并对自己丧失信心，将自己作为迁怒的对象时更容易导致自杀行为。

以上这些挫折反应是一些大学生遭受挫折后较直接、不由自主的反应，是个体对挫折的一种本能的对抗。他们虽然可能降低挫折的直接打击，缓解受挫后的心理压力，但却无助于解决根本问题或改变挫折情境，反而会降低大学生对挫折情况的认知能力，妨碍大学生及时应对挫折，因而常常是消极的。

（二）理智性反应

理智性反应是指受挫后能面对现实，找出原因，采取积极有效的态度和行为来对付挫折。理智性反应是对挫折的积极反应，有助于调整心理，战胜挫折。大学生中常见的对挫折的理智性反映主要表现为以下几个方面。

1. 冷静思考，直面现实

有些大学生在遭受挫折时，没有惊慌失措，垂头丧气，而是面对现实，冷静思考。当发现自己的目标是正确的、有价值的并且有实现的可能性时，他们就不会因一时的挫折而放弃自己的目标，而是在冷静分析的基础上，找出遭受挫折的主客观原因，克服困难，排除障碍，继续坚定地朝着既定的目标努力，直到最终实现目标。古往今来，许多成功者都经历过这样的历程。

2. 审时度势，调整需要

生活中有些大学生认识到，由于自身条件和客观环境的限制，人们的需要并不都能满足。因此，他们在为满足需要而努力的过程中，几经努力奋斗和尝试都失败后，就会冷静下来，认真客观地分析自己的目标是否恰当，对自己的需要进行适当的调整，并根据实际情况适当变换途径和方法，循序渐进，通过不断的努力，逐步获得成功，并懂得从每一点成功中体验成就感和自我价值感，不断鼓励自己，增长自信，提高能力，最终达到自己所期待的高度。

3. 发现问题，提升自我

有些大学生在遭受挫折时不是怨天尤人，焦虑自卑，而是静下心来，深刻的反省自我，冷静的分析自己的长短优劣，努力寻找和弥补自己个性的不足，使自我得到提升。如有些大学生会将受挫后的敌对、愤怒、悲痛、焦虑等消极情绪转化为发奋图强、积极进取的行动，扬长避短，选择从事自己相对擅长、最有希望成功的领域作为奋斗目标，避免遭遇挫折。

二、挫折的心理防御机制

当人面对挫折时，心理平衡往往遭到破坏，在多数情况下，人们会感到困扰、不适应，甚至体验到一种痛苦的折磨。出于人的自我保护本能，人们会产生一种自觉或不自觉地要消除或减轻这种状态的倾向，会有意无意地采取某种方式来恢复心理平衡，即人具有一种摆脱痛苦、减轻不安、恢复情绪、平衡心理的自我保护机制，这就是心理防御机制，或称心理自卫机制，如同人生理上的免疫力。所以，所谓心理防御机制是指个体处在挫折与冲突的情景时，在其内部心理活动中具有的自觉或不自觉地解脱烦恼，减轻内心不安，以恢复情绪平衡与稳定的一种适应性倾向。

在现实生活中，心理防御机制普遍存在。因为在我们的生活环境里，时时处处都有可能遇到困难，人不可能永远处于应激状态，永远都直接采取行动处理问题，有时便需要依赖心理防御机制来适应，这在很大程度上是一种正常且健康的心理现象。

心理防御机制常可起到缓冲心理挫折、减轻焦虑情绪的作用，并且可为人们寻找战胜挫折的办法提供时机，因此，它对每一个人都十分重要。

值得注意的是，心理防御机制不仅本身有积极作用和消极作用之分，而且不同人使用时也呈现出不同的倾向和效果。一般来说，心理正常、人格健全的人，在使用心理防御机制时倾向于积极、成熟的方式，而且可根据不同的挫折情境灵活选用。在他们身上，心理防御机制仅起缓冲心理压力的作用，因而使用次数较少，且作用时间不长。同时，他们还能正确地感知自己在使用的防御机制，并能合理地进行调节。因此，心理健康者能扬长避短，多在积极意义上使用心理防御机制。

（一）积极心理的防御机制

1. 认同

认同又名仿同，指一个人在遭遇挫折而痛苦时，效仿他人获得成功的经验和方法，使自己的思想、信仰、目标和言行更适应环境，从而在主观上增强自己获得成功的信念。据调查许多大学生常常把一些历史名人、科学家、英雄楷模，某些歌星、影星，甚至自己身边的同学，作为自己认同的对象。那些与自己家境条件、经济状况、社会经历极为相似或相近的名人、学者，更是他们认同的对象。大学生从他们的认识经历、奋斗精神，甚至风度、仪表等方面吸取营养和动力，尤其在受挫时，常拿这些榜样来鼓励自己，从而奋发进取。

2. 升华

人遭遇到挫折后，将自己不为社会所认可的动机或需要转变为符合社会要求的动机或需求，或遇挫后将低层次的行为引导到有建设性、有利于社会和自身的较高层次的行为，这就是升华。升华作用常常一方面转移或实现了原有的情感，达到了心理平衡，同时又创造了积极的价值，利己利人。比如，贝多芬失聪而作《命运交响曲》；歌德遭受失恋的痛苦但事业上发愤努力，写出名著《少年维特之烦恼》，就将生活中的不幸升华到诗歌、音乐、绘画、文学创作方面去，既宣泄了积蓄的能量，又丰富了生活，陶冶了情操。现实生活中，不少大学生把嫉妒升华为奋发努力、积极进取的行为，把单相思转化为热爱集体、珍视友谊的高级情感都属于升华。

3. 补偿

当由于主客观条件限制和阻碍使个人目标无法实现时，设法以新的目标代替原有的目标，以现在的成功体验去弥补原有失败的痛苦，称之为补偿，即所谓“失之东隅，收之桑榆。”补偿行为在残疾人身上表现得尤为突出。比如没有手的人，脚可以练得像手一样灵活，写字、劳动、甚至绣花；双目失明的人，听觉练就得特别发达，因此很多盲人在音乐方面的造诣很深；一个人在生理上有缺陷，或在心理上曾遭受打击，为了弥补损失和心里创伤，往往通过其他途径设法达到自己既定的需求目标，从而减轻心理上的不适感。补偿对缓慢挫折后的损失感，防止心理压力过大，具有一定的积极作用。但并非所有新的目标和活动都具有积极的价值。如果新的目标和活动符合社会规范和个人发展的需要，这时的补偿行为是积极的，有益的。反之，消极的补偿不但于事无补，反而是有害的。如丢失钱物后以偷别人东西来补偿；在比自己强的人面前吃了亏，就拿比自己弱的人去出气等。

4. 幽默

当个体遭受挫折，处境困难或尴尬时，用幽默来化险为夷，对付困难的情境，或间接表示出自己的意图，称为幽默的作用。一般来说，人格较为成熟的人，常懂得在适当的场合，使用适当的幽默，把原来困境的情况转变一下，大事化小，小事化了，渡过难关，较成功地去应对窘境。

（二）消极的心理防御机制

否定拒绝承认所发生的事情是事实。例如：电视剧《人间四月天》里有这样一个镜头：徐志摩乘坐的飞机失事后，邮差给他的妻子陆小曼送去电报，陆小曼见到电报大为生气："谁家的祖宗八辈缺德，编这样的瞎话，开什么玩笑。"有人在听到亲人患绝症的消息时，矢口否认，坚持认为是医院诊断错了，以减轻和逃避内心的焦虑不安。

1. 文饰

即文过饰非的行为反应，也叫"合理化"。这是一种援引合理的理由和事实来解释所遭受的挫折，以减轻或消除心理困扰的方式。它的表现形式可概括为"找借口""酸葡萄效应""甜柠檬效应"等。

（1）找借口。不少大学生在遭遇失败或做错事时，往往会找一些原谅自己的理由来进行解释，如有的同学考试不理想，以近来身体欠佳或社会工作过重为借口，以避免挫折感；因方法不当而导致工作失败，则以条件太差、设备不齐等理由来为自己开脱等。找借口的人总是企图以冠冕堂皇的大道理来解释其行为，在一群动机中选择一小部分最动听、最高尚、而且最合乎理性的动机加以强调，试图掩盖内心所不愿接受的那些原因，使自己心安理得。

（2）酸葡萄效应。在《伊索寓言》中，有一只饥饿的狐狸，他看到一串串甜熟的葡萄，垂涎欲滴；但因葡萄架过高，三跌而不得食，为了维护自己的面子，就对身边的动物说："葡萄味酸，非我所欲也。"可见，酸葡萄反应是一种借着减少或否定他难以达到的目标的优越性，而夸大渴望获取物品（目标）的缺点来维护心理平衡的一种防御手段。比如，有的同学当不上学习干部，虽然内心很苦恼、很失望，却安慰自己"当上学生干部杂事太多，耽误学习，没啥意思"；求爱不成，则说对方才貌平平，非己所求；某学生本来下决心要在考试中名列前茅，结果未能如愿，为了维护自尊，使用不屑的口吻："死读书什么意思，我可不想做书呆子。"

（3）甜柠檬效应。它也是引自《伊索寓言》，当狐狸找不到可口的食物，只得到了酸柠檬时，却说："这柠檬是甜的，正是我想吃的。"这是借夸大既得利益的好处，否定其缺点，以减轻内心失望与痛苦的心理，达到心理平衡的一种防御手段。例如，当有的人没能达到取一等奖的目标的时候，便对取得的三等奖评论："三等奖也不错么，好多人还没得将。"以此安慰自己，挽回面子，求得心理平衡；某人很想参加舞会，但自己不会跳舞，又不好意思让别人知道不会跳舞，便说自己喜欢安静不愿去闹哄哄的场合。

有些人在遇到挫折时容易自责，这时不妨运用酸葡萄、甜柠檬效应，在内心贬低一下他人，抬高自己，挽回一点自尊和面子，以免自信心丧失殆尽。合理化虽然能缓解内心冲突，保持暂时的心理平衡，但对心理发展更多的是起消极作用。因为所谓的"合理化"往往是不真实或次要的理由，起着自我欺骗和自我麻痹的作用，影响了实事求是地面对现实和做积极的改变。因此，长期地、过分地使用这种方式，会使自己不认真吸取教训，放弃对自我的认识和改造，以致降低积极适应环境的能力。

2. 压抑

生活中常见到一些人在非常生气时，努力控制怒气不要爆发出来，这种行为称为压制。而压抑是指个人将不为社会所接受的本能冲动、欲望、情感、过失、痛苦经验等，不知不觉地从潜意识中压制，使之不侵犯自我或使我自我避免痛苦。由于潜抑作用，痛苦似乎被遗忘了，人在意识上感受不到焦虑和恐惧。压抑是否事实存在，把不愉快的心情在不知不觉中有目的地忘却。例如，有个女孩子，白天表现正常，在傍晚时却常常惊叫，在地上打滚，大吵大闹，做怪动作，发作时间持续一个小时，日日如此，连续几个月了。看病时问其原因，回答说："不知道。"催眠后，患者谈出事情经过。原来患者父亲对她非常疼爱，但管教较严，不让她随便和男孩交往。第一次发病那晚，因要与男朋友约会，父亲一直坐在门口，寸步不离，使她无法赴约。她一方面害怕父亲，不敢说明，另一方面担心男友会一直等她。心里非常着急，忽然发作起来。此后，每到傍晚，就不知不觉焦虑起来，然后发作，但对导致发作的原因却"忘了"。这种遗忘叫做主动遗忘，与时间过久而发生的自然遗忘不同。在这种遗忘中，被潜抑的东西并没有消失，往往不知不觉地影响人们的日常心理和行为，而且一有相应地情景，被潜抑的东西就会冒出来，给个体造成更大的威胁和危害。如某学生一时糊涂，偷偷拿同学的钱物，事后羞愧难当，没有勇气承认，拼命想把这件事忘掉。但此后每遇到同学丢东西，就怕被怀疑，以致发展到怕见同学。这种失常行为的根源就是过分潜抑的结果。

3. 投射

指的是以自己的想法去推测别人的想法，将自己的想法、感受和行动推测到别人身上，这在心理学上称作投射，又称推诿，即所谓"以小人之心度君子之腹"，以减轻自己的负疚，或将自己所具有的某些不讨人喜欢、不被人接受的性格、态度、观念或欲望转置他人，以掩盖自己某些不受欢迎的特征。如大学生中有的人自己心胸狭窄、嫉妒心强，却认为嫉妒是人的共性，人人都有嫉妒心；自己自私，却说人人都自私，"人不为己，天诛地灭"；一个对领导有成见的人，可能会散布说领导对他有成见，有意整他，等等。

投射与文饰在性质上较接近，同样是以某种理由来掩饰个人的过失，但二者是有区别的。在一般情况下，运用文饰行为反应的人都了解自己的缺点，主要是找一些冠冕堂皇的理由为自己的缺点辩解。例如，有的大学生考试没考好，明明是自己不用功，却指责老师教得不好，或出题不明确、评分不公正等。运用投射行为反应的人否认自己具有不为社会认可的品质，反而将其加之他人，予以攻击。例如自己作风不正派或想有不正派的行为，反而猜测他人有不轨行为，或说是受别人引诱造成的。

4. 反向

一般来说，个人的行为方向和他的动机方向是一致的，即动机发动行为，促使行为向满足动机的方向进行。但是，人受挫后，由于自己的内在动机不能为社会所容忍，加上他不敢正面表露自己的真实动机，于是便从相反的方向表现出来。这种把自己的一些不符合社会规范、不被允许的欲望和行为，以一种截然相反的态度或行为表现出来，以掩盖自己的本意，避免或减轻心理压力的行为反应，称为反向。如有的学生内心很自卑，却总是以自高自大、傲慢不羁的表现来掩盖自己的弱点；有的同学很想与某个异性交往，但和他见面时，反而采取冷淡的态度，装出一副对异性不屑一顾、根本没有兴趣的样子；凡事总爱在别人面前炫耀的人，恰恰反映了他内心有怕被人瞧不起的自卑感。

反向行为由于与动机相互矛盾，因而表现得过分夸张、做作。它虽然可以在一定程度上掩饰个体的真实动机，但是，掩饰包含着压抑，长期使用会从根本上扭曲自我意识，使动机与行为脱节，造成心理失常。

5. 转移

自己对某一对象的情感，诸如喜欢、憎恶、愤怒等，因某些原因无法向其对象直接发泄而转移到其他较安全或为大家所接受的对象上。前面内容中提到转向攻击就是属于转向的心理防御机制。

人们在遇到挫折时往往是不自觉地运用防卫机制。我们了解了心理防卫机制后，可以有意识地运用积极地防卫机制应付挫折，变挫折阻碍为前进动力。

案例　　做我情绪的主人

E 同学：男，19 岁

老师，我根本就控制不了我的情绪。

刚进校时，我情绪特别高昂，喜欢参加班级和学校的各种活动，还喜欢和宿舍同学聊天，一起出去玩。但没过多久，一次参加系学生会竞选，我因为没有充分准备，公开演讲时表现很差，结果落选了。我想加入学生会是锻炼我的最好机会，结果失去了，心情一下就低落了许多，很长时间都恢复不过来。

现在我发现我的情绪波动太大，情绪不好时，宿舍同学和我说话也不理睬他们。情绪好的时候，又主动找他们说话，他们都说我怪怪的。

学习上也是如此，情绪不好的时候，一点书都看不下去。但周围同学都很刻苦，我也只是硬着头皮去上自习，可一点效果都没有。上学期考试成绩还不错，都是我在情绪好的时候抓紧补起来的。

我现在实际上是情绪不好的时候多。上次竞选班长失利后，我发现我在各方面都比别人差，譬如学习上，别人一道题很快就会做了，而我则要费很长时间。像我这样情绪波动，将来工作时去建立团队，根本就是一件不可能的事。

分析：

情绪表现的强烈和不稳定，是处在青春发育期的少男少女普遍存在的现象，这并非有“病”，而是青春期的心理特点之一。处在这一时期的青少年身心方面面临着诸多挑战：

一是生理上的发育急剧，特别是性方面的发育和成熟，使他们积蓄了大量的能量，容易兴奋和冲动。

二是学习任务重，还要承受激烈的学习竞争，心理压力普遍较大。

三是随着年龄的增长，他们渴望有更多的社会接触，人际交往也逐渐增多，面临着越来越复杂的问题需要处理。但由于心理成熟度不够，调节能力还比较差，因此，在处理复杂问题时容易出现冲突和挫折。

虽然情绪不稳定是青春期的心理特点，但情绪波动也会导致一系列的负面影响。不仅妨碍学习，也不利于人际交往的促进。因此，学会调节自我情绪是极其重要的。

E 同学虽已是大一年级。但在心理上仍表现出青少年期的典型特点，还不能像成年人那样善于掩饰自己，而是喜怒皆形于色，情绪忽高忽低。

咨询指导：

一是认知情绪周期规律。无论是青少年期还是成年期，人的情绪都是有周期的。只不过成年期比青少年期在控制能力上会有很大提高。同时，在自己学习、工作、生活的安排上学会顺应自己的情绪周期，在自我情绪低落时适当地安排一些独处性活动。

二是帮助E同学分析一些导致情绪低落的原因，譬如竞选失败、做题费时，通过正确认知的建立来对自我形成积极而客观的评价，从而消除其不良情绪。

三是介绍一些调节情绪的有效方法。例如，自我暗示法（即在发怒时用言辞警戒自我"发怒于事无补"、"不要发怒"等），环境调节法（情绪低落时置身于窗明几净的教室或安静清晰的自然美景之中，从而收到愉悦身心的效果）。

课程实践

活动　心理咨询

症状自评量表

测试：你有挫折心理吗

认真阅读下面的题目，并做出选择。（1～10题，选择A、B、C分别得0、2、1分。11～14题，选择A、B、C分别得2.1.0分。将各题得分加出总分。）

1. 当在工作中感到疲劳时，你会（　　）。

A. 总想着疲劳，大脑不听使唤

B. 休息一段时间，便忘了疲劳的

C. 介于A.B之间

2. 当工作环境不好时，你会（　　）。

A. 工作不下去　　B. 能克服困难做好工作　　C. 介于A、B之间

3. 当领导交给你一项很难完成的工作时，你会（　　）。

A. 想尽办法推掉此事　　B. 想办法做好　　C. 介于A、B之间

4. 当某项工作进展缓慢时，你会（　　）。

A. 万分焦躁　　B. 冷静地考虑解决办法　　C. 介于A、B之间

5. 当有困难落到自己头上时，你会（　　）。

A. 非常讨厌　　B. 认为自己有一个锻炼的机会　　C. 介于A、B之间

6. 当出现令人担心的事情时，你会（　　）。

A. 什么工作都做不下去了　　B. 调整心态，工作不误　　C. 介于A、B之间

7. 当碰到令人讨厌的对手时，你会（　　）。

A. 不知道如何应付　　B应付自如，如鱼得水　　C. 介于A、B之间

8. 当你碰到一个难题时，你会（　　）。

A. 自己没有信心　　B. 为解决问题而想办法　　C. 介于A、B之间

9. 当你在工作中有自卑感时，你会（　　）。

A. 再也不想工作了　　B. 立即振奋精神去工作　　C. 介于A、B之间

10. 当面临失败时，你会（　　）。

A破罐子破摔　　B想办法转败为胜　　C介于A、B之间

11. 当你遇到问题时经常采用的办法是（　　）。

A迎难而上　　B寻求帮助　　C放弃

12. 当你每次遇到挫折时（　　）。

A 大部分能自己解决　　B. 能解决一部分　　C. 大部分不能解决

13. 你对自己能力的自信程度是（　）。

A. 相当自信　　B. 比较自信　　C. 不太自信

14. 在过去的 1 年中，你自认为遭受挫折的次数是

A. 1 ~2 次　　B. 3 ~4 次　　C. 5 次以上（　）。

如果总分在 19 分以上：表明你的抗挫折能力比较强。

如果总分在 9 ~ 18 分之间：表明你有一定的抗挫折能力，但对某些挫折的抵抗力比较弱。

如果总分在 8 分以下：表明你的抗挫折能力很弱，需要进行自我调适。

第五章　大学生人格的塑造

"人心不同，各如其面"，人的心理差异就像人的面孔，千差万别、千姿百态。有的人温和内敛，有的人粗犷豪迈；有的人思维敏捷，有的人木讷迟缓，这些都是人格差异的体现。在人的素质结构中，人格起着近乎决定性的作用，它影响和制约着人的发展和成就。人生的较量有三个层次，最低层次是技巧的较量。其次是智慧的较量，最高层次的较量则是人格的较量。大量事实证明，一切的智慧、财富、成功和幸福都始于健全的人格。大学阶段是人的人格发展、完善的重要时期，具有健全的人格是大学生健康成长的基础之一。

第一节　人格概述

一、什么是人格

（一）人格的概念

从字源上看，我国古代汉语中没有"人格"这个词，只有"人性""人品""品格"等词。中文中的"人格"这个术语是从日文中引入的，而日文中的"人格"一词则来自对英文"personality"一词的意译。英语中的"personality"一词最早来源于拉丁文的"Persona"，本意是指面具。所谓面具，原指古希腊时期的演员为扮演角色而戴上的面具，现在普遍指演戏时应剧情的需要所画的脸谱，它表现剧中人物的角色和身份。把面具指义为人格，实际上包含着两层意思：一是指个人在生活舞台上表演出的各种行为，即表现于外，给人印象的特点即公开的自我；二是指个人蕴藏于内、外部未露的特点，即被遮蔽起来的真实的自我。

随着西方古代语言学的发展，"人格"这一具体的专指面具的词被加以扩展和引申，以至于渐渐演变成一个抽象而又多义的名词，其使用范围非常广泛，在生理、心理、宗教、社会、伦理、法律和美学等不同领域被赋予不同的意义。即使在心理学中，"人格"也是一个很复杂的概念。这里所说的人格，是相对于认知、情绪、意志等而言的一种心理现象，亦称个性，它反映了一个人总的心理面貌，是指一个人在一生发展的漫长历程中，逐渐形成的表现为稳定的和持续的心理特点，以及行为方式的总和。这些心理特点主要包括以下几方面的内容：气质、性格、能力、兴趣、爱好、需要、理想、信念等。其中，气质、性格是人格的重要组成部分。

（二）人格的基本特征

按照心理学的描述，人格具有以下几个基本特征：

1. 人格的整体性

人格的整体性又称统合性，是指人格是一个完整的统一体，是由许多心理特征有机地结合在一起组成的，这些心理特征相互联系、相互作用组成一个有机的整体。人格的整体性表现在两各方面：首先，人格具有内在的一致性，受自我意识的调控；其次，个体的心理特征只有在人格的整体中，在与其他人格心理特征的联系中才有确定的意义。当个体的人格结构各方面和谐统一，其心理健康水平就相对较高；一个失去了人格内在统一性的人，他的行为就会经常由几种相互抵触的动机支配，或者思想和行动相互抵触，导致心理冲突，导致人格分裂，形成“双重人格”或“多重人格”。

2. 人格的稳定性

人格的稳定性是指个体经常表现出来的心理和行为特点，它在不同的时空下会表现出一致性，是一贯的行为方式的总和。这是个体在长期的社会生活实践中所形成的，这些特征一经形成，要想改变很难。例如，一个外倾的学生不仅在学校里善于交际，喜欢交朋友，在校外活动中也喜欢交际，喜欢聚会，而且不仅在中学时如此，在大学时也是如此。“江山易改，禀性难移”是这一特征最好的说明。当然，人格的稳定性并不意味着人格是一成不变的，人格特征也会受到多种因素的影响而发生不同程度。

3. 人格的独特性

人格是在遗传、环境、教育等因素的交互作用下形成的。人格的独特性是指不同的个体由于不同的遗传素质、成长环境，而形成的各自独特的心理特点。由于人格结构组合的多样性，使每个人的人格都有自己的特点。如：有人外向，有人内向，有人喜交际，有人爱独处，“人心如面，各不相同”。

4. 人格的功能性

人格是人的心理面貌的集中反映，是个人喜怒哀乐、生活成败的根源之一。它决定一个人的生活方式，甚至有时会决定一个人的命运。人格的功能性是指人格在一定程度上会影响到个体的生活方式，进而影响到个人事业的成败和生活的质量。比如，面对失败与压力，意志品质坚定的人会迎难而上、坚持不懈；缺乏意志的人则会懦弱逃避，一蹶不振。所谓“性格决定命运”就是人格功能性体现。

二、人格的心理结构

人格具有复杂的机构系统，它包括许多成分，主要有气质、性格、认知风格等。

（一）气质

1. 什么是气质

气质是人格结构中比较稳定的并与遗传素质联系密切的成分。气质反映的是人们心理活动动力方面的特征，指心理过程的强度、速度、稳定性、灵活性等方面的特点。心理过程的强度指的是情绪和意志力的强度。如有人性子急，脾气大、火气壮；有人慢性子，遇事不慌不忙，不紧不慢；有人意志力强，愈挫愈奋，有人意志薄弱。心理过程的速度指反应的快慢。心理过程的稳定性指注意力时间长短，有人能持久关注一件事，有人兴趣不稳，经常转移。心理过程的灵活性指思维的灵活性，有人能举一反三，变通思维，有人僵化保守。

人的气质不同，主要表现在对事物的知觉的速度快慢、注意力维持时间的长短、思维的灵活性、情绪发生的快慢与强弱、意志努力的程度等方面，它使个体的心理活动染上一种独特的色彩。气质是不为活动目的和内容为转移的，有着某种类型气质的人，常在内容全然不同的活动中显示出相同的外在表现。例如，一个学生每逢考试情绪激动，等待友人或与友人会面时会坐立不安，参加体育比赛前也总是沉不住气等。气质是人格结构中比较稳定的并与遗传素质联系密切的成分，气质是高度稳定，难以改变的。

2. 气质的类型

现代心理学仍然沿用2 000多年前西方医学之父希波克拉底和古罗马医生盖伦的传统说法，根据神经类型活动的强度、平衡性及灵活性的不同把气质分为多血质、黏液质、胆汁质和抑郁质四种类型，每种不同的气质类型都具有不同的心理和行为特征。

（1）多血质。属于敏捷而好动类型，神经过程强而平衡且灵活性强。感受性低；耐受性高；反应快而灵活；情绪兴奋性高，外部表露明显；外倾性明显；行为可塑性大。典型的行为特征是：活泼好动，敏感，反应迅速，喜欢与人交往，注意力容易转移，兴趣容易变换，情绪易表现和变换，对其行为的改造比较容易等。属于这种气质类型的人更容易适应环境的变化，性情开朗热情，善于交际，在群体中精神愉快，相处自然；在工作和学习上肯动脑筋，办事效率高；对外界事物有广泛的兴趣。但是他们往往不安于现状，情绪不够稳定，容易浮躁，缺乏耐心和坚持性。

（2）黏液质。属于沉默而安静类型，神经过程强而平衡且灵活性低。感受性低；耐受性高；反应速度缓慢，具有稳定性；情绪兴奋性低；内倾性明显；行为有一定可塑性。行为特征表现为：安静，稳重，反应缓慢，沉默寡言，情绪不易外露，注意力稳定又难以转移，善于忍耐，对兴奋性行为的改造容易等。属于这种气质类型的人无论环境如何变化，都能基本保持心理平衡，凡事力求稳妥、深思熟虑，一般不做无把握的事，具有很强的自我克制能力，很少流露内心真实情感；与人交往时，态度稳重适度，不爱抛头露面；行动缓慢而沉着，能够恪守既定的生活秩序和工作制度。但是他们往往过于拘谨，不善于随机应变，墨守成规，常常沉稳有余，灵活性不足。

（3）胆汁质。属于兴奋而热烈的类型，神经过程强而不平衡。感受性低；有一定耐受性；反应快而灵活；情绪兴奋性高；抑制能力差；外倾性明显，行为有一定可塑性。行为特征是：直率热情，精力旺盛，情绪易于冲动，心境变换剧烈，脾气急躁，对兴奋性行为的改造较不容易等。这种气质类型的人一般表现为有理想抱负，有独立见解；行为果断，表里如一；有魄力敢于负责，喜欢指挥别人。但是，他们往往比较粗心，缺乏自制力，容易感情用事，刚愎自用。

（4）抑郁质。属于呆板而羞涩的类型，神经过程呈弱型。感受性高；耐受性低；反应速度慢，刻板而不灵活；情绪兴奋性高而体验深；内倾性特别明显；行为可塑性小。行为特征表现是：孤僻胆小，行动迟缓，不易动情，体验深刻细心，感受性很强，敏感多疑，缺乏果断和自信，精力较不足，忍耐力较差，对行为的改造较难等。这种气质类型的人喜欢独处，交往拘束；常因微不足道的小事引起神经紧张，情绪波动；极少对外表露自己的情感，但内心体验却相当深刻；他们遇事三思而后行，求稳不求快，因而显得迟缓刻板；性情怯弱自卑，优柔寡断。

不同气质的人，对同一件事情的反应是完全不同的。前苏联的一位心理学家曾形象地描述了四个不同气质的人针对同一情景所表现出来的不同行为。这四个不同气质的人去剧院看戏，都迟到了。这时多血质的人软硬兼施后，看到楼下检票员管得很严，马上会设法另寻出路，比如，从楼上的门乘机溜进去；胆汁质的人会和检票员大吵大闹、暴跳如雷，并不顾阻拦闯入剧院；黏液质的人犹豫不决、进退两难，会很规矩地等在大门外，等场间休息时再进去，并自我安慰“第一场戏总是不太精彩的”；抑郁质的人则垂头丧气，委屈万分，会叹息自己不走运，接着便掉头回家了。

气质主要是由人先天的高级神经活动类型决定的，仅仅是人的行为带有某种动力的特征，没有好坏之分。每一种气质类型都有积极的方面，也都有其消极的方面。气质也有一定的可塑性，大学生可以通过环境、学校教育和自我教育等途径，自觉地发扬自己气质中的积极方面，努力克服气质中的消极方面。气质不决定一个人性格的倾向性和能力的发展水平，也不决定一个人活动的社会价值和成就的高低。俄国的四位著名作家就是四种气质的代表，普希金具有明显的胆汁质特征，赫尔岑具有多血质的特征，克雷洛夫属于黏液质，而果戈理属于抑郁质。气质相同的人有的可以成为对社会做出重大贡献、品德高尚的人，也有的成为一事无成、品德低劣的人。

（二）性格

性格是与社会联系最密切的人格特征，它表现了个体对客观现实的态度，并从其言谈举止中体现出来。性格有好坏之分，它直接反映了一个人的道德风貌，受人的价值观、世界观和人生观影响，如有的人自私自利，有的人厚道宽容。性格受个体生物学因素和后天社会环境的共同影响，既有一定的稳定性，又会在社会生活中逐渐变化。

1. 什么是性格的含义

性格是一个人比较稳定的对现实的态度和习惯化的行为方式，是人格结构中表现最明显，也是最重要的心理特征。性格主要由四方面结构特征组成。

2. 性格的特征

（1）态度特征。指人在对客观现实中多种多样的对象和现象的态度中表现出来的性格特征。这些特征主要是有关处理社会各方面的关系，包括对社会、集体、他人态度的性格特征，如自私或无私、合群或孤僻、礼貌或粗暴等；对劳动和学习态度的性格特征，如勤劳或懒惰、认真细致或马虎粗心、创新或守旧等；对自己态度的性格特征，如谦虚或骄傲，严于律己或自我放纵等。

（2）性格的理智特征。指表现在认识过程中的性格特征。主要包括：感知特征，如主动观察型或被动观察型、罗列型或概括型等；记忆特征，如形象记忆型或逻辑记忆型、快记型或慢记型等；想象特征，如幻想型或现实型、宽广型或狭窄型等；思维特征，如独立型或依赖型、分析型或综合型等。

（3）性格的情绪特征。指人们在情绪活动中表现出来的性格特征。如有的人情绪体验强烈长久，有的人则微弱短暂，有的人情绪平静易控制，而有的人情绪大起大落不易自控等。情绪特征主要有四个方面：强度特征，表现为个人受情绪影响的程度和以意志控制情绪的程度；稳定性特征，即情绪波动程度；持久性特征，即情绪作用时间长短；主导心境特征，表现为不同心境在一个人身上的稳定程度。

（4）性格的意志特征。指人自觉调节自己行为的方式和水平方面的性格特征。包括：对行为目的明确程度的特征，如目的性或盲目性、独立性或依赖性等；自觉控制行为水平的特征，如主动或被动、自制或冲动等；在长期工作中表现出来的特征，如坚毅或动摇等；在紧急危难时刻表现出来的特征，如勇敢或胆怯、果断或迟疑、冷静或惊慌等。

性格的这些特征当中，态度特征和意志特征最为主要，它们直接表现了人对事物的倾向和影响方式。而所有这四方面特征是相互联系、彼此制约的，在它们共同作用下个体才形成了不同于他人的独特性格。并且性格会随个人的角色转变、环境和情境的变化以及自我要求的不同而呈现出不同的特征，从而使人的性格表现具有丰富性和复杂性。

（三）性格与气质的关系

性格和气质都是描写个体典型行为的概念，这两个概念既有区别又有联系。

1. 性格和气质的区别

从起源方面看：气质是先天形成的，一般产生于个体发育的早期阶段，主要体现为神经类型的自然表现。性格是后天形成的，在个体生命的早期，并没有性格的表现。性格是行为主体与社会环境相互作用的产物，反映了人的社会属性。

从可塑性方面看：气质变化较慢，可塑性较小，即使可能改变，也很困难。性格的可塑性较大，环境对性格的塑造作用是明显的，即使已经形成的性格是较稳定的，改变起来也要比气质容易。

从社会评价方面看：气质无好坏善恶之分，不能做社会评价；性格有好坏善恶之分，可以做社会评价。因为气质所指的典型行为特征，如胆汁质的暴烈，多血质的活泼、灵巧，指的是一个人心理活动动力方面的特征，与个人行为的内容无关。而性格特征主要是指一个人行为的内容，反映了行为主体与社会环境的关系，如一个人对集体、对他人、对工作的态度，有好坏善恶之分。

2. 性格和气质的联系

性格和气质既有区别，又有联系；既相互依赖，又相互制约。

气质对性格能够产生影响和作用。一个人性格特征的形成，主要依赖于其接受教育的方式和其与社会相互作用的性质和方法。而气质会影响一个人接受教育的环境和其与社会相互作用的方式，这种影响在儿童的早期即可表现出来。如有的婴儿喜欢哭或笑，有的婴儿安静或好动。这些不同的气质特征必然会对家庭环境产生不同的影响和作用，引起父母或其他哺育者不同的行为反应，这些不同的行为反应，反过来也就必然会影响一个人性格的形成。

气质不仅可以影响一个人接受教育的方式和其与社会相互作用的性质和方法，还可以按照自己的动力方式渲染性格特征，从而使性格特征具有独特的色彩。例如，同样是乐于助人的性格特征，多血质气质类型的人，在帮助别人时表现为动作敏捷、情感外露、热情；而黏液质气质类型的人，在帮助别人时则表现为动作沉着，情感含蓄、深沉。

气质还影响性格特征形成和改造的速度。例如：要形成严谨自律的性格，胆汁质类型的人往往需要极大的努力和克制；而抑郁质类型的人，则比较容易形成，不用特别的控制和努力。

性格也能对气质产生影响和作用。性格对气质有掩蔽作用，可以在一定程度上掩盖或改变气质，使气质服从于生活实践的要求。例如，领导者必须具备冷静、沉着稳重等性格特征，在长期从事领导实践活动的锻炼中，这种性格特征的形成，有可能掩盖或改造胆汁质类型的人易冲动和不可遏制的气质特征，使其更像是黏液质的气质类型。

案例　　性格内向的困扰

J同学：男，21岁

我一直性格比较内向，不能在很短时间内和人相熟，前天我来心理中心做了一个个性方面的测试，结果显示我就是一个性格内向的人。但我一直想像性格外向的人那样，整天乐呵呵的，开朗活泼，也比较容易和周围人相处，周围人也很愿意和他相处，但我总是做不到。

还有，我觉得将来毕业后走入社会，性格内向一定会吃亏的。现在的社会，只有性格外向才吃得开，譬如说参加毕业生招聘洽谈，我觉得性格内向的就很难在短时间内给招聘方留下很好的印象。

我在遇到一件事情的时候，总是想得很多，做得却不够。性格外向的人想到就做，并不多想，这样会更好一些。但我却很难做到。

很想改变，但总是做不到、改不掉，现在我很自卑，总觉得前途渺茫，没有希望。

我也问过我周围的同学，问他们是否讨厌我的性格，他们都说没觉得有什么特别不好，也没觉得我很内向，但测试结果证明我就是一个内向的人。

我有一两个和我关系很好的朋友，但我现在觉得我的朋友面太窄了，俗话说，多一个朋友多一条路，但我却不能和周围很多人建立朋友关系，缺少亲和力。

分析：

J同学的困扰涉及对自我性格的认知和评价。

现代心理学把性格看成是一个人在个体生活过程中所形成的对现实稳固的态度，以及与之相适应的习惯了的行为方式。一般认为，遗传是性格形成的自然条件，环境影响对性格起重要作用。就J同学而言，在对自我性格的认知和评价上存在如下问题：

一是对性格的内向和外向认知绝对性。片面认为内向性格一定吃亏，外向个性就绝对好。没有对两种性格倾向各自的优缺点形成客观全面的认知。从而在认知上只看到内向个性的缺点和外向个性的优点。因而产生自我性格上的自卑。

二是在对自我性格上的改进努力过程中，由于自我认知的片面性，以及自我性格的遗传先天因素的制约，因而单纯片面向外向型性格方面努力，实际上是陷入了努力方向上的误区。没有认识到对自我性格，可以发挥主观能动性进行不断的完善和改造，但所有的改造都只能是在先天遗传因素基础上的改进，而不可能是性格从内向到外向的完全改变。

咨询指导：

一是帮助启发来访者挖掘认知自我性格的优点。譬如思考问题深刻，思想行为的稳定性高等，在此基础上进一步对自我建立客观认知。同时，在讨论中帮助其认知外向性格的缺点和不足。

二是肯定来访者积极改进自我个性的努力，同时帮助其认知自我性格建立和形成过程中的先天因素和后天因素，消除其认知误区，并结合实例进一步分析如何在实践中吸取外向性格的一些优点，以自我完善。

（三）认知风格

认知风格又称认知模式、认知方式，是指个体在认知过程中所表现出来的习惯化的行为模式，即个人所偏爱使用的信息加工方式。比如有的人喜欢通过分析现状、寻找线索来解决问题，有的人则喜欢通过直觉感受来解决问题。认知风格具有一定的稳定性，有的人甚至从儿童时期就开始形成并保留至成年阶段。

认知风格有许多种，主要包括场独立性和场依存性、冲动和沉思、同时性和继时性等。下面我们将对与个体心理健康有着密切关系的场独立性和场依存性作介绍。

美国心理学家赫尔曼·威特金（Herman. Witkin）等从1940年开始研究认知风格，发现了认知风格的个体差异，即场独立性和场依存性的差异，这种差异主要表现在个体对外部环境的不同依赖程度上。场独立性的人主要依据内在标准来加工信息，与人交往时缺乏敏感的感受；而场依存性的人则主要依靠外在参照来处理信息，与人交往时对他人的感受较敏感。总体来说，场独立性和场依存性并无好坏之分，但二者的差异会表现在心理活动的很多方面。场独立性的人在认知活动中表现出比较明显的优势，他们善于抓住问题的关键成分，能灵活运用已学知识来解决新的问题，在学习兴趣方面更倾向于理论原理、数理知识。场依存性的人则在人际交往中表现得较好，他们喜欢学习一些具体的知识，更倾向于从事文学社会类职业。

三、影响人格发展的因素

（一）先天遗传因素

根据对刚出生的婴儿的观察发现，有的婴儿哭声洪亮，好动，是兴奋型；有的婴儿哭声细微，安静，是抑制型。这样的神经类型的特点显然是遗传的。而且，有人对双生子的精神病同病率问题进行了调查，发现同卵双生的同病率显著高于异卵双生的同病率。寄养研究也表明，精神病人的子女患精神病的概率比正常人的子女高得多。说明血缘关系越近，病态人格的发生率越高，表明遗传对人格的影响确实存在。

（二）后天环境因素

1. 文化环境的影响

人从诞生之日起，就无时无刻不在受社会文化环境的影响，在特定的社会文化关系中不断地成长成熟。从这个意义而言，人不仅仅是一个生物个体，更多地体现为一个社会成员，生物的人在成长过程中，会随时随地地对社会要求做出各种独特的反应，调节个体生物需要与社会文化环境的关系，主动或被动地实现个体社会化的过程。在这个过程中，个体形成独特而稳定的人格，中华民族的传统文化塑造了其社会成员勤劳善良的人格特征，德国的社会文化造就了其民族严谨认真的特征，法国人则以其浪漫的人格特征闻名于世。

2. 家庭影响

家庭是儿童最早接受社会化的地方，而父母就是社会化的最初媒介。对于一个人来讲，对客观现实的认识往往是从家庭生活、家长的言行举止开始的。家庭对人格的影响包括：家庭的组成状况、家庭的社会地位、父母的人格特征及夫妻关系、父母的教养态度及教养方式等。不同的教育方式会培养出具有不同人格特点的孩子，溺爱中成长的孩子会表现出任性、幼稚和自私；民主氛围中成长的孩子会表现出独立、善于交往与合作；专制教育则培养出消极、暴躁、好责难他人的孩子。

3. 学校影响

学校对学生人格的影响主要是校园文化以及教师和同伴时学生人格的影响。

校园文化是大学生人格健康发展的重要影响因素。校园文化构成了高校的育人环境，具有导向、调适、辐射和凝聚的作用，对大学生的人格发展起着潜移默化的影响作用。

人格在实践过程中形成，在人与人交往的过程中形成。教师的言行举止、情绪反应方式都可能成为学生模仿的对象，从而潜移默化地影响学生待人处事的方式、学习的态度和对自己的看法等。

同伴的影响在大学生中更为显著，即所谓“近朱者赤，近墨者黑”，因为这个年龄阶段的青少年更倾向于赢得同龄人的赞许和认可，同辈群体之间的共同语言、共同情感体验、共同需要使他们相互认同、相互模仿、相互接纳，获得心理上的满足，提供了一个适合他们心理适应和发展的小环境。

4. 大众传媒

大众传媒迅速地向人们提供社会事件、社会变革的消息，还向人们提供各种不同的角色模式、角色评价、价值标准、行为规范等，对个体的发展起着潜移默化的影响作用。

第二节　大学生健康人格的塑造

社会现代化发展和成功的先决条件，归根到底是人格的现代化。面对 21 世纪的挑战，当代大学生必须认真做好人格准备。从年龄阶段看，大学生正处于身心急剧发展和自我意识由分化矛盾走向统一的特殊时期，是人格完善与定型的重要时期。大学生心理健康教育的使命就是要使大学生具备优良的人格素质。

一、大学生人格发展的特点

（一）不稳定性

根据勒温（K. Lewin）的观点，青年期是由儿童的“心理场”向成人的“心理场”的过渡时期，由于“生活空间”扩大、社会的变迁以及自身社会角色的过渡，造成大学生在未知的环境中难以确定自己的行为方式。因此，在这一时期，大学生表现出的一些人格特征带有显著的不稳定性。如有时表现出空前的自信，认为自己无所不能，而有时又极度的自卑，认为自己一无是处。而且两者可反复出现，使大学生情绪不稳、易于激动、烦躁、不安，常处于情绪的动荡状态。

（二）冲突性

进入青年期的大学生，开始摆脱儿童期的对自我和外界的肤浅的认识，将注意力集中到重新发现自我上来。尤其是对于新生，环境的变化、学习压力的加大、同学间的竞争常使他们失去既往的心理平衡，在内心掀起巨大的波澜，自我的重新认知也使其思想行为陷入自我矛盾的尴尬境地，如在与人交往中，虽然内心渴望得到友谊和关怀，却因怕被拒绝而做出冷漠、高傲的姿态。

（三）可塑性

人格的发展和变化并不是在童年就停止了，而是整个一生都在继续着。人格的发展经历幼儿期、少年期、青年期、中年期和老年期几个阶段，而青年期是人格走向成熟、由量变到质变的重要时期，在这一时期，受学校、社会等后天环境以及自身知识的积累、生活经历的影响，其人格常会有较大的改变，具有较强的可塑性。

二、健康人格的特征

健康人格是指人格的各侧面要素协调、统一、平衡，人的才能得以充分发挥，个人感到非常自主自由。马克思所说的“全面发展的人，自由的人”就是健康人格的理想标准。健康人格是生物进化所赋予人的本性在充分发挥时所能达到的境界，是人类应该追求的价值目标：具有健全人格的人是心理健康者，他们能有意识地控制自己的生活，掌握自己的命运；他们能意识到自己的优点和弱点、善与恶，并且容忍和认可它们，他们不是生活在过去的往事之中，而是坚定地立足于现在，并注意到未来的目标和任务。健康人格的具体特征是：

1. 正确的自我意识

自我意识是个体对自己和自己与他人，与周围世界关系的认识。具有健全人格的人对自己有恰如其分的评价，充满自信，扬长避短，在日常生活中能有效调节自己的行为，使其与环境保持平衡。美国心理学家罗杰斯说：“积极的自我观念为我们正确对待生活提供了极大的有利条件，它是形成伟大人格力量的基础。”

2. 良好的情绪调控能力

情绪标志着人格的成熟程度。人格健全的人的情绪反应适度，具有调节和控制情绪的能力，并经常保持愉快、满意、开朗的心境，当消极情绪出现时，能及时有效的宣泄、排解、转移和升华。

3. 和谐的人际关系

人际关系最能体现一个人人格健全的程度。人格健全的人与他人交往，并与他人建立良好的关系；与人相处时，尊敬、信任等积极态度多于嫉妒、怀疑等消极态度。人格健全的人常以诚恳、公平、谦虚、宽容的态度尊重他人，同时也受到他人的尊重和接纳。

4. 良好的社会适应能力

社会适应能力反映了人与社会的和谐程度。人格健全的人能够和社会保持良好的密切接触，以一种开放的态度，主动关心社会，了解社会；思想、行为跟上时代的发展，与社会要求相符合，能很快适应新的环境。

5. 乐观向上的生活态度

积极的人生态度是人类在社会实践中获得的本质力量的表现。人格健全的人始终保持乐观向上，乐观的人常常能看到生活中的阳光，对前途充满希望和信心，对自己所从事的工作抱有浓厚的兴趣，并在其中发挥自身的智慧和能力，即使在遇到困难和挫折时，也能不畏艰险，勇于拼搏。

健康人格模式

自从20世纪50年代以来，西方心理学领域受潜能研究的影响，越来越重视对健康人格等方面的研究。很多心理学家根据他们的临床经验，运用心理测验等方法，对高健康水平的人进行了研究，提出了不少健康人格的模式。

一、马斯洛“自我实现者”模型

美国人本主义心理学家马斯洛（A. H. Maslow，1908—1970）强调人的自我实现。他研究那些能够充分发挥自己才能，全力以赴地工作，并把工作做得最出色的人，如贝多芬、斯宾诺莎、歌德、爱因斯坦、詹姆斯、弗洛伊德、杰弗逊、罗斯福和林肯等。马斯洛根据自己的长期观察，概括出自我实现者具有以下特征：良好的现实知觉；对自己、他人和现实表现出高度的接纳；有自发性和率真性；以问题为中心；有独处的需要；高度的自主性，不受环境和文化的支配；高品位的鉴赏力，对普通生活的新鲜感；常常有高峰体验；关心社会；能与他人建立友谊；具有民主的性格结构；强烈的道德感和独立的善恶判断能力；善意的幽默感；富有创造性；不受现实文化规范的束缚。

二、奥尔波特的“成熟者”模型

美国心理学家、人格特质论的倡导者奥尔波特（C. W. Allport，1897—1967）认为，健康人是在理性和有意识的水平上活动，对刺激他们活动的力量完全是能够意识到的，是可以控制的。他认为健康人的视线应该指向当前和未来的事件，而不是指向童年的事件。他把心理健康水平高的人称为“成熟者”，根据多年在哈佛大学的研究，他从“成熟者”身上归纳出七个特色：有自我扩展的能力；人际关系融洽；情绪上有安全感；具有现实性知觉；专注地投入自己的工作；客观地看待自己；行为的一致性是其人生哲学。

三、罗杰斯的“功能充分发挥者”模型

美国人本主义心理学家、人本疗法的创始人罗杰斯（C. R. Rogers，1902—1987）认为，健全人格不应该理解为人的状态，而是过程或趋势。罗杰斯把“功能充分发挥者”的优秀特征概括为五个方面：他们的社会经验都能进入意识领域，具有经验的开放性；协调的自我；以自己的内在评价机制来评价经验；自我关注；乐意给他人以无条件的关怀，能与其他人高度协调。

四、弗洛姆的“创发者”模型

弗洛姆（E. Fromm，1900—1980）是一位从社会哲学方面探讨人格的理论心理学家。他既批判地接受弗洛伊德的学说，又受到精神分析社会文化学派新理论的影响。他认为每个人都有充分利用自己潜能成长和发展的固有倾向，由于社会本身的压抑和不合理，很多人未能达到心理健康的状态，病态的社会产生了病态的人格。他强调社会变革在产生大量健康者或“创发者”方面的重要性。他认为“创发者”有四个方面的特征：创发性爱情，这是一种自由平等的关系，相爱的双方都可以保持他们的人格；创发性思维，创发性的爱会使人意识到与被爱者有密切关系，意识到关怀被爱者；有真正的幸福体验，即身心健康，个体各种潜能得到实现的状态；以良心为定向系统，“创发者”有一种特殊的良心，弗洛姆称其为“人本主义良心”，它引导人们实现人格的充分发展和表现，并使人获得幸福感。

五、皮尔斯的“立足现实者”模型

美国心理学家皮尔斯（P. S. Peris，1893—1970）认为人格健全者应该是充分地理解并坚定地立足于自己的现实情境。他认为立足于现实的人具有下列十项人格特征：牢牢地建立在当前存在的基础上；对自己有充分的认识和认可；对自己的生活负责并摆脱对任何人所负的责任；完全处在与自我和世界的联系状态中；能摆脱外部调节而进行自我调节；能认清、承认并且表达自己的冲动和渴望；能够坦率地表达怨恨；反映当前情境并被当前情境所指引；开放的自我界限；不追求幸福。

三、大学生健康人格的培养途径

（一）认识自我，优化人格整合

认识自我是改变自我的开始，为了有效地进行人格塑造，应该首先充分了解自己的人格状况，明确人格塑造的目标、内容、途径、方法。人格塑造也就是为了实现人格优化整合，以达到人格的健全。整合是要使人格的各个方面逐渐由最初的互不相关，发展到和谐一致状态的过程。优化的过程即选择某些优良的人格特征作为自己努力的目标，同时针对自己人格上的缺点、弱点予以纠正。

健康的人格建立在自我内在和谐与统一的基础之上。认识自我、悦纳自我、延伸自我和创造自我，是健康人格的四部曲。自我调控具有创造的功能，它可以变革自我、塑造自我，不断完善自己，将自我价值扩展到社会中去，在对应会的贡献中体现自己的价值，把实现自我的个人价值变为实现自我的社会价值。具有自知的人能够客观地分析自己，不会把遗传或生理方面的局限视为阻碍个人发展的因素，而会有效地利用个人资源，发挥个人长处，努力改善自己和完善自我。人的自我塑造伴随人的一生，需要不懈地为之努力。

乐观的思维方式能促成人格的健康发展。马丁·塞利格曼（MartinE. P. Seligman）认为："乐观的人在生活中所遭受的挫折和悲剧并不比悲观的人少，乐观的人能更好地应对生活中的困难。"总体而言，乐观的人与悲观的人相比更不容易得病，能够从疾病中更快地恢复过来，而且更加健康长寿。塞利格曼所进行的一系列研究显示，乐观的思维方式有三大特点：

第一，乐观的思维方式会将不愉快的经历归因为具体的原因，而不是盲目地扩大归因范围。比如，"数学没考好，可能是原理掌握不够，我的计算和逻辑能力没问题。"

第二，乐观的思维方式倾向于将问题归因为外部原因，而不是内部原因。比如，"我可能是因为没有掌握好学习数学的方法，我会找数学老师和数学好的同学好好请教一下"。

第三，乐观的思维方式会假设导致失败或不利的原因是暂时的。比如，"一旦我掌握了学习数学的方法，我相信自己的数学成绩会有很大的提高"。

（二）培养良好的情绪

现代生理学、心理学和医学的研究证明，情绪作为一种基本的心理过程，对个体的生活、学习、工作有着很大的影响。情绪既是一种主观体验，也是一种人格特征，它直接影响到人们活动的方式、行为的选择和稳定人格的形成。良好情绪有利于乐观、亲和、宽容等良好人格品质的形成，对健康人格的形成起着至关重要的作用。纵观中外，学者们无一不将良好情绪作为心理健康的标准之一。换言之，一个拥有健康人格的人一定是善于管理情绪的人。

（三）完善自我意识

构成个体人格的稳定因素是意志品质，良好的意志品质会使个体成为一个意志坚定的人。要培养一个人的坚定意志，首先要树立正确而高尚的行动目标。有了理想个体才能克服行动中的重重困难，不屈不挠，坚持不懈。其次要在实践活动中取得锻炼意志品质的直接经验。任何通往成功的道路都不是一帆风顺的，个体在做决定、完成理想的过程中，总会遇到来自内部和外部的阻挠，这正好可以对意志品质进行磨炼和检验。如果能正确树立合理目标，将远期目标与近期目标有机结合，通过顽强努力达到预定目的，个体的意志品质就能在实现目标的过程中得到极大锻炼。最后要注意加强意志品质的自我锻炼。既可以通过分析自己意志品质在实践中的表现，来取得成就感的体验，增强自我锻炼的决心；又可以通过名人名言、榜样人物、道德纪律的要求来激励自己。

案例　　张海迪身残志坚

张海迪，5岁时因患脊髓病，胸以下全部瘫痪。从那时起，张海迪开始了她独特的人生历程。她无法上学，在家自学完中学课程，又自学了大学英语、日语、德语和世界语，并攻读了大学和硕士研究生的课程。1983年张海迪开始从事文学创作，先后翻译了《海边诊所》等数十万字的英语小说，编著了《向天空敞开的窗口》《生命的追问》《轮椅上的梦》等书籍。其中《轮椅上的梦》在日本和韩国出版，而《生命的追问》出版不到半年，已重印3次，获得了全国“五个一工程”图书奖。为了对社会作出更大贡献，她先后自学了十几种医学专著，不断向有经验的医生请教，学会了针灸等医术，为群众无偿治疗达1万多人次。1991年张海迪被确诊鼻部患有黑色素癌。于是她经历了生命中的第六次大手术。手术后，张海迪身体状况差到了极点，但是她仍然坚持就读吉林大学哲学系，攻读硕士研究生，并最终获得学位，成为中国第一位坐着轮椅的哲学硕士。

（四）防止“过犹不及”

凡事都有度，人格发展和表现的度是十分重要的，人格塑造过程中应把握辩证法，掌握好度，否则就会过犹不及，适得其反。具体说来，应该是：自信而不自负，自谦而不自卑，勇敢而不鲁莽，果断而不冒失，稳重而不犹豫，谨慎而不怯懦，豪放而不粗俗；好强而不逞强，活泼而不轻浮，机敏而不多疑，忠厚而不愚昧，干练而不世故，等等。度的把握还表现在不同的人格特质要协调发展，做到“刚柔兼济”，对于“刚”者应多发展些“柔”，对于“柔”者应多发展些“刚”，这样才能形成合理、和谐的人格结构。

大学生正是在刻苦的学习中、在发展友谊和爱情的关系中、在对压力和挫折的承受中获得了生命的意义感、目标感和成就感。正如尼采所言“那些拥有为什么而活的人，可以承受任何如何活的问题”。而人们也正是在这一系列的探索行为中使人格得以不断整合与发展，最终形成了完整、健康的人格。

第三节　大学生常见人格障碍及调适

一、什么是人格障碍

17—18世纪，在小说、戏剧等艺术作品中，出现了对非常典型的“守财奴”葛朗台、“厌世者”阿尔采斯特等性格突出的主人公的刻画，这些人物所具有的讽刺性人格特征引起了现代医学和心理学的重视。研究者们渐渐提出了人格障碍这一概念。

人格障碍，也称变态人格、病态人格、人格异常，是指一个人的品质不够健全，行为方式明显偏离正常且根深蒂固，具有适应不良的性质，其人格在内容上、性质上或整个人各方面异常，不能适应正常的社会生活。由于这个原因，病人遭受痛苦或使他人遭受痛苦，或给个人或社会带来不良影响。人格的异常妨碍了个体的情感和意志活动，破坏了其行为目的性和统一性，给人以与众不同的特异感觉，在待人接物方面表现尤为突出。人格障碍开始于幼年，青年期定型，持续发展至成年或者终生。仅少数病人在成年以后程度上可有改善。

人格障碍与精神疾病是有区别的，它是正常人格的一种变异。人格障碍者的行为问题程度各不相同，有的人基本可以像正常人一样生活，只有少数与他关系密切的人才会感受到他的怪异和难以相处。而严重人格障碍者则会出现明显的社会适应障碍，可能在早年就开始惹是生非、攻击他人，不能正常地学习与生活。由于人格障碍的成因与遗传和后天的环境因素均有关，是在长期生活中缓慢形成的，具有较强的稳定性和顽固性，所以人格障碍的矫正过程十分缓慢。人格障碍的矫正需要在其自身、家人和治疗师的长期训练和影响下进行。

值得一提的是，我们所有人的人格特质中都有可能会有一部分类似于人格障碍的特征。如果据此就认为自己或他人具有某种人格障碍是不正确的。只是在极少数情况下，这些特征的适应不良、使人苦恼和僵化的水平才会达到可以确认为人格障碍的程度。目前国外的调查结果显示，人格障碍的患病率大部分在2%～10%，国内的调查结果显示，我国人格障碍的发病率较国外更低。

二、人格障碍的类型与调适

美国的《精神障碍和统计手册》第4版将人格障碍分为10种类别，并在相似的症状描述基础上将它们分为三大类群。A类群：以行为古怪、奇异为特点，包括偏执型、分裂型人格障碍；B类群：以戏剧化、情感强烈、不稳定为特点，包括表演型、自恋型、反社会型、边缘型人格障碍；C类群：以行为紧张、焦虑为特点，包括回避型、依赖型、强迫型人格障碍。

（一）偏执型人格的症状

偏执型人格又称妄想型人格，这种人的主要特点是固执刻板、敏感多疑和自我批评过高。他们往往心胸狭隘，好嫉妒，易冲动和诡辩，报复心强，与同事或上级难于相处。

主要症状为：

（1）始于成年早期，男性多于女性；

（2）敏感多疑，易把别人的好意当成恶意；

（3）心胸狭隘，常有病理性嫉妒观念，怀疑恋人有新欢或伴侣不忠；

（4）经常无端猜疑别人要伤害、欺骗或利用自己，或认为有针对自己的阴谋；

（5）从不宽容他人的过错，遇事常片面理解，容易产生成见，报复心极强；

（6）对自己的能力估计过高总感觉自己怀才不遇、不被重视、受压制、被迫害，甚至上告、上访，不达目的不肯罢休；

（7）在失败的时候，时常迁怒于人而原谅自己，往往认为自己成为了别人阴谋的牺牲品；

（8）对批评或挫折过分敏感；

（9）忽视或不相信与自己想法不符的客观证据，因而很难以说理或事实来改变病人的想法。

案例　　**难相处的偏执型性格**

某男，25岁，大学四年级学生。在大学期间曾留级一次。同学反映无法与该生正常交往，他过分敏感、多疑，即使别人小声说话，或者在说话时眼睛无意看到他，他都认为在议论他。

女朋友就因为屡次被他猜疑跟别的男生好，而与他分手。大三考试失利，被留级一年，他就认为是老师对他有敌意，故意让他不及格。经常在寝室里背后批评某位老师或者同学，或者说某人要迫害他或欺负他，说任何人都不可信。别人跟他解释，他都置之不理，固执己见。因而给同学和老师都留下了非常不好的印象。后经了解得知，该生从小性情固执，虽有错误，却不愿意接受批评。与人交往时，怕受到藐视，不愿与比自己优秀或者富有的人交往。

（二）偏执型人格的调适

对偏执型人格的治疗应以心理治疗为主，以克服其多疑敏感、固执、不安全感和以自我为中心的人格缺陷。

（1）自我分析，改变性格。偏执型人格是由于患者对别人不信任、敏感多疑、不会接受任何善意忠告造成的，所以首先要与患者建立信任关系，在相互信任的基础上交流情感，帮助病人认识多疑固执性格的共同表现，及其对工作、人际关系和社会适应能力所带来的不良影响，使病人能认识到自己存在的心理缺陷，了解人的性格是可以改变的，并鼓励病人改变自己的性格。要病人自觉地创造一个良好的人际环境，学会用自我分析法分析自己的非理性观念，以逐步消除偏执型人格障碍的异常人格特征。如每当自己出现对同学或老师有敌意的观念时，就要分析一下是不是自己被卷入"敌对心理"的旋涡之中了。如果是，就要提醒和警告自己，不要再沉浸于"自我信任"之中。要知道，世界上除了坏人外还存在着好人、朋友，对好人、朋友应该持信任的态度。同学、老师都是好人或比较好的人，都是可以信赖的，不应该对他们存在不信任的态度。否则就会失去同学、老师的信任。通过这种自我分析非理性观念的方法，可以阻止患者的偏执行为。有时患者自己不知不觉地表现了偏执行为，事后应抓紧分析当时的想法，找出当时的非理性观念，然后加以改造，以防下次再犯。

（2）校正认知，自我暗示。具有偏执型人格的人喜欢走极端，这与其头脑里的非理性观念相关联。因此，要改变偏执行为，偏执型人格者首先必须分析自己的非理性观念。可以使用 RSA 报告让患者与自己的不合理信念进行辩论，进而改变不合理的信念。下面以失恋为例演示如何使用该报告。

RSA 报告的使用

事件 A：失恋，女友和自己分手。

情节 C：抑郁和对女友的怨恨。

信念 B：我那么爱她，她却离开我，这太不公平了。

驳斥 D：

①难道就因为我爱她，她就必须爱我吗？

②我爱她是自愿的，难道我就有权利强迫她爱我吗？这对她公平吗？

③她做出离开我的决定一定有原因，我有什么权力要求她必须按照我的意愿行事呢？

④如果我爱谁，谁就也必须爱我，这种事情是不可能的，也是非常不合理的。

新观念 E：

①每个人都有爱的权利，每个人都可以有新的选择。

②希望别人怎样对待自己，我就要同样如此对待别人，而不是以自我为中心。

③一生厮守是一件好事，但这要看缘分，也并非每个人都能走到这一步。

④感情如一固然好，但感情也会发生变化，不能强求所有事按照自己的想法去发展。

每当故态复萌时，就应该把改造过的合理观念默念一遍。如果有时间的话，每天最好都能这样默念一次，坚持一段时间，偏执型人格障碍的许多异常人格特征都会得到缓解，甚至会有明显改善。对这种自我暗示，首先要充分相信它的神奇作用，最好能在大脑皮层兴奋性较低的早晨、中午或就寝前进行默念。在默念进程中尽量运用想象，这样自我暗示的效果较佳。

（3）主动交友，学会信任。鼓励他们积极主动地进行交友活动，在交友中学会信任别人，消除不安感。首先，使患者了解到朋友之间必须真诚相待，以诚交心，自己必须采取诚心诚意、肝胆相照的态度积极地交友。要相信大多数人是友好的和比较友好的、可信赖的，不应该对朋友，尤其是知心朋友存在偏见和不信任的态度。其次，让我们学会在交往中尽量主动给知心朋友各种帮助，这有助于以心换心，取得对方的信任和增进友谊。再次，交的朋友应该在性格、脾气上相似一致，有助于心理相容，搞好关系。另外，性别、年龄、职业、文化修养、经济水平、社会地位和兴趣爱好等亦存在“心理相容”的问题。除此之外，人生观和价值观上也要相容，搞好关系。最后，良好的人际环境对消除偏执人格非常有帮助。父母、老师对青少年患者不要一味地责备、侮辱，彼此间要互相理解、互相关心、互相尊重、互相帮助，要经常进行沟通和交往，减少或避免不良刺激。如果患者能自觉地把自己长期置身于这样一个良好的人际关系中，那么其异常的人格就会逐渐得到好转，甚至可以有较大的改善。在这种良好的人际环境中，患者通过良好的沟通与交往，容易理解他人，信任他人，从而减少敏感多疑。

三、自恋型人格障碍

自恋型人格障碍是以伴随着自卑感的过度自负为特征的心理障碍。他们幻想自己很有成就，但在实际生活中稍有不如意就感到自己没有价值，遇到比自己强的人就产生嫉妒心，非常关心他人的评价，不能理解别人的细微感情，对他人缺乏同理心。有研究表明，自恋型人格障碍正在日益流行。在我们身边，似乎也有越来越多的显得特别的“自我中心”的人。当然也有学者认为这种增长是因为对这种障碍的兴趣和研究的增多而造成的，所谓流行可能是一种虚假现象。

（一）临床表现

持续地表现出浮夸（无论幻想或行为的）、需要他人赞扬；起自成年早期，前后过程多种多样，具体表现包括：

（1）对自我重要性有一种夸大的感受（如过分夸大成就和才能，在没有相应的成就时，盼望自己被认为是高人一等的）；

（2）沉溺于无限成功、权力、光辉、美丽或理想爱情的幻想；

（3）认为自己是“特殊”的，独一无二的，只能被其他特殊的或高地位的人（或机构）所了解，或与之共事；

（4）要求赞扬；

（5）不合理地期望特殊的优厚待遇或别人自动顺从他；

（6）在人际关系上是剥削（占便宜）性的，即为达到自己的目的而占有他人的利益；

（7）缺乏同情感。不愿设身处地地了解或认同他人的情感和需要；

（8）往往妒忌他人，或认为他人都在妒忌自己；

（9）在行为或态度上显得傲慢。

案例　　自恋型人格的小珍

小珍出生时，爸爸妈妈已经四十多岁了。中年得女，毫无疑问，父母对小珍是特别关爱的。但毕竟年龄差距过大，父母对小珍的照顾多表现在物质上，并不能理解小珍的内心世界，平时与小珍交流得最多的就是要她好好学习，不要学坏，很少与她有别的互动，家庭气氛是客气疏离的。与同龄孩子相比，小珍从小学习成绩就非常好，年年被评为“三好学生”，被周围人誉为“天才”。父母对小珍的这一点很满意，而对小珍在生活和人际交往中出现的问题，父母从来都采取放任不管的态度。

到了大学，小珍刚开始也受到同学和老师的欢迎。可随着时间的推移，同学们发现小珍凡事以自己为中心，不管是集体活动还是外出聚会，小珍总要大家处处优先考虑她自己。平时，她还常常要求同学帮她买饭、提开水，却从不对同学表示出真诚的谢意。寝室打扫卫生，小珍从不参加。不论小珍买了什么衣服饰品，室友都只能赞扬她，否则她就认为人家在嫉妒，“吃不到葡萄说葡萄酸”，并坚信那些得罪了她的人都会遭到报应。曾经有几个男生追求过小珍，但小珍不是嫌弃对方能力不够，就是认为对方不懂得关怀她，总觉得会有一个白马王子要来和她谱出一首浪漫恋曲。渐渐的，小珍越来越孤单，她不知道是怎么回事，也不知道怎么办。她为此感到郁闷，时间长了，她甚至开始出现头痛、慢性腹泻等躯体症状了。

此例中，父母的宠爱与放任，令小珍长期以来以自我为中心，缺乏对他人需求的敏感与同情，且缺乏与人相处的技能，导致了现在的状况。

（二）调适方法

自恋型人格障碍者具有无边无际的幻想个人成功的倾向，相信自己是非凡的，需要他人持久的关注、倾慕与赞扬，容易嫉妒他人，缺乏关心他人的能力，容易处于严重的抑郁状态。

在治疗上，一般从处理抑郁情绪入手，同时矫正自我夸大感，解除自我中心观，常常提醒自己“我不是孩子了，很多事情我应当自己动手做”“我要以努力学习和真诚关心朋友的表现来得到他人的尊重和赞美”“每个人都有属于自己的好东西，我争取我的，别人也争取他的，我不嫉妒”。利用放松训练来帮助自己面对他人的批评。训练自己在人际交往中真诚地关心他人，体会他人的情感，为他人服务，学会爱别人。

四、依赖型人格障碍

依赖型人格障碍起源于个体发展早期。童年时孩子离开父母就不能生存，父母是孩子的保护者，此阶段如果父母溺爱孩子，不给他们充分成长和独立的机会，孩子就容易产生对父母或他人的依赖心理，缺乏自信心，总是想依靠他人做决定。不能对自己的选择和言行负责。这种类型的人缺乏自信，存在顺从和依附行为，过分需要被人照顾；害怕离别；缺乏亲密朋友；两性关系多不成熟，往往会出现婚姻问题；可同时伴有焦虑、抑郁症状，也能继发酒精和药物依赖方面的问题。

（一）临床表现

依赖型人格障碍起自成年早期，前后过程多种多样，其临床表现具体包括：

（1）如果没有他人的大量劝告或保证，便难以做出日常决定；

（2）需要他人为自己生活的主要方面承担责任；

（3）难以表示对他人意见的不同看法，害怕因此失去支持（不包括有现实依据的恐惧）；

（4）难以开始一项事业，或单独完成一件事情（因为对自己的判断缺乏信心，而不是因为缺乏动机或精力）；

（5）愿意不遗余力地争取他人的照料和支持（甚至会为此主动去做令自己不愉快的事情）；

（6）独处时感到不舒服，因为十分害怕不会照料自己；

（7）一个亲密关系终结后，迫切寻求另一个作为支持和依靠；

（8）不现实地沉溺于害怕被被人遗弃，以致不得不自己照料自己的恐惧。

案例　　　　依赖他人的小倩

小倩是由班上的心理委员陪着她来到咨询室的，第一次见面她就泪流满面，希望咨询师能多陪她一会儿。她说自己真不该上大学，现在觉得一天也待不下去了。在上大学前，爸妈把小倩的一切生活都照料得妥帖周到，哪天练琴，哪天可以跟同学玩，玩到几点，该怎么回来等都不用她计划，不用她考虑。进大学后，小倩非常想家，对大学生活很不适应。她常常给父母打电话，“妈，我不知道该选什么课，你帮我选”“爸爸，我的MP3 出问题了，怎么办”。想家的时候，小倩会暗自流泪。她也试过专心学习，努力适应环境，可是无论怎样，学习和生活总有许多不如意的地方。同学们都各有学习打工的安排，没有谁可以一直陪着她，孤独的她就更想家了，退学的念头也就越来越强烈了。

一方面，父母过于周全的照料，剥夺了小倩充分成长和独立的机会；另一方面，小倩在尽享父母的无微不至的关怀中，丧失了自我发展的动力与勇气。这使得她在离开父母之后，遇事显得信心不足，缺乏自主选择的勇气和能力，找不到别的强大支持来指导当前的生活。

（二）调适方法

认识自己，建立自信，回忆以前由自己独立完成的事件，不论大小都可以用来鼓励自己。尝试做一些没有做过的事情，增强勇气。检查一下生活中的事情，逐渐将过去需要依赖他人的事物由自己完成。从最小的事情做起，坚持下去，如自己决定要穿什么吃什么，告诉朋友你真实的想法而不畏惧。在整个过程中，找一个自己信任的人监督自己。

依赖型人格障碍者的家人可能正是其障碍发生的促进因素。依赖型人格障碍者在进行自我调适时，其依赖性的减少、独立性的增加是必然的，这对他的家人而言，也意味着一种分离。在这个过程中，他的家人需要给予配合，接受相关知识教育，合理改变对他人支配性的影响，锻炼其自主决定和行动的能力，给其以正面的鼓励和支持。

人格是心理健康的基石，当代大学生要实现自身价值，获得幸福生活，必须具备健康的人格。具有健康的人格才可以正视自己，面对现实，适应社会，迎接挑战并掌握自己的命运，充分发挥自己的潜能。

五、其他病态人格及其症状表现

世界卫生组织在 ICD—10 里将人格障碍分成十类，除了上述介绍过的三类人格障碍外，还包括分裂型人格障碍、反社会型人格障碍、表演型人格障碍、焦虑型人格障碍、依赖型人格障碍等。这些人格障碍在大学生中都有存在。现将上述三种人格障碍以及其他常见的人格障碍进行分类，如表 5－1。

表 5－1　各种病态人格及其症状

序号	人格障碍名称	特点	症状
1	偏执型人格障碍	猜疑和偏执	对挫折和遭遇过度敏感； 对侮辱和伤害不能宽容，长期耿耿于怀； 多疑，容易将别人的中性或友好行为误解为敌意或轻视； 明显超过实际情况所需的好斗，对个人权利执意追求； 易有病理性嫉妒，过分怀疑恋人有新欢或伴侣不忠，但不是妄想； 过分自负和以自我为中心，总感觉受压制、被迫害，甚至上告，上访，不达目的不肯罢休； 具有将其周围或外界解释为阴谋等的非现实优势观念，因此过分警惕和抱有敌意
2	分裂型人格障碍	观念、行为和外貌装饰奇特，情感冷淡，人际关系明显有缺陷	性格明显内向，与家庭和社会疏远，除生活或工作中必须接触的人外，基本不与他人主动交往，缺少知心朋友，过分沉湎于幻想和内省； 表情呆板，情感冷淡，甚至不通人情，不能表达对他人的关心、体贴及愤怒等； 对赞扬和批评反映差或无动于衷； 缺乏愉快感； 在遵守社会规范方面存在困难，导致行为怪异； 缺乏亲密、信任的人际关系； 对与他人之间的性活动不感兴趣
3	反社会型人格障碍	行为不符合社会规范，经常违法乱纪，对人残酷无情	严重和长期不负责任，无视常规，准则，义务等，有违反社会规范的行为，且这些行为已构成局部的犯罪； 行为无计划或有冲动性，如进行事先未计划的旅游； 不尊重事实，如经常撒谎，欺骗他人，以获得个人利益； 对他人漠不关心，如经常不承担经济义务、拖欠债务，不赡养子女和父母； 不能维持与他人长久的关系，包括婚姻； 很容易责怪他人，或对其与社会相冲突的行为无理辩解； 对挫折的认受性低，微小刺激可引起冲动，甚至暴力行为； 易激惹，并有暴力行为； 危害别人时缺少内疚感，特别是惩罚的经验中获益

续表

序号	人格障碍名称	特点	症状
4	冲动型人格障碍	情感暴发，伴有明显的行为冲动	易与他人发生争吵和冲突，特别在冲动行为受阻或受到批评时； 有突发的愤怒和暴力倾向，对导致的冲动行为不能自控； 对事物的计划和预见能力明显受损； 不能坚持任何没有即刻奖励的行为； 不稳定和反复无常的心境； 自我形象，目的及内在偏好的紊乱和不确定； 容易产生人际关系的紧张或不稳定，时常导致情感危机； 经常出现自杀，自伤行为
5	表演型人格障碍	过分的感情用事或夸张言行吸引他人注意	表演性、戏剧性、夸张性地表达感情； 肤浅和易变的情感； 自我中心，自我放纵和不为他人着想； 追求刺激和以自己为注意中心的活动； 不断渴望受到赞赏，情感易受到伤害； 过分关心躯体的性感，以满足自己的需要； 暗示性高，易受他人影响
6	强迫型人格障碍	过分的谨慎小心，严格要求与完美主义，内心有不安全感	因个人内心深处的不安全感导致优柔寡断，怀疑及过分谨慎； 需要在很早前就对所有的活动作出计划并不厌其烦； 凡是需反复核对，因对细节的过分注意而忽视全局； 经常被讨厌的思想或冲动所困扰，但尚未达到强迫症的程度； 过分谨慎多虑，过分专注于工作成效而不顾二人消遣及人际关系； 刻板和固执，要求别人按其规矩办事； 因循守旧，缺乏表达温情的能力
7	焦虑型人格障碍	一贯紧张，提心吊胆，有不安全感，自卑	一贯的自我敏感，不安全和自卑； 对遭斥和批评过分敏感； 不断追求被别人接受和受到欢迎； 除非得到保证被他人所接受和不会受到批评，否则拒绝与他人建立人际关系； 惯于夸大生活中潜在的危险因素，达到回避某种活动的程度，但无恐惧型回避； 因“稳定”和“安全”的需要，生活方式受到限制

续表

序号	人格障碍名称	特点	症状
7	依赖型人格障碍	过分依赖	要求和让他人为自己的生活的重要方面承担责任； 将自己的需要依附于所依赖的人，过分地服从他人的意志； 不愿意对所依赖的人提出即使是合理的要求； 感到自己无助，无能或缺乏精力； 沉湎于被遗忘的恐惧之中，不断要求别人对此提出保证，独处时感觉到很难受； 与他人的亲密关系结束时，有被毁灭和无助的体验； 经常把责任推给别人，以应付逆境

课程实践

活动一　心理测试

气质测验

下面60道题大致可以确定你的气质类型。若与你的情况“很符合”计2分，“较符合”计1分，“一般”计0分，“较不符合”计－1分，“很不符合”计－2分。

1. 做事力求稳妥，不做无把握的事。
2. 遇到可气的事就怒不可遏，想把心里话说出来才痛快。
3. 宁可一个人干事，不愿很多人在一起。
4. 到一个新环境很快就能适应。
5. 厌恶那些强烈的刺激，如尖叫、噪声、危险镜头等。
6. 和人争吵时，总是先发制人，喜欢挑衅。
7. 喜欢安静的环境。
8. 喜欢和人交往。
9. 羡慕那些善于克制自己感情的人。
10. 生活有规律，很少违反作息时间。
11. 在多数情况下情绪是乐观的。
12. 碰到陌生人觉得很拘束。
13. 遇到令人气愤的事，能很好地自我克制。
14. 做事总是有旺盛的精力。
15. 遇到问题常常举棋不定、优柔寡断。
16. 在人群中从不觉得过分拘束。
17. 情绪高昂时，觉得干什么都有趣，情绪低落时，觉得干什么都没有意思。
18. 当注意力集中于一事物时，别的事物就很难使自己分心。

19. 理解问题总比别人快。
20. 遇到不顺心的事能从不向他人诉说。
21. 记忆能力强。
22. 能够长时间做枯燥、单调的事。
23. 符合兴趣的事，干起来劲头十足，否则就不想干。
24. 一点小事就能引起情绪波动。
25. 讨厌做那种需要耐心、细致的工作。
26. 与人交往不卑不亢。
27. 喜欢参加热烈的活动。
28. 爱看感情细腻、描写人物内心活动的文学作品。
29. 工作学习时间长了，常感到厌倦。
30. 不喜欢长时间谈论一个话题，愿意实际动手干。
31. 宁愿侃侃而谈，不愿窃窃私语。
32. 别人说我总是闷闷不乐。
33. 理解问题时常比别人慢些。
34. 疲倦时只要短暂的休息就能精神抖擞，重新投入工作。
35. 心里有事，宁愿自已想，不愿说出来。
36. 认准一个目标就希望尽快实现，不达目的，誓不罢休。
37. 同样和别人学习、工作一段时间后，常比别人更疲倦。
38. 做事有些莽撞，常常不考虑后果。
39. 别人讲授新知识、技术时，总是希望他讲慢些，多重复。
40. 能够很快忘记那些不愉快的事情。
41. 做作业或完成一件工作时总比别人花费的时间多。
42. 喜欢运动量大的剧烈活动或参加各种文体活动。
43. 不能很快地把注意力从一件事转移到另一件事上去。
44. 接受一个任务后，就希望把它迅速解决。
45. 认为墨守成规要比冒风险强些。
46. 能够同时注意几件事物。
47. 当我烦闷的时候，别人很难使我高兴。
48. 爱看情节起伏跌宕、激动人心的小说。
49. 对工作抱认真谨慎、始终如一的态度。
50. 和周围人们的关系总是相处不好。
51. 喜欢复习学过的知识，重复做已经掌握的工作。
52. 喜欢做变化大、花样多的工作。
53. 小时候会背的诗歌，我似乎比别人记得清楚。
54. 别人说我“出语伤人”，可我并不觉得这样。
55. 在体育运动中，常因反应慢而落后。
56. 反应敏捷，大脑机智。
57. 喜欢有条理而不甚麻烦的工作。

58. 兴奋的事情常使我失眠。

59. 别人讲新概念，我常常听不懂，但是弄懂以后就很难忘记。

60. 假如工作枯燥无味，马上就会情绪低落。

评分方法：

A. 如果某一项或两项的得分超过20，则为典型的该气质。

B. 如果某一项或两项以上得分在20分以下、10以上，其他各项得分较低，则为该项一般气质。

C. 如果各项得分均在10分以下，但某项或几项得分较其余项高（相差5分以上），则为略倾向于该项气质（或几项的混合）。

D. 一般来说，正分值越高，表明该项气质特征越明显，反之，正分值越低或得负分值，表明越不具备该项气质特征。

各种气质类型对应题号：

胆汁质：

2、6、9、14、17、21、27、31、36、38、42、48、50、54、58

多血质：

4、8、11、16、19、23、25、29、34、40、44、46、52、56、60

黏液质：

1、7、10、13、18、22、26、30、33、39、43、45、49、55、57

抑郁质：

3、5、12、15、20、24、28、32、35、37、41、47、51、53、59

活动二　自助阅读

(1)《意志与性格的培养》.［苏］柯尔尼洛夫.李树森，译.北京：中国青年出版社.

(2)《健全的人格》.［美］乔兰德.北京：北京大学出版社.

(3)《九型人格》.［美］帕尔默.徐扬，译.北京：华夏出版社.

第六章 大学生的情绪管理篇

常言道："人非草木，孰能无情?"其实人类不但有情，而且情绪体验丰富多彩，或欣喜若狂，或悲痛欲绝，或义愤填膺，或愁肠百结……不同的情绪体验对人的身心和行为会产生不同影响，积极的情绪体验可以提高人的工作效率，增进人的身心健康；反之，消极的情绪体验则会降低人的工作效率，影响人的身心健康和个体发展。情绪像大海的波涛一样有潮起潮落，通常不会长时间地处于绝对平静或狂暴状态。情绪成熟的人相对而言情绪的稳定性要高些，对生活的满意度也相对较高，对生活各方面的适应与发展也较理想。我们每个人都曾经历各种各样的情绪，而成熟的情绪管理能力需要在实践中不断发展。

第一节 情绪概述

一、什么是情绪

（一）情绪的概念

情绪是人对客观事物是否满足自己的需要而产生的一种体验。需要是情绪产生的基础和源泉。通常情况下，如果需要得到了满足，人们就会相应产生愉快、欢乐、幸福等积极情绪，引起他们肯定性的情绪体验。相反，当人的需要得不到满足时，就会使人产生背向于这些事物的态度，从而产生烦恼、忧伤、愤怒等消极情绪，如图6－1所示。

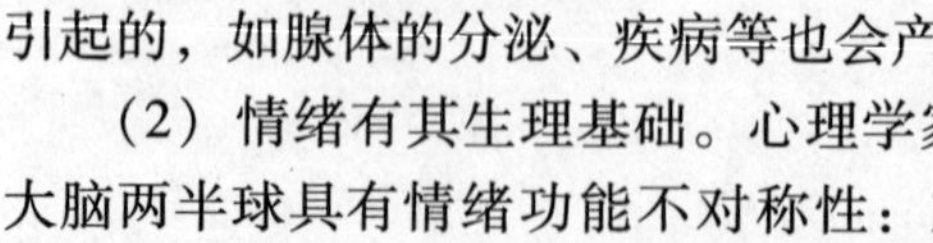

图6－1 情绪的概念

（1）情绪不是自发的，而是由客观事物所引起的。湖光塔影、鸟飞鱼游，不但有声有色，而且使人赏心悦目、心旷神怡，因此这些景色有益于人的身心健康。然而在闹市，车水马龙，严重的大气污染，使人厌烦忧心和无奈。清澈的水和一氧化碳本身并不具有愉悦或恐惧的属性，它们作用于人，使人产生愉快和悲伤，满意或痛苦等情绪，但也有一些情绪是由人的内在生理变化而引起的，如腺体的分泌、疾病等也会产生不同的情绪。

（2）情绪有其生理基础。心理学家研究发现大脑皮层是情绪最高调节和控制的机构。大脑两半球具有情绪功能不对称性：左半球为正情绪优势，右半球为负情绪优势。在不同的情绪状态下，人生理上的心率、血压、呼吸乃至人的内分泌和消化系统都会发生相应的变化。例如，人在焦虑状态下，会感到呼吸急促，心跳加快；人在恐惧状态下，则会身体战栗，瞳孔放大；而在愤怒状态下，则会产生汗腺分泌增加，面红耳赤等生理特征。这些变化都是受人的自主神经支配的，是不由人的意识所能控制的。因此情绪状态下的这些变化，具有极大的不随意性和不可控制性。例如，当我们遇到考试的失利，情感挫折，学习上的压力时，不可避免的会出现一些情绪上的反应，即使你再不愿意，甚至去控制，情绪也会出现。

（3）情绪是人对需要满足程度的一种内心感受和体验。人的不同情绪生理状态必然会反应在人的知觉上，反映到人的意识中来，从而形成人的不同内心感受和体验。如人在受到伤害时，会感到痛苦；在朋友聚会时，会感到由衷的快乐；当面临极度危险境地，会让人产生毛骨悚然的恐惧感；当自己某些需要得到充分的满足时，会感到幸福愉快；在遇到欺辱时，会感到愤怒；在失去亲人时，会感到悲伤。同一主体对同一件事也可能会产生不同的情绪体验。例如，老师在上课时批评两个上课说话的同学，其中一个是觉得老师是对他好，是对他关心，虽然当时有些不好意思，很快就过去了；而另一个则可以认为老师是在故意刁难他，当众让他出丑，是对他的打击报复，所以产生十分痛苦的情绪。

（4）情绪的表现形式。情绪不仅体现在生理上的反应和内心的体验，而且也会直接反映到人的行为表现中，主要反映在人的表情，语态和行为动作中，也有人称其为人的面部表情，体态表情和声态表情。面部表情是最直接反映着人的情绪状态，人们可通过一个人的面部表情的变化，来了解人的情绪状态。例如，当自己所希望的球队获胜时，不由自主的喜笑颜开；当遇到困难挫折时，会愁容满面。体态表情也同样反映着一个人的情绪状态，例如狂喜时捧腹大笑，悔恨时捶胸顿足，愤怒时摩拳擦掌等。在期末考试过后，我们可通过考生的坐立不安、手舞足蹈和垂头丧气看得出他们此时此刻的情绪状态和面临的境地。声态表情则是指人们在与人交流时的声音的声调，音色和声音节奏的快慢等方面的变化。例如，一个人悲伤时，语调低沉，言语缓慢，语言断断续续；而当人兴奋时则会语调激昂，语速加快，声音抑扬顿挫，清晰有力。

（二）情绪与情感

情绪与情感有区别又有联系，可以说它们是同一过程的两个不同方面。

情绪和情感的主要区别表现在以下几个方面。首先，情绪主要是指原始的，低级的态度体验，亦即对生理需要是否满足而产生的态度体验，这是人和高级动物所共有的；而情感是指后继的、高级的态度体验，是对社会需要是否满足而产生的态度体验，是人类所特有的。其次，情绪较多地带有情境性和易变性，它随情景的出现而发生，随情景的改变而增强或减弱，以至消失，“破涕为笑”是最明显的情绪表现；而情感具有情景性，但较多带有稳定性和持久性。最后，情绪的体验往往带有冲动性和明显的外部表现，比如大喜时笑逐颜开，手舞足蹈，愤怒时咬牙切齿，暴跳如雷；而情感的体验则经常以内隐的形式存在，或以微妙的方式流露出来，显得较为深沉。

情绪和情感的联系表现在：一方面，情感依赖于情绪，人的情感不仅是在情绪的基础上形成和发展起来的，而且也是通过情绪表现出来的；另一方面，情绪也依赖于情感的变化，一般要受到已形成的情感的制约。从某种意义上说，情绪是情感的基础和外在的表现形式，情感是情绪的发展和内在的本质内容。现实生活中二者密切交织在一起，很难严格划分。

情绪和情感是不可分割的心理过程，两者都是人脑对客观事物与自身需要之间关系的反应，都是人的主观体验，为此，有些心理学家把形形色色的情绪和情感称为感情。有的心理学家认为情绪包含着情感；也有心理学家对情绪和情感两个概念不作严格区分，常常交换使用。

二、情绪的分类

情绪和情感多种多样，根据不同的标准，可以对情绪和情感进行不同的分类。

1. 情绪的种类

从生物进化的角度看，快乐、悲伤、愤怒、恐惧是由遗传获得的人类最基本的四种情绪。

快乐是指主体盼望的目标实现，紧张状态解除后的情绪体验。譬如经过积极准备，考取了大学以后常常会有快乐的情绪。一般把快乐的程度分为满意，愉快，欢乐，狂喜等。而快乐的程度取决于目标的重要程度和目标实现时的意外程度。如果追求的目标非常重要，并且目标的达到带有突然性，则会引起异常的欢乐，否则只能引起轻微的满意。

悲伤是个人在失去所盼望的，所追求的东西或有价值的东西时所引起的情绪。比如考试失败后的情绪。一般把悲伤分为遗憾、失望、难过、悲伤、悲痛等。悲哀的程度取决于失去事物的价值，失去的东西价值越大，引起的悲哀也越强烈。

愤怒是个人目的不能达成或一再受挫从而逐渐积累起来的因紧张而产生的情绪。例如，幼儿的目的性行动受到阻挠或威胁时引起愤怒的情绪。愤怒的程度可分为不满、生气、恼怒、愤慨、狂怒等。愤怒的程度取决于妨碍与干扰的大小及违背愿望的程度，同时受人的个性影响。

恐惧是个人企图摆脱、逃避某种情境而又无能为力时产生的情绪。例如，在遇到地震时，人们无力对付，往往会恐惧万分。引起恐惧的关键因素是人缺乏处理可怕情境的力量。此外，熟悉的环境发生了意想不到的变化也会引起人的恐惧情绪。恐惧有不安、担心、害怕、恐慌、极度恐惧等不同程度。

2. 情绪的状态

按照情绪发生的强度和持续时间的长短，可将人的情绪划分为心境、激情、应激等情绪状态。

心境是一种比较微弱而持久的情绪状态，也就平常所说的心情。这种情绪爆发的程度微弱，带有弥散性和长期性。弥散性就是当一个人处于某种心境时，这种心境表现出的态度体验会朝向周围的事物，而不是针对任何特定的事物。但一个人处于某种心境时，往往以同样的情绪状态看待一切事物。“感时花溅泪，恨别鸟惊心”就是对心境的生动写照。积极的心境使人振奋乐观、朝气蓬勃，消极心境使人颓丧悲观。心境的长期性是指心境产生后，会在相当长的时间内主导人的情绪表现，有时甚至成为人一生的主导情绪。如有的人一生历尽坎坷，却总是豁达开朗，以乐观的心境去面对生活；有的人总觉得命运对自己不公平，别人都对自己不好，结果总是保持抑郁愁闷的心境。心境的持续时间可能是几个小时，也可能是几周、几个月或更长时间。心境对人的生活、工作、学习和身体健康有很大影响。因此，学会保持一个良好的心境，对我们的工作、学习和生活都十分重要。

激情是一种持续时间短、表现剧烈，失去自我控制力的情绪状态，如狂喜、暴怒、绝望等，其特点是短暂性、爆发性。激情通常是由个体生活中具有重大意义的强烈刺激和发生对立意向冲突而过度抑制或兴奋所引起的。激情产生时，人的外部表现会发生明显的变化，如愤怒时紧握拳头，恐惧时面如土色，狂喜时手舞足蹈。另外，人处于激情状态时，内脏器官和腺体也会发生剧烈的变化。处在激情状态下的人，其意识活动范围往往会缩小，仅仅指向与体验有关的事物；自控能力减弱，不能约束自己的行为；判断能力下降，不能正确评价自己行为的意义及预见行为的后果，常常做出不顾后果的事情。

应激是指一种出乎意料的紧迫情况所引起的急速而高度紧张的情绪状态。例如，突然出现危险事故时，在地震等巨大的自然灾害发生时，个体的激素水平迅速被激发，心率、血压、肌肉等紧张程度等发生明显变化，情绪处于高度应激状态。在应激状态下，人们可能做出平时不能做出的勇敢行为，也可能心绪紊乱，视野缩小，难以做出适当的行为。长时间地处于应激状态，对健康是很不利的，有时甚至是危险的，这将导致人体的能量资源枯竭甚至导致个体死亡。加拿大生物学家谢尔耶（G. Selye）的研究表明：应激状态的延续能击溃一个人的生物化学保护机制，使人抵抗力降低以致被疾病所侵袭。可见，在生活中应尽量减少和避免不必要的应激状态，学会科学地对待应激状态。

三、情绪的心理功能

情绪不是人类活动的消极产物，而是人类适应不断发展变化、日趋复杂的社会生活环境的必然产物。越来越多的科学研究表明，情绪在影响人的身心活动过程中具有强大的功能。

（一）动力功能

情绪是动力的源泉之一，是动机系统的一个基本成分，它能够对人的行为活动产生增力或减力的作用。情绪的适度兴奋，可以使身心处于活动的最佳状态，促进主体积极的行动，从而增进行为的效率；一定紧张情绪的维持，能促使人积极地思考和解决问题。我们经常会有这样的感觉，当情绪高涨时，活动起来就会非常投入，工作效率就会有很大提高；而当情绪低落时，就会感到缺乏干劲，变得懈怠和木讷。

（二）信号功能

情绪的信号功能是指在人际交往中，人们除了借助言语进行交流之外，还通过情感的流露来传递自己的思想和意图。情绪的这种功能是通过表情来实现的。面部表情、身体表情、语言表情是人们沟通和交流的重要手段，也是语言交流的重要补充。其中，面部表情和体态表情更能突破一些距离和场合的限制，发挥独特的沟通作用。

（三）调节功能

情绪的调节功能是指情绪对人的行为或活动具有指引和维持方向的作用。情绪作为脑内的一个检测系统，其作用表现为积极情绪的协调作用和消极情绪的破坏、瓦解作用。如某些行为若能引起愉快的情绪体验，就会使人产生积极模仿与反复趋向，而不愉快的情绪则会使人产生改变或避开的趋向。当人们处在积极、乐观、积极的情绪状态时，容易注意到事物美好的一面，其行为比较开放，愿意接受外界的事物。当人们处于消极的情绪状态时，容易失望、悲观，放弃自己的愿望，甚至产生攻击性行为。

（四）感染功能

情绪的感染功能是指人与人之间的情绪、情感可以相互影响和产生共鸣。人们常说的“动之以情”，指的就是情绪的感染功能。在人与人交往的过程中，一个人的情绪会对他人的情绪产生影响，而他人的情绪反过来又影响着个人原有的情绪。情绪的这一功能为人际间的情感传递、个体情感学习提供了可能性。

第二节 大学生的情绪问题及其调适

一、健康情绪的标准

健康的情绪是健全人格的必要条件之一。一般而言，一个人的情绪如果目的适当，反应适度，有良好的情绪自我控制能力，符合社会要求，就具备了健康情绪。美国哈佛大学心理学家丹尼尔·戈尔曼认为一个情绪健康的人应该具有以下几种能力：

第一，自我觉察能力。能够觉察、认识并承认自己出现了某种情绪，即使有情绪上的麻烦，也不推托。自我觉察是情绪智商的核心，没有能力认识自身的真实情绪就只好任凭情绪摆布；对自我情绪有更大的把握性才能更好地知道自己的人生，准确地决策。

第二，情绪控制能力。情绪管理必须建立在自我觉察的基础上。当意识到自己感觉到不安、恐惧及焦虑时，能控制这些情绪，通过自我安慰和运动放松等途径，使情绪适时、适度、适地地表达。驾驭情感能力高的人可以从人生挫折和失败中迅速跳出，重整旗鼓，迎头赶上。

第三，自我激励能力。无论集中注意力，发挥创造力还是完成某事，将情绪专注某个目标是非常必要的。任何方面的成功都必须具有情绪的自我控制：延迟满足、控制冲动、统揽全局。能够自我激励，保持高度热情地投入，才能保证取得杰出的成就。

第四，认知他人的能力，即同理心，是在情感的自我知觉的基础上发展起来的又一种能力。拥有这种能力的人可以通过细微的信息敏锐地感受到他人的需要与欲望，能想他人之想，既能设身处地去理解他人，又能客观地理解分析他人的情感。

第五，人际关系管理的能力。领导和影响他人的能力，即管理他人情绪的艺术。个体的受欢迎程度，领导权威，人际互动效能都与这项能力有关，掌握这项能力的人通常是社会上的佼佼者。

二、情绪对大学生的影响

（一）情绪对大学生身心健康的影响

现代心理学和医学的研究成果表明，情绪对人的身心健康具有不可忽视的直接影响。这种影响作用表现在正反两个方面：不良情绪压抑过久或者某种情绪表现过激都会影响人的身心健康；合理控制情绪的变化，巧妙地运用情绪调节人体生理指标又会增进人的身心健康。医学临床证明，人们在患生理疾病时，70%的患者同时伴有心理上的病因。尤其是现代社会中的高血压、心脏病、癌症等直接威胁人类的重要疾病，都与人的情绪状态有着直接的关系。

案例　　情绪试验

古代阿拉伯学者阿维纳森，曾把一胎所生的两只羔羊置于不同的外界环境中。一只小羊羔随羊群在水草地上快乐地生活；而在另一只小羊羔旁拴了一只狼，它总是看到自己面前那只野兽的威胁，在极度惊恐的状态下，根本吃不下东西，不久就因恐慌而死。一些心理学家还用狗做实验。把一只饥饿的狗关在一个铁笼子里，让笼子外面另一只狗当着它的面吃肉吃骨头，笼内的狗在急躁、气愤和嫉妒的负性情绪状态下，产生了神经症性质的病态反应。实验告诉我们，长期被恐惧、焦虑、抑郁、嫉妒等负性情绪困扰，就会导致身心疾病的发生。一个人在生活中对自己的认识与评价和本人的实际情况越符合，他的社会适应能力就越强，越能把压力变成动力。

（二）情绪对大学生学习的影响

情绪获得健康发展的大学生，总是乐于从事学习、工作和其他实践活动，能够胜任一定的角色，完成一定的任务，并逐步提高效率。他们能够从实际条件出发，确定切实可行的活动目的，选择相应的活动方式，达到活动目标；他们能够在活动中充分发挥出自己的身心潜能，表现出不可压抑的主动性和积极性，并以此自我满足。

（三）对人际关系的影响

在社会生活中，人际关系的亲疏即心理距离的远近，受诸多因素的影响。其中，情绪是重要的因素之一。情绪获得健康发展的大学生，与父母、教师、同学、朋友容易建立并发展亲密融洽的关系。他们喜欢与别人交往，能够正确地理解别人的思想感情，容易接受别人、学习别人的优点和长处；他们能同情、关心、帮助别人，与朋友同甘共苦，因而能够被别人所喜欢和接受，对别人具有较强的吸引力。反之，情绪压抑、自卑、爱发怒的人，往往不能与他人和谐相处，显得难以沟通，从而使其与他人的关系疏离。因此，大学生在人际交往中，应注重提高自身修养，学会适度控制与调试自己的情绪，做情绪的主人，这样才能拥有良好的人际关系。

三、大学生情绪的特点

（一）稳定性与波动性并存

大学生普遍具有较高的智力水平和知识素养，加上社会和自我的高要求、高期望，因而具有一定的自我控制情绪的能力，一般能用理智约束冲动，对不良情绪进行自我调适。因此从总体上看来，大学生的情绪是比较稳定的。但是大学生的心理发展刚处于基本成熟期，各种内心矛盾不断涌现：如独立与依赖、自尊与自卑、理想与现实、闭锁与开放等，这些内心矛盾和冲突常常会打破大学生的心理平衡，引起情绪的波动起伏。大学生的社会性发展尚未成熟，虽然他们对社会现象极为敏感、活跃，但是人生观的不稳定、认识上的不成熟往往使他们不能对社会现实和现象进行全面分析，经常以偏概全地加以肯定或否定，从一个极端走向另一个极端，情绪经常在两极之间波动。

（二）情绪丰富性与复杂性并存

随着大学生自我意识的不断发展，各种新需要的强度也不断增加，情绪日益具有丰富性。他们有强烈的求知欲，需要广泛地吸收新知识；他们追求情感的满足，需要友谊、爱情，需要生活在友爱的集体中；他们渴望与同辈人广泛交往，渴望被人理解，渴望得到尊重、建立威信；他们还有培养良好的气质、风度、性格的愿望。情绪是需要满足程度的反映。因此，如此广泛的需要内容也就决定大学生情绪活动的丰富性和复杂性。

（三）情绪的外显性与内隐性并存

大学生正值青年，富于激情，对外界刺激的反应迅速，敏感，喜怒哀乐常形于色，内心体验和外部表现是一致的，呈现出明显的外显性特点。例如，为比赛胜利而欢呼，为考试失败而垂头丧气。然而，在特定场景和事件上，大学生的情绪脱离了儿童时期内在情绪与外在表现完全同一的情形。在他们身上孩子般的坦率少了，不轻易打开自己的心扉，也不愿意让别人察觉到自己内心的喜怒哀乐。在人际交往时，尽量把自己的心灵关闭起来，有时还会采用掩饰，甚至表现得与内心感受相反的办法来隐藏内心真实情感。

外显性与内隐性既是对立的，又是统一的，二者在一定条件下可以相互转化。大学生的心理发展既有闭锁性的一面，同时又有渴望被人理解的强烈愿望。在条件适当、遇到知音的时候他们也会倾诉真话，表露真心。

（四）情绪的阶段性与层次性并存

大学生的情绪是一个由不成熟到成熟，由简单到丰富的渐进过程。一年级的新生，思乡思亲之情很重，对一切充满了美丽的幻想，对各种知识领域有广泛的兴趣，要求更多的个人自由和牢固的友谊，特别需要坦诚和信任。但他们的行为表现得过于自信和自负，对自己的自我认识和作用都缺乏系统分析的态度，处于不稳定阶段。二、三年级的学生对大学生活已经适应，情感相对比较稳定，既没有新生的那种激动和轻松，也没有大四同学的那种临近毕业择业的紧张和忧虑。他们熟悉了周围环境，掌握了一定的理论知识和基本技能技巧，随着经验的丰富和年龄的增长，他们逐步克服自己的幼稚性与盲目性，学会较妥当地处理各种关系，较为现实地设计自己的理想，这个时期属于安定期。四年级的学生面临着从校园到社会的转折，需要考虑毕业论文、考研、工作、情感等重大问题，此时，他们的情绪呈现出矛盾性和复杂性，有明显的压迫感与忧虑感。另外不同层次大学生的情绪特点各有不同。优秀生的情绪特点表现为：独立感、自尊心和自信心较强，情绪大多积极、愉快、乐观，求知欲强，学习兴趣浓厚，能体验到获取知识和有所创造时的快乐，对班集体的责任感和荣誉感较强。后进生的情绪特点表现为：想努力学习与缺乏毅力和恒心的冲突，内心充满矛盾，徘徊不前，常常感到苦恼、痛苦、自责、强烈的自卑感与一定的自尊心相交错。

四、大学生常见的情绪问题

其实，情绪本身是没问题的，情绪问题其实指的是与情绪有关的认知及行为的问题。这些问题通过情绪表征出来，我们将之称为情绪问题。适度的、情境性的负性情绪反应是正常的。但是，如果大学生经常遭遇同一类烦恼或在某一情绪中不能自拔从而影响身心的健康和学习，且大学生主观上为自己不能摆脱这样的情绪困扰而苦恼，我们就将它称之为情绪问题。情绪问题是个信号，这个信号提示我们“我们的认知或应对模式有问题，需要调整”。

情绪问题一方面导致大学生大脑神经活动功能紊乱，使情绪中枢部位的控制减弱，使其认识范围缩小，自制力、学习效率降低，不能正确评价自我，甚至会产生某些极端的行为，造成心理障碍、心理疾病甚至危及生命；另一方面，情绪问题又会降低大学生的免疫功能，导致其正常生理平衡失调，引起心血管、消化、泌尿、呼吸、内分泌等系统的各种疾病，严重影响身心健康。因此，对大学生的情绪问题不能小觑，一定要加以重视和调试，必要时要求他们去心理咨询中心进行咨询。

（一）焦虑

焦虑是指个体主观上预料到将会有某种不良后果产生或模糊的威胁出现时的一种不安情绪，并伴有忧虑、烦恼、害怕、紧张等情绪体验。当人们预感到一些令人恐惧的、可能会造成危险或感到束手无策的事件或情境即将出现时，心理上就会产生紧张的期待情绪，表现出不明原因的忧虑和不安。焦虑不仅在大多数人的生活中很常见，而且是其他心理障碍共有的因素，强迫症、恐惧症中就含有焦虑的情绪。焦虑一般会引起人的生理和心理的一些特殊反应。焦虑主要表现为持续性精神紧张（紧张、担忧、不安全感）或发作性惊恐状态（运动性不安、小动作增多、坐卧不宁或激动哭泣），常伴有自主神经功能失调表现（口干、胸闷、心悸、出冷汗、双手震颤、厌食、便秘等）。

常见的引起大学生焦虑的原因主要包括适应不良、学习困难、考试焦虑、对身体健康的过分关注等。焦虑作为一种比较普遍的情绪表现，每个人都会或多或少地遇到。一些焦虑会随着时间的推移而逐渐消失，但对于那些持续过久、程度较重的焦虑症状，就需要找专业的心理咨询人员寻求帮助和治疗。

（二）抑郁

抑郁是大学生中常见的情绪问题，是一种感到无力应付外界压力而产生的消极情绪。情绪抑郁的大学生的主要表现：情绪低落、思维迟缓、郁郁寡欢、闷闷不乐、兴趣丧失、缺乏活力，干什么都打不起精神；不愿参加社交，故意回避熟人，对生活缺乏信心，体验不到生活的快乐；伴有食欲减退、失眠等，长期的抑郁会使人的身心受到严重损害，使大学生无法有效地学习和生活。性格内向孤僻、多疑多虑、不爱交际、生活中遭遇意外的挫折，长期努力得不到报偿的人更容易陷入抑郁状态。

大学生产生抑郁情绪的原因比较复杂，外部原因有失恋、考试失败、生病、亲人亡故、家庭变故、生活里出现重大事故等；内部原因有心中一些固有的潜在的消极自我观念，觉得自己无能、没有价值、不招人喜欢等。如果长期受抑郁情绪的困扰（临床上认为，如果抑郁情绪持续达到2个月以上），就应到相应机构寻求专业的心理帮助。

（三）冷漠

情绪冷漠是一种对人对事漠不关心、冷淡、退让的消极情绪体验。这是一种退缩的、自我封闭的表现。正处于青春期的大学生本该情绪内容丰富，情绪体验强烈，富有热情，朝气蓬勃，但有的大学生却表现出对学习漠然置之，听课昏昏欲睡，对成绩好坏满不在乎，对集体漠不关心，对同学冷漠无情，对环境无动于衷。冷漠状态对大学生的身心危害极大，它往往是个体压抑内心愤懑情绪的一种表现，他们表现冷漠，内心却孤独、寂寞、痛苦，具有强烈的压抑感。大学生的冷漠通常与个人独特的经历和个性特征密切相关，比如家庭不够温暖，缺乏沟通技能等。因此，要帮助受情绪冷漠困扰的大学生，就需要锻炼其人际沟通的技能，通过人与人之间相互关心和内心的交流让他们体验到人与人之间的关爱，培养他们爱的能力。

（四）易怒

愤怒是人的基本情绪。愤怒是由于客观事物与人的主观愿望相违背，或因愿望无法实现，人们内心产生的一种激烈的情绪反应。大学生正处于情绪波动大，易冲动的时期，容易发怒是大学生中常见的一种不良情绪的体现。心理研究指出，人的愤怒按其程度可以分为9个梯级：①不满；②气愤；③愠；④怒；⑤愤怒；⑥激愤；⑦大怒；⑧暴怒；⑨狂怒。随着梯级数的不断增加，发脾气的情绪会越来越大，而自制力则会越来越差，理智几乎完全丧失。发怒会使人丧失理智、阻塞思维，导致损物、伤人，甚至犯罪等许多失去理智的行为。大学生中一些违纪事件，大多是在发怒的情绪下发生的。愤怒情绪本身不是问题，只要学会合理表达愤怒、消除愤怒就好，过分压抑愤怒或被愤怒支配作出失去理智令自己后悔不迭的事都是对自身有害的。

案例　　**易怒的成钢**

暑假马上就要过去，成钢骑车和妈妈一起上街买新书包。天很热，成钢想买完书包马上回家，过马路时，他一不小心，车把碰着了旁边一位戴着眼镜的中年人。中年人不满地看了成钢一眼说："挤什么，一会儿绿灯亮了，你不走也得让你走。"这话好像在成钢燥热的心情上浇了一桶油，他暴躁的脾气上来了："你说挤什么？我挤了，你想怎么样？你管得着吗?"妈妈急忙拉住怒气冲冲的成钢，向中年人道歉。

成钢一生下来就显得比别的孩子暴躁、易怒，稍不顺心就哭闹不停。从小到大，他的要求一定要得到满足，否则就没完没了地发脾气。随着年龄的增长，成钢不但没有改变他的性急、执拗、一触即发的火爆脾气，反而变得更加易怒和不讲理。

愤怒是由于客观事物与主观愿望相违背，或愿望一再受阻、无法实现，人受到挫折而产生的一种强烈的情绪反应。从心理学来讲，经常发怒是由于这些人情绪反应过敏，情绪的自我控制能力减退，从而易发怒。因此，即便是在常人看来很轻微的刺激，也容易引起他们强烈的情绪反应。

愤怒这一不良情绪同遗传因子有一定关系，特别是与人的气质类型关系密切。易怒的人一遇到不满意或不顺心的事情，即使很微小，也会不能克制，容易发生攻击行为。研究发现，愤怒与人体内微量化学物质去甲肾上腺素和血清素的含量有关。去甲肾上腺激素含量较高的人，大多表现为急躁、易发火。

愤怒情绪也与个人修养有关，缺乏个人修养，自我克制能力较差，遇事斤斤计较，患得患失并且攻击性较强的人，容易发脾气。从性格特征上看，易怒的人往往自私自利、狡猾冷酷、心胸狭窄。一点儿小事便会记在心头，耿耿于怀，甚至迁怒于人和物。

处于成长期的青少年情感丰富、情绪波动起伏较大，外界的刺激很容易激起他们愤怒的情绪。特别是当他们自尊心受挫，遇到有人刁难、攻击、侮辱或遭到诽谤时，认为脾气大、吼声大、横眉竖眼地指责训斥他人，可以赢得更多人对自己的尊重，是有个性的表现，体现了男子汉的气概，是威严的象征。

五、大学生情绪管理

（一）情绪管理的意义

俗话说："情绪既可致病，亦可治病。"良好的情绪不仅是维护生理健康的保证，也是促进心理健康的有效途径。良好的情绪取代引起神经和精神紧张的坏情绪，减少和消除对机体的不良刺激；良好的情绪可以直接作用于脑垂体，保持内分泌功能的适度平衡，从而使全身各系统、器官的功能更加协调、健全。巴甫洛夫曾讲过："忧愁、顾虑和悲观可以使人得病；积极、愉快、坚强的意志和乐观的情绪可以战胜疾病，使人更强壮和长寿。"

情绪不仅与大学生的身心健康有关，而且与大学生的心理发展、潜能开发、工作效率、生活质量等因素有关。良好的情绪往往使大学生乐于行动，有兴趣学习、工作和活动，有积极的与人交往的愿望；良好的情绪有助于开阔思路，集中注意力，使大学生富有创造性。因此，培养大学生良好的情绪，有利于大学生的身心健康和心理的发展。

相反，不良情绪对身心健康都会产生危害。不良情绪主要是指过度的情绪反应和持久性的消极情绪两种。过度的情绪反应包括因为一些重大的生活事件使情绪反应过于强烈，如狂喜、暴怒、悲痛欲绝等；也包括因一点小事而产生的过分情绪反应，如怒不可遏或激动不已；还包括情绪反应过于迟钝，无动于衷，冷漠无情。持久性的消极情绪是指引起忧、悲、惧、怒等消极情绪的因素消失后，仍在很长时间里沉溺在消极状态中不能自拔。

（二）情绪管理三步曲

情绪容易波动是大学生的共性，主要是由大学生的生理心理发展水平决定的，也是生理、心理、社会诸因素矛盾冲突的结果。从生理角度看，由于性成熟、性激素分泌旺盛会通过反馈增强下丘脑（此为情绪的定位部分）的兴奋度，使下丘脑神经出现兴奋亢进，而由于大脑皮层原有的调节功能一时还不能适应这种情况，因而在皮层和皮层下之间出现了不平衡的状态。从心理的角度来看，主要有三个方面：一是大学生对事物的认知还不稳定，对事物还缺乏完整的把握，因而在思维方式上往往轻易地加以绝对的肯定或否定，易走极端；二是此时大学生的自我意识在觉醒发展，他们把探索的目光指向自我内部时，理想我与现实我的差距常常会引起情绪的波动、不稳定；三是由于大学生内在需要日益增长且不断变化，与现实满足需要的可能性之间是非线性关系，这也使他们易处于矛盾状态，情绪忽高忽低，变化多端。

但是情绪可调节，可控制，情商可以通过有意识培养而提高。

第一步：体察自己真正的情绪。

要想管理自己的情绪，首先要了解清楚自己的情绪状态。我们往往会随着外在事件的变化而产生各种情绪，但这时不管处于何种情绪中，我们都应该先停一下，摆脱出来，冷静地去体会、感觉自己的情绪，将它理清楚。

注意自己的情绪周期

所谓情绪周期，是指一个人的情绪高潮和低潮过程所经历的时间。它反映人体内部的周期性张弛规律，亦称“情绪生物节律”。人若处于情绪周期的高潮，就表现出强烈的生命活力，对人和蔼可亲，感情丰富，做事认真，容易接受别人的规劝，具有心旷神怡之感；若处于情绪周期低潮，则容易急躁和发脾气，易产生反抗情绪，喜怒无常，常感到孤独和寂寞。怎样才能知晓自己的“情绪周期”呢？科学研究表明，人的情绪周期与生俱来。从出生的那一天开始，一般28天为一个周期，周而复始。每个周期的前一半时间为“高潮期”，后一半时间为“低潮期”。在高潮与低潮之间，即由高潮向低潮或由低潮向高潮过渡的时间，称为“临界期”，一般是2～3天，临界期的特点是情绪不稳定，机体各方面的协调性差，易发生事故。遇上低潮和临界期，我们要提高警惕，运用意志加强自我控制。

第二步：适当表达自己的情绪。

许多人认为“人不应该有情绪”，因而不肯承认自己有负面的情绪，并努力压抑这些情绪的宣泄，其实，这样反而会带来更不好的结果，我们应该学会适当地表达自己的内心反应，使不良情绪得到正确疏导。

大学生由于情绪表达不当而造成的问题比比皆是，最常见的是宿舍中因情绪表达不当，造成人际关系紧张；因学习或某方面能力不如别人而自卑，长期压抑产生的抑郁。此外，由于情绪失控造成的悲剧也常在大学校园中出现。有人把人的心理比喻成一个气球，在日常生活中，我们经常把一些欲望、冲动、需要等压进这个气球，于是气球越来越大，当压到一定程度时，我们就会觉得内心的压力太大了，气球就要爆炸。因此，需要提高自身情绪管理的能力以维护心理平衡。

第三步：以适宜的方式调控情绪。

调控方式包括以下几种：

1. 情绪宣泄法

情绪不好时，大多数人会将其宣泄出来，但情绪宣泄方法也有“度”的问题，应强调其合理性，不能把合理的情绪宣泄理解为疯狂式的情绪发泄。如以暴力或其他不恰当的方式发泄情绪，其后果往往很严重，不仅不利于问题的解决，反而会引发新的问题。情绪宣泄既不能损害其他人的利益，也避免对自己造成更大伤害，如把怒气憋在心里，借助药物、喝酒抽烟；疯狂购物、暴饮暴食；自残、自伤甚至自杀等。

一旦产生不良情绪体验，就要勇敢地正视它，并为自己找到一个合适的宣泄方法。适当的情绪宣泄方法是指当大学生处于较激烈的情绪状态时，应以社会可以允许的方式直接或者间接地表达其情绪体验。简而言之，高兴就笑，伤心就哭。实践表明，坦率地表达内心的愤怒、苦闷和抑郁情绪，心情会变得舒畅些，压力会减少一些，与情绪体验同步产生的生理改变也将较快地恢复正常。合理的情绪宣泄方法诸如：

（1）倾诉。找人倾诉。即向师友亲人诉说心中的烦恼和忧虑，一定要找一个能理解你的人，因为听别人发牢骚毕竟不是一件愉快的事。一个轻松的朋友将使你轻松，一个紧张的人将使你紧张，一个自然的人将使你自然，一个好的朋友会接纳和包容，帮助我们用一种建设性的态度去看待我们所遭遇的一切。

用写日记的方式倾诉不快。美国总统林肯就使用这种办法发泄心中的怒气，当他在外面受了别人的气，回家就写一封骂对方的信，第二天，家人要为他发信，他却说："写信时我已经出了气，何必把它发出去惹是非。"自言自语。《皇帝长了驴耳朵》的故事中，理发师看见皇帝长了驴耳朵，怕说出去会招来杀身之祸，但憋在心里又非常痛苦，后来想出一个两全之计——在地上挖了一个大洞，每天对着洞喊几声"皇帝长着驴耳朵"，发泄了，心理就平衡了。

（2）哭泣。美国学者对几百名男女分别研究后发现：在他们痛快地哭过后，自我感觉都比哭之前好了许多，其健康状态也有所增进。更进一步的研究发现，人们在情绪压抑时，会产生某些对人体有害的生物活性成分。哭泣后，情绪强度一般可减低40%，而那些不爱哭泣，没有利用眼泪消除情绪压力的人，影响了身体健康、并促使某些疾病恶化。比如结肠炎、胃溃疡等疾痛就与情绪压抑有关。悲伤时流出的眼泪，含有更多的荷尔蒙等，人们遇到悲伤的事情时，如果放声痛哭一场，流泪后的心情往往会好受许多，这是由于悲伤引起的毒素，通过眼泪已得到排泄之故。

（3）寻找替代。把不良情绪发泄到没有生命的物体上，如击打沙袋，捏皮球，到发泄吧摔、砸东西等。

解压的枕头大战

枕头大战是一种流行全球的缓解工作和生活压力的减压聚会方式。2004年一名叫斯塔基凯西的女子创立枕头大战联盟，即用枕头对战的职业联盟，总部设在加拿大的多伦多，在美国也有分部。枕头大战联盟训练一些女士成为职业枕头赛选手，在枕头大战的场馆里为现场观众提供快乐的比赛。因为具有良好的减压效果，2006年以后，中国内地的广州、青岛、上海等地网站和俱乐部先后举办过枕头大战。在枕头网、枕头制造商适之宝枕工坊等推动下，2009年5月2日，在青岛中山公园举行了枕头大战并正式成立枕头大战中国联盟，联盟不仅组织和发起各城市白领的枕头对战，还专业定制枕头大战的游戏规则，制造并提供枕头大战的专用枕头、提供白领的心理健康咨询、组织团体的特色聚会等活动。

2. 注意转移法

是指处于情绪困境时，暂时将问题放下，从事所喜爱的活动以转变情绪体验的性质，达到调控情绪的目的。按照巴甫洛夫的条件反射学说，人在发愁、发怒时，会在大脑皮层上出现一个强烈的兴奋中心。这时，如果另找一些新颖的刺激，引起新的兴奋中心，便可以抵消或冲淡原来的兴奋中心。

事实证明，音乐、美术、书法、阅读等是调控情绪的最佳方式。欢快有力的节奏使情绪消沉者振奋，轻松优美的旋律让紧张不安者松弛。挥毫舞墨的书画也可陶冶人的情操，化解各种不良的情绪。体育和旅游活动也是转移、调控情绪的良好方法。当情绪状态不佳时，游山玩水、打球下棋都是极好的情绪调控手段，体育活动既可以松弛紧张情绪，又可以消耗体力，使消沉者活跃，激愤者平静，实现平衡情绪的目的，这些都属于积极的转移。大学生也应杜绝一些消极的转移，即情绪不佳时，转而去吸烟、酗酒，自暴自弃。

3. 认知调节法

情绪反应产生于主体认识到刺激的意义和价值之后，对相同的刺激，不同的评价将会引起不同的情绪反应，所以可以用调整、改变认知的方法调控情绪反应和行为。认识过程是情绪情感的前提，对刺激情境的认识决定着情绪情感的性质，也影响情绪情感的强弱。情绪与情感水平和性质反过来又影响认识过程。积极良好的情绪情感，能激励感知的主动性，改善记忆活动的各项品质，增进思维和想象的灵活性和创造性，提高认识的效率；而消极的情绪情感会干扰认识活动的顺利进行，影响认识活动的深度和广度，对认识过程产生消极影响。

4. 建立社会支持系统法

日常生活中我们无时无刻不在与他人进行着社会交往，同时也从他人那里获得不同程度的社会支持。这些支持既包括有形的经济上、物质上的援助，也包括无形的心理上、情感上的关心。良好和谐的社会联系和支持能满足我们爱与归属的需要，使内心不再感到孤独和无助，能减轻各种应激事件对身心健康所造成的消极影响作用。

一个人所获得的社会支持来自四面八方，因此社会支持是多方面、多层次的。一般来说，社会支持包括三类。首先是来自亲人的支持。父母、兄弟、姐妹、亲属等的支持，是个体最基本最重要的社会支持源泉。其次是来自朋友的支持。尤其是大学生，离家在外，远离亲人，当遇到不快时，周围的知心朋友会提供最及时有效的帮助。最后是来自社会的支持。包括社会团体、社区等。

随着社会的发展，心理咨询已逐步走进人们的生活。许多医院、学校开设心理咨询，不少电台、杂志也开设了心理咨询栏目，专为有心理困惑或危机的人提供心理援助。通过社会支持系统可以获得倾诉的对象，情绪低落的人向他人倾诉苦恼之后，会有轻松解脱的感觉；大学生应该经常主动自觉地利用好这种情绪调控手段；别人的视角和思路有助于帮助当事人走出个人习惯的思维模式，重新评价困境，寻找新的出路；更重要的是社会工作者和心理医生可以提供专业性的意见和建议，运用心理学手段和方法帮助大学生更有效地解除情绪障碍。

此外，还有一些简单易行的小办法，如利用色彩、气味、改变着装甚至装出来大笑等都有助于情绪调节。情绪调节的办法有很多，重要的是寻找到适合的，适合自己的才是最好的。

课程实践

活动一　心理测试

抑郁自评量表

抑郁自评量（表6-1）是应用颇广的评定抑郁状态的量表，按照症状出现频率评定，分四个等级：没有或很少有时间，少部分时间，相当多时间，绝大部分或全部时间。若为正向评分题，依次评为分1、2、3、4。反向评分题（前文中有9号者），则评为4、3、2、1。

测试要求：

（1）强调评定的时间范围为过去一周。

（2）评定结束时，工作人员应仔细检查自评结果，应提醒自评者不要漏评某一项目，也不要在相同一个项目里打两个"√"（重复评定）。

指导语：

下面有20条内容，请仔细阅读每一条，把意思弄明白，然后根据你最近一星期的实际情况，在适当的方格里画"√"。每一条内容后有四个方格，分别代表没有或很少（发生），少部分时间、相当多时间或全部时间。

表6-1　抑郁自评量表

序号	题目	没有或很少有时间	少部分时间	相当多时间	绝大部分时间或全部时间	工作人员评定
1	我觉得闷闷不乐，情绪低沉					
*2	我感到早晨心情最好					
3	我要哭出来或觉得想哭					
4	我晚上睡眠不好					
*5	我吃饭跟平常一样多					
*6	我与异性密切接触时和以往一样感到愉快					
7	我发觉我的体重在下降					
8	我有便秘的苦恼					
9	我的心跳比平常快					
10	我无缘无故地感到疲乏					
*11	我的头脑跟往常一样清楚					
*12	我做事情像平时一样不感到困难					
13	我坐卧不安，难以保持平静					
*14	我对将来抱有希望					
15	我比平常容易生气激动					
*16	我觉得作出决定是容易的					

续表

序号	题目	没有或很少有时间	少部分时间	相当多时间	绝大部分时间或全部时间	工作人员评定
*17	我觉得自己是个有用的人，有人需要我					
*18	我的生活过得很有意思					
19	我认为如果我死了，别人会生活得好些					
*20	平时感兴趣的事我仍然照样感兴趣					

统计分析指标

抑郁自评量表的主要统计指标是总分，但要经过一次转换。

自评结束后，把20个项目中的各项分数相加，即得到总粗分，将总粗分乘以1.25，取其整数部分，就得到标准总分（Y）。抑郁自评量表的总粗分的分界值为41分，标准分为53分。分值越高，抑郁倾向越明显。

活动二　自助阅读

（1）《改变的理由》.［英］卓丹．聂晶，译．北京：中国轻工业出版社．

（2）《破解情绪密码》.［美］辛德勒．刘杰，译．北京：中国长安出版社．

第七章 大学生学习心理与调适

学习型社会是21世纪全球发展的大趋势。在学习型社会里，终身学习成为人自我完善、自我发展的必然要求。联合国教科文组织在许多文件和报告中也反复强调："终身学习是21世纪的生存概念。"如此看来，学习对于当今社会的每一个人来说都是非常重要的，而对于在未来社会经济发展中起主要推动作用的主体人群大学生来说更为重要。大学的学习更是一项多样而复杂的任务，学习内容的深度、广度都有所增加。同时随着时代的变迁，学习成绩不再是衡量学生好坏的唯一标准，多元化的人才培养成为发展趋势。如何能在大学的学习之旅中，找到适合自己的目标，如何给自己不断注入前进的动力，如何找到适合自己的学习之路，获得个人全面的成长等都是大学生所要面对的东西。

第一节 学习心理概述

一、心理学中的学习

"学习"一词自古就有，《论语》中就有大量对"学习"的描述，那么，"学习"是什么？我们应该怎样理解"学习"一词？

（一）广义的学习

"学习"有广义和狭义之分，由于研究者的视角不同，心理学家对广义学习的理解以及对学习的定义也有所不同，鉴于学习对象的多样性与差异性，我们认为，广义的学习定为因经验而引起的、以生理变化、心理变化适应环境的过程，可以通过行为或行为的潜能的变化体现出来。这个定义包括学习的三点含义：

（1）学习是一种自觉主动的适应性活动。学习属于心理适应范畴，是一种以心理变化适应复杂环境的过程。

（2）学习可以表现为行为或行为潜能的变化。我们学习大学生心理健康课，老师传授的情绪调节方法并非马上就有用，但在今后有情绪烦恼的时候，则会用老师教过的方法来自我调节。这些现象虽然在外显行为上并没有直接表现出学习的变化，但是行为发生的内在可能性已经具备，也就是说行为的潜能发生了变化。

（3）学习源于直接或间接的经验，具有稳定性。学习引起的行为变化可以保持较长时间。比如：即使多年不游泳了，只要在水中稍加练习，即可恢复如初。

（二）狭义的学习

狭义的学习，也就是我们常说的学习，是指学生在学校里的学习，它是在教师的指导下，有目的、有计划、有组织、有系统地进行，是学习的一种特殊形式，它有特定的学习内容和多种多样的方式。本章探讨更多的是狭义的学习。

(三)学习的心理结构

1. 学习兴趣

学习兴趣指一个人对学习的一种积极的认知倾向与情绪状态。学生对某一学科有兴趣，就会持续地专心致志地钻研它，从而提高学习效率，否则学生只是被动地灌输。

2. 学习动机

学习动机是引起和维持个体的学习行为以满足学习需要的心理倾向，它是推动学生学习的内部动力，在学习过程中具有重要的作用。

3. 学习态度

学习态度是指学习者对待学习活动所表现出来的情感差异，分为积极态度与消极态度两种，学习态度往往决定着学习效果，学习态度是可以改变和培养的。

4. 学习计划

学习计划是指学习者对自己将要完成的学习任务进行详细的计划与安排。学习计划可分为短期、中期和长期学习计划。

5. 学习能力

在现实生活中，我们观察到有人学得很快，有人却学得既慢又辛苦这就是一个人的学习能力的体现，是一个人完成学习任务所表现出的个性心理特征。简单来讲就是在学习中获得信息、筛选信息、应用信息、创造信息的能力。

6. 学习策略

所谓学习策略，就是学习者为了提高学习的效果和效率，有目的、有意识地制定的有关学习过程的复杂方案。

7. 学习习惯

大学生良好的学习习惯是在学习活动中不断总结形成的，包括：自主学习的习惯、规划学习的习惯、知识运用的习惯、创新思维的习惯等。

8. 学习的自我评定力

学习者学习中的“事倍功半”现象往往是由于看不到自己学习方法的不足之处所导致的。因此，要想获得“事半功倍”的学习效果，学习者需要对自己的日常学习情况有意识地进行监控和评价，并及时做出学习方式方法的调整。

二、大学生学习与心理健康

(一) 大学生学习的特点

大学生学习是人类学习的一种，其目的是在较短的时间内系统掌握科学知识和技能，开发智能，培养自己的学习能力，形成自己的学习风格以及培养健康的人格。其学习与中小学相比，有其自身的一些特点：

1. 专业性

大学的学习实际上是一种高层次的专业学习，主要任务是培养社会所需要的各类专门人才。从报考大学的那一刻起，专业方向的选择就提到了考生面前，被录取上大学，专业方向就已经确定。专业一经确定就使学生初步具有一个发展的方向。因此大学生从入学起就应该对所学专业形成正确认识，制订学习计划，掌握专业的知识与技能，培养该专业人才所应具备的健全人格品质。比如，护理专业的学生需要掌握过硬的护理知识，才能成为一个合格的护理人才；机械制造专业的学生既需要学好基础知识，又要努力学习“技术”课程，方能成为优秀的工程师。而且这种专业性，是随着社会对本专业要求的变化和发展而不断深入的，知识不断更新，知识面也越来越宽。基于这种特点，专业思想是否牢固以及专业兴趣的大小将直接影响大学生的学习成绩。

2. 自主性

和中学相比，大学生的学习自主性大大增强，学习主体性的地位体现得更明显。无论是教学模式、学习方式、学习时间，还是学习质量和数量，大学和中学都有很大不同。在大学里，没有老师和家长盯着管着，学生可以做自己感兴趣的事；没有太多的作业和考试，课余时间充裕，学生可以自由支配自己的时间，或看书，或参加实践活动，或做校内外兼职等，学生想怎么锻炼自己、发展自己都行。大学的课程安排更加科学合理，既有公共必修课、专业基础课，还有辅修课程及大量选修课，学生可以根据自己的专长、爱好、兴趣自由选择。比如，有的学生会努力学习计算机知识，掌握常用软件的使用方法，为以后就业打基础；有的学生会根据自己的兴趣选择韩语选修等。另外，大学教师在课堂上只讲难点、疑点、重点或者是教师最有心得的一部分，其余部分就要由学生自己去攻读、理解、掌握。培养和提高自学能力，是大学生必须具备的本领。合理安排好自己的学习时间，对于大多数学生来说，从中学填鸭式的学习状态转到大学自主式的学习状态是比较具有挑战性的，所以大学生应该尽快适应大学的生活节奏，否则就容易引发学习不适应。

3. 多样性

大学生学习的多样性表现为学习内容与学习途径的多样性。大学学习具有研究和探索的性质，提倡生动活泼地学习，提倡勤于思考。进入大学后，大学生普遍感受到知识如浩瀚的海洋，各种学术活动、兴趣讲座、选修课等给大学生带来全新的知识面，为他们的发展带来一片广阔的天地。然而，如何处理好诸多知识与专业学习的关系，学习内容的多样性成为大学生经常头疼的一个问题。大学生的学习途径是多样的，大学生的学习不再像中学，课堂教学虽然成为学生吸取知识的主要途径，但相对中学，知识的学习途径更宽阔了，大学生可以通过听学术报告、讲座，通过电子图书馆，参加学生社团、社会实践等途径获得知识，大学生获取知识的途径更为多样。

4. 实用性

近年来正在进行的高等教育改革一再强调知识技能的学习与实践能力的培养同样重要。在就业难的大环境下，那种只重视学生学习具有实用价值的知识，忽视学生创造能力培养的模式已经逐渐被摒弃，而越来越多的学校倾向培养具备操作技能的大学生，这种现象在职业院校尤为常见。这使得大学生明白，在大学学习阶段，不仅要学好书本知识，还得培养理论应用于实际的能力。

5. 探索性

大学学习摆脱了过去一成不变的学习内容，在专业领域上，专业知识具有高层性，但同时也具有争议性，很多知识在专业领域并没有一个统一标准，甚至有的是空白领域，这种现状就要求大学生具备探索精神去思考、创造，激发学习的积极性。

总之，大学生所面临的是以前从未接触过的学术环境，高中阶段主要是基础教育，以知识储备为主，但是大学的学术环境截然不同，主要是专业教育，并强调个体学习的自主性。大学校园的学习气氛是外紧内松，学习环境弹性很大，在学业完成、课程选修等方面有很大的自由选择空间。该听些什么，该复习什么，如何安排学习时间等方面个人自主的余地比较大。这就需要大学生实现角色转换，有所侧重地进行自我设计、自我定位，使学习生活更有目的性。唯有如此，大学生活才不会虚度，才能更好地实现自我价值。

（二）大学生学习与心理健康的关系

学习活动与心理健康相辅相成。它们相互影响，相互制约。

1. 学习对心理健康的影响

（1）积极影响。学习能发展大学生的智力、开发大学生的潜能，促进大学生正确认识和评价自己，促进大学生不断提高自己的综合素质。一个人的智力是在不断的学习中才能得到有效延续的，如果不学习，智商再高的人，也无法为社会创造更大的财富。人的一生有许多未知的潜能，这些潜能必须要通过学习才能被更多地开发出来，为大学生所利用。

学习能促进大学生正向情绪的产生。大学生通过努力学习，完成一项学习任务或取得一定的成绩后，能从中发现自我价值，体会到成就感、满足感和幸福感，从而产生正向的情绪体验。对于大学生而言，当遇到挫折，如能把精力用在学习上，也可以在一定程度上调节大学生的情绪反应，使其行为朝积极向上的方向发展，维护其健康的心理状态。

（2）消极影响。大学生的学习是一项艰苦的脑力劳动，需要消耗大量的生理、心理能量，容易带来疲劳与紧张。如果学习内容不健康，则会使一些辨别能力差的学生受到伤害。如果学习的难度过大，则会使一些学生因压力过大，没有成就体验而逐渐丧失自我效能感，引起消极情绪反应，甚至会引发心理问题。如果学习的方式不对，则会事倍功半，影响学习的积极性。如果不能劳逸结合，则会危害到大学生的身体健康。

2. 心理健康状态对学习的影响

对于具备一定智力基础的大学生来说，学习动机、情绪、态度、意志、人格特征等心理因素对学习同样具有影响力，这些因素对学习活动起到动力、强化、维持和调节等方面的作用。心理学研究表明，有效的学习和智力发展依赖于正常的心理活动，健康的情绪、坚强的意志、良好的性格特征以及和谐的人际关系等均有助于学习活动的顺利进行。因此，良好的心理健康状态对大学生的学习有很大的促进作用。反之，如果心理健康状态不佳，则会不同程度地影响大学生学习，甚至使大学生无法进行学习活动。如在学校人际交往很差或者学习动机很低，则会使学生产生厌学情绪，这样的事例在大学校园中屡见不鲜。

第二节　大学生常见的学习心理问题

对于通过数十载的寒窗苦读而进入大学的莘莘学子而言，大学生活也是其一生中最重要、最宝贵和最值得珍惜、回忆的一段经历。进入大学，该如何学习，以迎接未来的挑战，是值得深思的。学习是复杂的心理活动，在学习过程中，人们难免会遇到各种各样的心理问题，如动机水平不当、方法不当、考试焦虑等，这些问题如果得不到解决，不仅会阻碍大学生获得知识和发展智力，甚至可能导致严重的心理障碍。因此，大学生了解学习中的心理特征和心理困扰，对于培养其健康的学习心理，提高学习能力，具有重要的意义。

一、学习动机

动机过强和动机缺乏都会影响学习效果，并都会带来一系列心理问题。学习动机是指直接推动学生进行学习的一种内部动力，是激励和指引学生进行学习的一种需要。心理学家在大量实验的基础上得出结论：学习效率与动机之间，可以描绘成一条倒“U”曲线（图7－1），即中等强度的动机最有利于学习。不适当的学习动机在大学生群体中普遍存在，主要有学习动机不足与学习动机过强。

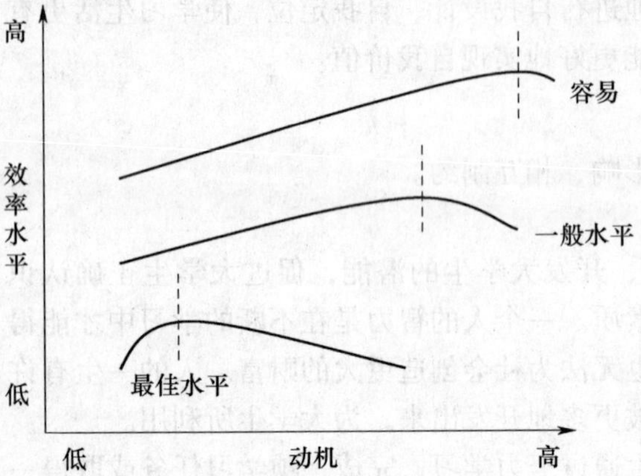

图7－1 耶克斯－多德森定律

面对新的环境，一些大学生在经历了高中的刻苦学习之后，产生了松劲的念头。加上大学学习的竞争有着“隐性”的特点，所以在具有强烈学习愿望的同时，推动这一愿望变成行动的动力强度又往往不足，“想法多、行动少”是大学生普遍存在的心态。不少学生热衷于课外兼职或其他社团活动，对待学习消极马虎。学习动机不足的表现主要有以下几点：

第一，学习存在懒惰行为。表现为不愿意上课，不愿意动脑筋，不完成作业。学习上拖拉、散漫、怕苦怕累，拖延时间，用其他活动来取代学习活动，占用学习时间。通常这类人会想，等我“有空”再学吧，等我“有时间”再好好看书吧，等我“精神好”的时候再认真思考这个问题吧。于是，日子便在等待中流逝，而他可能永远也不会“有空”“有时间”“精神好”。人都有惰性，但动机缺乏者的惰性表现得特别明显。

第二，容易分心，学习易受干扰。动机不足的学生注意力差，不能专心听课，不能集中思考，学习肤浅，满足于一知半解，学习活动经常因其他活动或想法而中断，兴趣容易转移。

第三，厌倦情绪。动机缺乏的学生对学习冷漠、畏缩，常感到厌倦，感到学校与班级生活无聊，很少享受到学习成功带来的快乐。对他们来说，确实是“学海无涯苦作舟”，学习成了枯燥乏味的代名词。

第四，学习盲从。有些学生的学习往往缺乏主动性、能动性，在目标选择上，常常追随大家的看法，而自己没有明确的目标，表现出学习的从众性与依附性，极少有独立性和创造性。

从学习倒“U”曲线中，我们可知过强的学习动机同样会导致学习效率的降低。学习动机过强的表现为以下几个方面。

第一，过于勤奋。这类学生往往把全部心思用在学习上，并且坚信只要勤奋就会成功。他们认为学习是至高无上的，如果时间不花在学习上，就是一种浪费，因而不允许自己有娱乐、休息和运动。

第二，争强好胜。这类学生往往在学习上争强好胜，看中分数，看中名次，看中结果。他们想成为班上、学校的尖子生，想得到老师、亲朋好友的肯定和表扬，非常害怕失败，一次小小的失败都会让他们惶恐不安，看到别人超过自己就心慌、嫉妒。这类学生把自我价值的体现全归在学习上。

第三，容易自责。动机过强者追求学习上的成功和完美，对自己要求严格到了苛刻的程度，不允许自己浪费时间，容不下自己的失败和挫折。一旦没有达到自己设置的目标，就会自责，并给自己施加更大的压力，期望下次获得成功。

第四，情绪紧张。表现为学习焦虑和考试焦虑，常感到紧张不安，学习压力巨大，心理脆弱，情绪难以松弛，有时感到惶惶不可终日，导致学习过程中注意力不能集中，记忆力下降，思维迟钝，学习效率低下。

案例　　　　　　　　　　**小杨的困扰**

小杨考上了自己喜欢的会计专业，但是在高手如云的大学里，他逐渐失去中学的学习优势，仅成为会计专业的一名普通学生。他不甘心，其目标是永葆第一。于是，他不遗余力地投入学习。按理说这是好事，但是他一遇到看不懂的东西就开始烦躁不安，焦虑无比。学习成绩不但没有提高反而下降了不少，他开始整夜不能入睡，每天不能专心地上课，严重影响了学习，这就是动机过强造成的不良后果。

二、学习注意力不集中

“注意”是心理活动对一定对象的指向，具有指向性、选择性和集中性。没有注意，任何心理活动都达不到预期目的，注意是人类学习的前提，注意在大学生学习中具有极其重要的意义。注意力障碍的主要表现为以下几个方面。

（1）在注意稳定性方面，注意稳定性很差，难以长时间保持在特定对象或活动上，注意力分散且难以持久，如上课不能专心听讲，大脑常常开小差，盯着黑板却心猿意马，自己不能控制思维飘逸。或者注意力稳定性高，对某些观念固定不变，也无法摆脱，不能转移注意。

（2）在注意范围方面，注意范围越来越狭窄，难以被唤起；或者注意范围“变宽”，容易被转移，很容易被外界无关的刺激产生变化，却难以控制。如易受环境的干扰，教室外的小小动静都能引起注意力的转移，而且长时间不能静心，很难把分散的注意力再集中到学习上。

（3）在注意分配方面，注意难以同时指向和集中于不同对象，如上课时学生既要听讲、记笔记，还要看书、看黑板，而注意发生障碍的学生则手忙脚乱。

（4）在注意转移方面，难以根据新的任务，主动把注意从一个对象转移到另一个对象上，或者转移的过快或过慢。

从生理方面看，注意障碍主要与脑生理功能障碍有关系。著名的生理学家巴甫洛夫认为，人们在聚精会神从事某种活动的时候，大脑皮层就会出现一个兴奋中心，其余的临近部分都处在抑制状态，因此留下的痕迹就深刻。相反，如果在看书学习时还想着其他事，那么在大脑皮层上就会同时出现两个兴奋中心，一个看书，一个想其他事，两者之间由于目的不同，便会相互干扰和影响，结果大脑皮层上留下的痕迹就浅，学习效率就低。此外，学习疲劳使大脑细胞负担过重，高级神经系统兴奋与抑制过程失衡，大脑皮层产生保护性抑制状态，使人昏昏欲睡；或是大脑过度兴奋，大脑皮层觉醒过度，致使大量不需要的感觉冲动传至大脑皮层，造成注意力涣散，难以集中。当然，某些脑损伤也会造成注意力障碍。

造成注意障碍的因素还有很多。比如，缺乏兴趣；对学习目的、作用认识不足，缺少集中注意力的自觉性；对学习内容的价值认识不足；学风、班风不正也影响学习注意力；自制力差，缺乏恒心、好冲动等人格因素也会造成注意力差。

三、学习目标不明确

20世纪50年代曾经对大学生进行了一项有关学习目标的调查，研究人员问参与调查的学生这样一个问题："你们有学习目标吗?"只有10%的学生确认他们有学习目标。研究人员又问了第二个问题："如果你们有学习目标，那么，你们是否可以把它写下来呢?"结果只有4%的学生清楚地把自己的学习目标写下来。20年后的追访中，研究人员发现当年参与调查的学生，白纸黑字写下学习目标的学生，无论是事业发展还是生活水平，都远远超过了没有写下目标的同龄人。可见，对于大学生来说，有学习目标可以为自己人生的发展指明一条方向，而真正理解这些学习目标的，真正为目标付诸行动的人，将会在未来的发展中收获成功。然而，我们却发现，在我们的大学校园中，学生缺乏学习目标，或者有目标无行动已经成为大学生学习、发展的一大阻力。

四、考试心理

考试是大学生学习最直接的检验手段，需要每一位大学生正确对待，大学生的考试心理主要有以下几点。

（1）应试心理。主要表现为平日不努力，临时抱佛脚。平时上课不听课，考试前把希望寄托在老师画重点、点题目上。大学里流行一种说法，只要考试前一周或两周努力看书背书，同样会考到满意的分数，平时又何必那么辛苦学习呢!"考前复印笔记，考试背笔记，考后全忘记"这种说法在文科类院校尤为突出。因此，每当期末考试前，大学校园里的图书馆、自习室、通宵教室的座位就出现一座难求的现象。

（2）考试焦虑。考试焦虑是指个体担心考试失败有损自尊而导致或引发的负性情绪反应，主要表现为认识方面过分重视考试的结果，担心自己能否通过考试，是否会失败，总想过去的失败经验，容易想到与考试无关的事情；在情绪及生理方面上情绪紧张、担心、焦虑，总是担心不好的事情发生，甚至出现恐惧心理；生理方面出现呼吸困难、呼吸加快、心慌、胸闷、出汗、手脚发凉、尿频尿急等症状；行为方面出现拖延、逃避、坐立不安、手足无措等现象。

案例　　　　焦虑的小敏

大二女生小敏的父母都是国家干部，她自幼受到比较严格的教育，对自己的要求一向很高。从小到大由于她一直严于律己，学习上刻苦努力，所以成绩一直名列前茅。进入大学以后，父母对她寄予很高的期望，她也给自己立下了学习成绩必须进前三名的军令状。可面对日益接近的期末考试，小敏开始变得紧张不安，心烦意乱，并且晚上经常失眠，学习效率明显下降。同学们经常安慰她，但她的焦虑状况并没有得到改善，反而愈演愈烈，并且严重影响了她的情绪，以致经常会无缘无故发脾气或哭泣。显然小敏现在的状况与她不当的学习动机和考试焦虑有关。

据调查有10%～15%大学生对考试都存在着不同程度的焦虑，而学习基础比较差、性格比较内向、学习方法不够灵活的大学生最容易出现考试焦虑。

（3）考试作弊。考试作弊作为一种特定和普遍的现象，会影响大学生学业成绩进而影响其学习积极性并带来学业不公平。有的考生作弊都成功，不费力气通过考试获得高分数，尝到不劳而获的甜头，还有可能在未来学习中继续保持这样的念头和行为。从表面看，作弊是考生欺骗老师，但从本质上看，作弊则是一种自欺欺人的行为，一次投机成功的行为并不能代表每次作弊都成功，一旦被抓住，受处罚，后悔莫及。而且作弊是一种欺骗行为。有准备的作弊是在考试之前策划的，在准备作弊方式过程中，随时存在被老师发现的担心，提心吊胆，惶惶不安。考场上实施作弊过程时，要躲过监考老师，就必然引起考生的紧张不安，使得本来没有考试焦虑的考生可能因为这种特殊的情景与心理状态而产生不必要的考试焦虑，影响考试准备和作答。

五、学习方法及内容

1. 学习方法不够科学，学习效果不够理想

面对大学众多的学习课程，大学生既要应付大量的基础课，又得学好专业课。一部分人的学习方法不能随着内容的变化而有所改进和创新，也不会理论联系实际，突出应用的价值，还在沿用中学时死记硬背的老办法，学习效果不够理想，从而直接影响到学习的收获及就业。

2. 学习内容不够丰富，学习形式不够灵活

大学的学习不再是“教师＋教室”这种学习模式，图书、社团、课件、校园广播、宣传栏、校园海报、学术报告会等都是学习的资源，图书馆、自习教室、通宵教室、宿舍、操场等都可以是学习的场所，授课、讲座、同学讨论、社会实践等都是学习的形式。尤其是随着网络的发展和相关知识的普及，上网成为大学生获取知识的一条非常重要的途径。但少数大学生仍在采取传统的学习形式，只注重课堂知识的学习，知识涉猎面稍窄。

六、学习压力不能及时缓解

近年来就业难的社会现状也给大学生学习增加了很大的心理压力，为什么读书？读书了能不能就业？诸如此类的问题都等着大学生来思考和做出行为反馈。如果这些学习的压力得不到及时缓解，心态不能摆正，往往会出现抑郁、精神异常等症状，导致休学甚至退学等现象发生，耽误自己的时间和前程。

七、学习的习得性无助感

习得性无助感是指人或动物接连不断地受到挫折后，感到自己对一切都无能为力，丧失信心，陷入一种无助的心理状态。学习的习得性无助感是一种由于学习而形成的无能为力的心理体验。学习的习得性无助感是在一定的学习情境中诱发的，由于大学生长期没有达到预期学习目标，屡次遭受挫折，产生消极认知，确信自己对学习缺乏能力，产生无能为力之感，从而在动机、情感、认知和行为上所表现的一种消极的心理状态。它往往使大学生降低或丧失学习动机和自信心，怀疑自己的智力水平、学习能力，产生一种焦虑、厌倦、学习信心丧失的消极的情绪状态。

有的大学生学习基础薄弱，学习成绩不理想，对知识的感悟力不强，特别是高职高专院校的学生，与本科院校学生相比，他们在学习过程中会遇到更多的学习困难，也更容易产生习得性无助感。

学习的习得性无助感表现在学习上存在畏难情绪，他们认为自己的学习成绩很差，对自己缺乏信心，在情感、认知和行为上表现出消极的状态。大多数学习上存在习得性无助感的学生都缺乏有效的学习方法，在学习中存在难以克服的困难，长期经历着学业失败的打击，他们往往把失败的原因归结为自己对学习缺乏能力。

第三节　科学提升大学生的学习能力

一、调整适当的学习动机

（一）学习动机缺乏者的辅导

1. 激发学习动机

学习动机激发要注意步骤：为保障个人生存而学习；为充实精神生活而学习；为推进社会和群体的发展而学习。这样才可以使自己的动机符合社会的需要，在这一动机的促使下，大学生会产生学习的自觉性、能动性和自制力，激发起良好而强烈的求知欲，能长期专心致志、勤奋学习、刻苦钻研。

2. 稳定学习兴趣

兴趣会引发和保持注意力的集中，是学习过程中的一种积极的心理倾向。兴趣强烈的学生会全身心地投入学习，只有保持对所学知识的浓厚兴趣，才能充满热情地学习，保证良好的学习效果，可以从三方面进行。

第一，发现某一兴趣点，再根据自身的特点去灵活运用你有兴趣的知识，成功的喜悦会强化你对这一学科的兴趣。

第二，在和别人的交往中发现别人的兴趣点的好处，从而培养起自己的兴趣。

第三，兴趣太广泛的学生要注意把兴趣和自己的精力、能力与自己的知识水平挂钩，使自己的兴趣稳定在自己力所能及的学习对象上。

3. 进行正确的归因

有相当一部分动机缺乏者是由于学习上遭遇失败后，进行不了正确的归因。因此，鼓励并帮助学生重新建立一种正确的归因模式，引导学生正确归因，而不是把失败的原因归结于运气、天气等不可控的因素。根据韦纳的归因理论，教育工作者对学生的归因训练可以大致分为几个步骤：了解学生的归因风格——通过学生在学习活动中的成败体验，让其对自己的成败进行归因——引导学生自己进行归因。

（二）学习动机过强者的建议

有着太强学习动机的大学生，一般对自己抱有很高的希望，制定了一些不切实际学习目标。这样一来，学习活动的成绩好坏对其影响非常大，当心理压力过大，情绪过于紧张时，学习效率自然会降低。所以，有着太强学习动机的大学生，有必要对自己的实际水平与能力作一个正确分析，适当降低学习动机，这样会更有利于自己的学习进步。

案例　　　　**摘苹果实验**

心理学家曾做过这样一个有趣的实验：将一群学生随机分成两个小组，让他们一起摘悬于半空中的苹果。对第一组的学生，让他们一开始就去摘悬持高度超过自己跳跃能力的苹果；对第二小组的学生，则将苹果悬挂在他们通过努力跳跃就能达到的高度，然后再逐渐提高高度。又红又大的苹果，对两个小组的学生的诱惑力是相同的。开始时两个小组学生都非常兴奋，不断跳跃去摘苹果。最后的结果不难想象：第一小组的学生根本摘不到苹果，而第二小组的学生不仅摘到了苹果，跳跃的能力也有不少长进。紧接着让两个小组的学生都摘同一高度的苹果，令人吃惊的是情况大不一样了。第一小组的学生懒洋洋的，他们中的多数人走过场地应付几下；第二小组的学生则充满活力和兴奋，他们不断跳跃，跳跃的平均高度明显高于第一小组。

二、学会时间管理

大学的业余时间很多，如果大学生能有效利用好这些时间，将会有意想不到的收获。

（一）学习时间分配

学习时间管理训练主要是帮助大学生提高科学运筹学习时间的能力，达到合理利用时间、提高单位时间的利用率、正确支配时间以取得良好效果。下面介绍几种学习时间分配的方法。

1. 重点分配法

这一方法要求把每天所要做的事情按重要性排序，分别从“1”到“6”标出6件最重要的事情。每天一开始，先全力以赴做好标号为“1”的事情，直到它被完成或被完全准备好，然后再全力以赴地做标号为“2”的事，依此类推……一般情况下，如果一个人每天都能全力以赴地完成6件最重要的大事，那么，他一定是一位高效率人士。这种方法的好处在于，可以将有效的时间安排给最重要的事情。

2. 帕累托原则

这是由19世纪意大利经济学家帕累托提出的。其核心内容是生活中80%的结果几乎源于20%的活动。比如，是那20%的客户给你带来了80%的业绩，可能创造了80%的利润，世界上80%的财富是被20%的人掌握着，世界上80%的人只分享了20%的财富。因此，要把注意力放在20%的关键事情上。他在学习时间管理上给我们的启发是：当你面临很多学习任务，而不知从何下手时，就应该记着帕累托原则。你要问你自己哪几门功课是近期最重要的，把这些学习作为20%的任务来对待，分出自己80%的时间和精力来学习它，这样就不会偏离首要学习而去做次要学习。

（二）了解自己的最佳生物钟，充分利用最佳学习时间

大学生要了解自己的最佳学习生物钟，并有效地利用。有研究者将人的生物钟分为三种类型。

第一种是夜晚型，也叫“猫头鹰型”。这种人每到夜晚脑细胞便进入兴奋状态，精神饱满，毫无倦意，注意力集中，思维活跃，学习效率特别高。

第二种是清晨型，也叫“百灵鸟型”。这种人黎明即起，情绪高涨，思维活跃，记忆力特别好。

第三种是混合型。这类人全天用脑效率差不多，但相对而言在上午8：00~11：00和下午3：00~5：00效率较高，就整个人群来说，绝大多数人是混合型，约占90%。

三、确定学习目标，制订学习计划

学习目标就像一盏指明灯，大学生不仅要有明确、正确的学习目标，还要学会根据学习

目标来制订学习计划。有学者提出将学习计划设定为七个步骤。

（1）先拟出你期望达到的目标。

（2）列出好处：达到这目标有什么好处？譬如你想获得一等奖学金，列出获得一等奖学金对你有哪些好处。

（3）列出可能的障碍点：你要达到此目标之障碍，可能是时间利用不充分、学习方法不对等原因。

（4）列出所需信息：思索需要哪些知识、协助、训练等。

（5）列出寻求支持的对象：一般而言，很难靠自己一个人即能达到目标，所以应将寻求支持的对象亦一并列出。

（6）制订行动计划：一定要有一个行动计划。

（7）制定达到目标的期限。

案例　　小目标大成功

1984 年在东京国际马拉松邀请赛中，名不见经传的日本选手山本以出人意料地夺得了冠军。当记者问他凭什么取得如此惊人的成绩时，他说了这么一句话："凭智慧战胜对手。"当时不少人都认为这个偶然跑到前面去的矮个子选手是在故弄玄虚。10 年以后，这个谜底终于被解开了。他在《自传》中是这么写的："每次比赛之前，我都要乘车把比赛的路线仔细看一遍，并把沿途比较醒目的标志画下来。比如，第一个标志是银行；第二个标志是一棵大树；第三个标志是一座红房子……，这样一直画到比赛的终点。比赛开始以后，我就以跑百米的速度，奋力地向第一个目标冲去，过去第一个目标后，我又以同样的速度向第二个目标冲去。起初，我并不懂这样的道理，常常把我的目标定在 40 千米外的终点那面旗帜上，结果我跑到十几公里时就疲惫不堪了，我被前面那段遥远的路途给吓倒了。"

四、学会缓解考试焦虑

考试焦虑永远都是学生中一个常谈的话题，克服考试焦虑需要注意以下几点。

1. 做好复习准备，不要在考前才临时抱佛脚

一般来讲，胸有成竹的人焦虑少一点；而那些到考试的前夕才挑灯夜读的人，就会顾此失彼、手忙脚乱、六神无主。本来，临考的正常紧张，不但不是坏事，还可以调动机体和智力进入活跃状态，但考前的慌乱使正常的紧张过了头，成为抑制思维的障碍。所以，前期做好复习准备，考前半天尽量只做一些回忆性的复习。

2. 考完一门丢一门

有的考生，考完一门急于寻找正确答案，其实这样做有弊无利，常会引起于事无补的追悔、遗憾，并直接影响到以后各门考试的信心。正确的做法是考完一门，马上把心思转到下一门功课上去，集中精力迎接新的考试。

3. 保证身体健康

考前应加强营养、劳逸结合、睡眠充足，保证有充沛的精力、清醒的头脑及良好的身体状态。

4. 临考前镇定法

（1）深呼吸法。考前找一个比较安静的地方，站立，眼微闭，全身放松，用腹式呼吸，慢慢地深吸一口气，让气体在腹部停留 5 秒左右，再慢慢呼出。深呼吸连续做三次，有利于紧张心情的缓解，特别是在考场上，当考卷发下来之后，大脑紧张得一片空白，这时，考生就可以使用深呼吸减压法，把自己调整到最佳的考试状态。

（2）临场活动法。由于正常的紧张情绪也会使体内产生大量的热能，所以可以在考试前稍稍活动活动，使热量散发。可走动、小跑、摇摆、踢腿；可以双手握紧再放开，让全身肌肉缩紧再放松；可在考试过程中用力拧一下身体的某一部位。这样紧张情绪会渐渐消失。

（3）娱乐消遣法。可翻翻夸张、逗趣的一些漫画或搞笑作品，促使心情开朗、情绪高涨，重新占据优越感，恢复自信心。

（4）自我暗示法。当感觉到紧张焦虑时，用一些积极的言语暗示自己“我很平静”，“我已做好充分准备”，“紧张是胆小鬼的行为”。记住，要用正面肯定的言语做暗示，千万不要用“我不紧张”之类的否定性的暗示性语言。

（5）系统脱敏疗法。如果有长期的考试焦虑，可以在心理老师的指导下进行考试焦虑的系统脱敏治疗。

五、培养创造力

“创造力”（creativity）一词源于拉丁语 creare，意为创造、创建、生产、早就。创造力是指根据一定目的，运用一切已知的信息，产生出某种新颖、独特、有社会或个人价值的产品的能力。它是人类特有的一种综合性本领，是由知识、智力、能力及优良的性品质等众多因素综合优化构成的，是成功地完成某种创造性活动所必需的心理品质。创造力的培养概括为以下几个方面。

（1）激发求知欲和好奇心，培养敏锐的观察力和丰富的想象力，特别是创造性想象，以及培养善于进行变革和发现新问题或新关系的能力。

（2）重视思维的流畅性、变通性和独创性。

（3）培养求异思维和求同思维。

（4）培养急骤性联想能力。急骤性联想是指集思广益，在一定时间内采用极迅速的联想作用，引起新颖而有创造性的观点。

（一）创造力与创造性思维

创造力由两个基本要素构成：流畅性和灵活性。所谓流畅性，是指平稳而又迅速地大量涌现出解决特定问题方案的能力；所谓灵活性，一般是指给特定问题找出新奇独特、不同寻常的解决方案的能力。创造力的培养和创造性思维有关。创造性思维是一种求新的、无序的、立体的思维，它并不是某种单一的思维形式，而是多种思维的综合表现。它既是直觉思维与分析思维的结合，也是发散思维与聚合思维的结合，是抽象思维与逻辑思维的结合，同时又离不开创造性想象。

吉尔福特是美国著名心理学家，他认为发散思维及其转化与创造性的关系最为密切。所谓发散思维就是能从多种设想出发，不按常规地寻求变异，使信息朝着各种可能的方向辐射，多方面寻求答案，从而引出更多的信息。不过发散性思维不是一种独立的能力，创造性还必须有与其相反的聚合思维。聚合思维就是将所有的信息整合出唯一的答案。“头脑风暴法”可以说是最有名也是最常用的创造性思维训练的有效方法。“头脑风暴法”，又叫集体讨论，是奥斯本于1957 年提出的。是通过强调推迟判断、推迟批评以克服产生创造力的障碍，从而产生创造性观念的活动。"头脑风暴法"多是在解决某一问题时，以团队的方式进行。它的基本做法是：先提出一个问题，鼓励学生尽可能多地去寻找答案，不必考虑答案的正确性，不对答案作评价，这样能极大地拓宽学生解决问题的思路，能彼此间激发解决问题的灵感，迅速提高学生的创造力。

活动必须遵守以下规则：一是禁止提出批评；二是鼓励提出各种改进意见或补充意见；三是鼓励各种想法，多多益善；四是追求与众不同的、关系不密切的甚至离体的想法。

（二）创造性与个性

创造性与人的个性特点密切相连，创造力高的人有着独特的品质，我们从那些有名的创造大师身上会看到：

首先，他们善于发现有价值的问题。富于创造力的人往往选取一种单一的、有些与众不同的生活焦点，一种特殊的行动方式、职业或者兴趣爱好，他们能忍受长期艰苦的工作，耐心追求问题的答案，而不急于求成。

其次，善于明确真正的问题，即指难易适中的问题。

再次，善于开阔思路，集思广益。富有创造力的人具有观念的复合性、思维的冒险性和判断的独立性。这些特点使得他们思想开放，心胸开阔，善于通过各种渠道汲取解决问题的设想。

然后，善于用直觉判断确定方案。最佳方案对于富有创造力的人来讲，要具有两个条件，一是要感觉良好，二要符合逻辑。而最终可以付诸行动的方案，则依靠自己无意识的心灵，最后用于付诸行动。富有创造力的人有信心、有勇气把自己的方案推向实践，挫折对于他们来说是一次对自己创造力的挑战。

看了这幅创造大师的"肖像画"，不知你是否觉得与自己相距甚远。其实，创作性强的人也各有长短。有的人善于施行观念，有的人善于抓住机会，有的人善于逻辑思考，有的人善于洞察。从人的本身来讲，在创造性地解决问题的某些领域，每个人都拥有自己某种潜在的优势。问题是我们是否意识到自身的潜在优势以及能否将其转化为现实的优势。

训练创造性地解决问题的能力应注意10条原则

（1）在解决问题之前，对问题进行简洁的陈述，并规定界限；
（2）力戒将注意力局限于问题的一个方面；
（3）超越显现的现象，深入问题的本质；
（4）警惕与避免产生功能上的固定性和负迁移的可能性；
（5）抛开很少有希望的那些先入为主的想法，另作其他的考虑和选择；
（6）思考提出的论据有多大的可能性和代表性；
（7）弄明白任何前提所凭借的假设；
（8）清楚的区分数据和推论；
（9）利用未经证实的假设中推衍出来的信息；
（10）谨慎地接受与自己意见一致的结论。

六、提高学习的自我效能感

自我效能感由美国著名心理学家班杜拉（1977）率先提出，班杜拉对自我效能感的界定是：个体对自己能否成功地完成某项活动以达到某一水平的看法。自我效能感强调的是个体认为自己能做什么，而不是实际能做什么以及知道应该怎么做。当个体认为自己能成功地完成某项活动时，表明效能感高；相反，自我效能感低。从自我效能感的界定，我们可以得知，学校的自我效能感就是，大学生对自己能否成功完成学习任务的看法。在校园中，我们时常看到这样的现象，有的大学生对学习充满信心，认为只要自己努力了，就一定能获得相应的回报，这样的学生对自己的学习能力非常有信心，学习效能感高；而相反，有的大学生在大学学习中时常觉得自己学习能力低下，再怎么努力都是考不过别人的，认为自己的脑子笨，这样的学生学习效能感低。在多年的教学经验中，我们也可以这样认为，学习效能感高的学生比学习效能感低的学生学习效率高。那么，大学生如何提升自己的学习效能感呢?

（1）感受自我成功体验。个体过去学习的成败经验对学习效能感的形成具有非常明显的影响，提供了最有说服力的证明。当大学生在某一个学习阶段取得一些成功的时候，需要深刻体验学习的成功带来的喜悦与激励，这种体验将能有效提高大学生的自我效能感。

（2）增加自己的替代性成功经验。当个体缺乏进行某项活动的直接经验或经历时，替代性的经验就显得尤为重要。当个体观察到与自己相似的其他人在某项活动上取得成功时，往往对自己成功完成类似的活动也具有积极的预期，对该项活动的完成具有较高的自我效能感；相反，若相似的他人遭遇失败，则观察者对完成类似活动的信心将有所降低。由此，我们知道，在大学学习中，我们不一定能掌握自我的成功体验，但是可以控制自己的替代性成功经验。我们有意识地观察身边学习条件与自己类似的同学，当他们在学习上取得进步的时候，我们将他人的这种成功体验视为自己间接的成功体验，别人能做到的，自己也能做到，把这种间接体验转化为学习的动力，提升学习的自我效能感。

（3）学会分步学习。大学生在进行学习活动时，往往想一步到位，而这种想法会给大学生更多学习上的失败体验，挫伤了其学习的自我效能感。有效的方法是，把学习分步进行，学生经过一定努力就可以完成小步学习目标，这样大学生能较易观察到自己在学习上所取得的进步，增强学习的自我效能感。如：有位学生，通常考试都会有4门成绩挂红灯，则这位学生可以把学习分为4步，第一步只有3门不及格，第二步有2门不及格，依此类推。这样，学生就较易得到成功的体验，自我效能感就会得到增强，而自我效能感的增强反过来又促使学生为自己设定更富有挑战性的目标，如此循环，学生的学习成绩自然而然地会不断提高。

（4）积极的心理暗示。在生活、学习、工作中，我们一定要给予自己以积极的心理暗示，要相信自己的能力，要多回想自己成功的经历，要能够看到与自己的水平差不多的示范者取得的成功，这些都可以提高自我效能感。当面对困难和挑战的时候，一定要不断地对自己说：“我一定能做好!”当你真正具备了这种积极健康的心态的时候，当你能够从容地分析客观世界的时候，你会发现成功真的没有我们想象得那么难，成功正在向我们慢慢地靠近。罗斯福曾经说过“我们唯一该怕的是‘恐慌心理’”。正是这种对成功路上的艰辛的恐慌心理使得许多人对成功望而却步。

作为大学生，你要时常告诉自己：我不可能什么都行，也不可能什么都不行，在一个特定的领域、特定的时间、特定的条件下，我就是行，比任何人都行!

我这一次不行，并不意味着我下一次不行，更不意味着我永远不行!

我现在不行，并不是因为我没有潜能，而是由于努力不够，坚持下去，继续努力，我就能行！

上帝给予我们的时间与智慧足够我们成就一番事业，我们完全可以有很大的作为，取得很大的成就，可以拥有我们想拥有的一切——一切皆有可能！

七、丰富学习途径，掌握学习策略

（一）丰富学习途径

由大学生的学习特点可知，大学生的学习途径比以往丰富许多，但相当一部分大学生还沿用过去课堂学习途径及经验，并没有意识到还有其他丰富的学习资源，我们可以获得的大学学习途径有以下几种。

1. 老师

大学里的老师不仅是把我们带进专业殿堂的领路人，更是能随时解答我们的专业问题和人生疑惑的智者。大学生对大学老师的印象更多是上完课走人，几乎没有下课辅导。这就要求我们大学生要转变观念，在课余时间多主动与老师联系，电话、座谈、网络等方式都可以成为与老师联系的途径，在这种联系中，我们可以掌握更多专业知识，还可以与老师探讨人生。

2. 同学和师长

三人行必有我师，通过与同学联系，我们可以交流学习的心得，学习彼此的经验，还可以加强对问题的理解。与同专业的学长之间的交流对于新生来说尤为重要，刚入学的大学生，在专业知识的理解上不一定全面，可以通过与学长的交流更深入了解本专业的情况，在学习的时候应该注意些什么？专业的长远规划，诸如此类的问题都可以借鉴学长的经验。

3. 图书馆

图书馆是精神食粮的仓库。几乎每个大学的图书馆都为本校的各个专业提供了专业书籍、期刊资料和电子书库，其分类具体而明确，检索也很方便，能够满足不同专业学生的学习需要。这是一个巨大的知识宝库，大学生们必须掌握怎样通过图书馆来学。

4. 网络

网络是当今世界上最便利、最快捷的学习资源。通过网络，你可以了解到学校内外的更多信息，探讨感兴趣的问题，增长知识面，获得对世界的不同看法，形成多元的视角。

5. 讲座

有人称听讲座可以："吸取最先进的思想，涤荡头脑中的陈词滥调。"在大学时光里，请珍惜机会去听各个领域的学术精英所做的讲座了解生活和科学的不同领域。可以说，讲座是一个拓展自己视野的最好的途径。

6. 社团活动

大学校园的社团活动丰富多彩，社团是大学校园一支极富生命力的队伍，它承担着校园文化的重任，而校外的一些企业也时常与社团合作，提供给大学生社会实践的机会，每一位大学生都应该有目的地选择感兴趣的社团，参与其中，锻炼自己，增长才干和见闻。

（二）掌握一些学习的策略

1. 怎样阅读

五步阅读法，又称 SQ3R 读书法。它是由美国依阿华大学创用，后流行于英美等国的一种综合性读书法。SQ3R 英文为"surrey（浏览）""question（发问）""read（阅读）""recite（复述）”“review（复习）”五个词首字母的缩写。这种阅读方法将阅读过程分为五个步骤：①浏览。通过看前言、序跋、目录、内容摘要及正文中的大小标题、注释、附录等，概括地把书看一遍，从整体上对全书有个印象，明确书、文的重点和难点。②发问。对书、文中的重点、难点之处进行阅读，提出问题，以备在深入阅读中思考，寻求答案。③阅读。带着所提问题，对书、文进行深入细致的阅读，并做读书笔记，以加深理解、增强记忆。④复述。在阅读理解的基础上，对阅读中所获取的知识信息进行回忆检查，掌握重点，突破难点，以提高阅读效率。⑤复习。对阅读过的内容，不断地进行复习，以巩固记忆，保证学习成效。五步阅读法符合感知、记忆与思维相联系的规律，因而是一种行之有效的读书方法。

2. 怎样做读书笔记

（1）摘录式。这是使用最多的一种方式。主要摘录书籍、报刊、杂志、调查报告、文书档案中与自己学习钻研内容有关的原始材料。如果你是文科生，则可摘录有关的学习资料、重要文章、警句格言、词语典故等。如果你学的是理工科，就得摘录有关文献、重要的结论与独特的、证明技巧等，以备不时之需。

（2）提要式。即看完一本书或一篇文章，对文中的某一观点、事件、情节或某一章节定理等，进行分析、归纳，用自己的话把其内容、要点写出来。这不仅可备忘、备查，而且训练你的综合、概括能力。这一方式对于文科生尤为有效。

（3）卡片式。这个方式要求有一个大的卡片式的本子，可以记录自己感兴趣或对自己有用的知识，当需要知识提取时，翻阅卡片就可以在最短时间内获得最大的知识量。卡片式的笔记方法是一个系统的过程，需要持之以恒，需要注意的是：

一是每张卡片最好只写一个问题，一个事例。这样既灵活，又不乱，便于分类整理装订成册。二是每张卡片须注明资料来源、书名、篇名、版本、卷首、页码等，便于查找。三是随着学习水平的提高，应注意积累卡片向某些方面集中，使之更加系统化和深化。四是一定要养成定期整理的习惯，按性质或需要把卡片编上页码，分类插放。既为查找使用提供方便，又可在整理过程中使自己平时分散、零碎的知识系统条理起来。

3. 怎样选择学习方法

（1）过度学习法。过度学习法又可称为“过剩学习法”，就是在全部学会学懂以后再继续地学习一段时间。也就是说，在达到最低限度领会后，或在达到勉强可以回忆的地步后，继续进行学习。过度学习究竟学习到何种程度，要取决于学习材料的性质和学生本人的具体情况。

（2）迁移学习法。就是先前的学习或训练的内容，可以影响到以后相继而来的类似的学习或训练的内容。即已获得的知识、技能、方法、态度等分别对学习新的知识、技能、方法、态度等的影响。关于迁移学习，人们早已有所知晓，如“举一反三”“触类旁通”和运用“比喻”等，只是早先尚未对这种现象进行深入研究罢了。实际上，一切有意义的学习都是在原有学习基础上进行的，都受学生原有的认知结构的影响。因此，一切有意义的学习都包含着迁移，而决定迁移的实现及学习效果的重要因素则是学生的认知结构。所以，同学们为了能在在校期间真正把课程学好，具有扩展知识的根基，将来在知识的学习和能力的发展上具有较强的生命力，就必须踏踏实实地深入掌握和领会各门课的基本结构、基本原理和基本概念。

（3）背景化学习法。指在学习时要考虑前后背景的关系。因为再现我们所学的知识时，往往不是由单一的观念所决定的，而是由整个背景所决定的，所以，我们在学习时，要融会贯通，理解全文，不能片面地、孤立地去理解。

课程实践

活动 心理测试

学习动力自我测试

这个量表主要帮助你了解自己在学习动机、学习兴趣、学习目标上是否存在困扰。共20个题目，请你实事求是地在与自己情况相符的题目后面画“√”，不相符的题目后面画“×”。

1. 如果别人不督促你，你极少主动地学习。 ( )
2. 你一读书就觉得疲劳与厌烦，直想睡觉。 ( )
3. 当你读书时，需要很长时间才能提起精神。 ( )
4. 除了老师指定的作业外，你不想再多看书。 ( )
5. 如有不懂的，你根本不想设法弄懂它。 ( )
6. 你常想自己不用花太多的时间学习，成绩也会超过别人。 ( )
7. 你迫切希望自己在短时间内就能大幅度地提高自己的学习成绩。 ( )
8. 你常为短时间内成绩没能提高而烦恼不已。 ( )
9. 为了及时完成某项作业，你宁愿废寝忘食、通宵达旦。 ( )
10. 为了把功课学好，你放弃了许多你感兴趣的活动，如体育锻炼、看电影等。( )
11. 你觉得读书没意思，想去找个工作。 ( )
12. 你常认为课本上的基础知识没啥好学的，只有看高深的理论，读大部头作品才有劲。 ( )
13. 只在你喜欢的科目上狠下工夫，而对不喜欢的科目放任自流。 ( )
14. 你花在课外读物上的时间比花在教科书上的时间要多得多。 ( )
15. 你把自己的时间平均分配在各科上。 ( )
16. 你给自己定下的学习目标，多数因做不到而不得不放弃。 ( )
17. 你几乎毫不费力地就实现了你的学习目标。 ( )
18. 你总是为同时实现几个学习目标忙得焦头烂额。 ( )
19. 为了对付每天的学习任务，你已经感到力不从心。 ( )
20. 为了实现一个大目标，你不再给自己制定循序渐进的小目标。 ( )

上述20个题目可分成4组，它们分别测查你在四个方面的困扰程度：1~5题测查你的学习动机是不是太弱；6~10题测查你的学习动机是不是太强；11~15题测查你的学习兴趣是否存在困扰；16~20题测查你在学习目标上是否存在困扰。假如你对某组（每组5题）中的大多数题目持认同的态度，则一般说明你在相应的学习欲望上存在一些不够正确的认识，或存在一定程度的困扰。

第八章　大学生人际交往心理

人是社会性的动物，与他人进行有意义的交往是人类社会生活的前提。无论处于人生哪个阶段，人都离不开人际交往。通过交往结成一定的人际关系，是个体能够适应环境和社会生活、担当一定社会角色，培养健全人格的基本途径。良好的人际交往可以产生积极的情绪状态，使人心情愉快地学习与生活，而人际交往不良则常常使人压抑苦闷。大学时期处于学习知识、了解社会、探索人生的重要发展时期，培养良好的人际交往能力、建立和谐的人际关系是每个大学生在校期间需要完成的重要任务之一。

第一节　人际交往概述

社会中的人总是处于一定的社会关系中，一个人要在人类社会中生存和发展，就少不了要与周围的人打交道，与他人建立良好的或正常的人际关系。当人际关系和谐时，人的心情就平静、舒畅；反之，人就会感到紧张、焦虑或孤独、寂寞。由于每个人从小生活的环境不同，接受的家庭教育不同，因此待人接物的态度不同、个性特点也不同。由于大学生处于青春期，矜持、闭锁、羞怯、自尊和冲动，使他们在人际交往中自我体验格外深刻。成功的交往使他们振奋，形成成就感。失败的交往带给他们痛苦，产生自卑、恐惧等心理。对于离开家庭来到学校过集体生活的大学生来说，如何与周围的同学友好相处，建立和谐的人际关系，是他们面临的一个重要的生活课题。

一、什么是人际交往

1. 人际交往的概念

人际交往是指个体通过一定的语言文字或者肢体动作、表情等表达手段将某种信息传递给其他个体的过程。认知、动机、情感、态度等都会影响人际交往。认知包括个体对自己与他人、他人与他人关系的了解与把握，它使个体能够在交往中更好地、有针对性地调节与他人的关系。动机在人际关系中有着引发、指向和强化功能。人与人的交往总是源于某种需要、愿望与诱因。情感因素是人际关系的重要调节因素，人们在交往过程中，总是伴随着一定的情感体验，如满意与不满意、喜爱与厌恶等，人们正是根据自身的情感体验不断调整人际关系。可以说，情感是人际关系中最重要的部分。态度是人际交往的重要变量，直接影响着人际关系的建立、形成与发展。

在交往的基础上形成的相对稳定的情感纽带是人际关系。一个人欲拥有良好的人际关系，其必要条件就是人际交往。人际关系的基础是人际交往。交往是一个动态过程，人际关系的建立与维持取决于人们之间内心的情感联系。交往相比人际关系来说是动态的，不确定性大，而人际关系一旦形成就具有相对的稳定性。这并不是说人际关系是固定的，而是说形成的人际关系变数很小。比如一段高中的友谊到了大学，即使双方不在同一个大学，也不会因为长时间的不交往而使这段友谊有很大的变化。关系也是一个动态的给予和获取的日常互动，它是一个动态的过程而不是一件稳定不变的事情。

据统计，大学生每天除了睡眠外，其余时间中有70%左右用于人际交往。也有人对成功人士进行分析，得出的结论为85%的成功人士有着良好的人际关系。因此，人际交往对大学生起着重要作用。

2. 人际交往的心理功能

大学时期是人生发展的特殊阶段，一方面，大学生离开熟悉的家人和朋友，异地求学，第一次独立面对全新的学习和生活环境；另一方面，大学生正处于特殊的心理发展阶段，自我意识迅速发展但尚不健全，更加渴求和谐的人际关系。因此，人际交往对大学生的成长与发展有着极其重要的意义。

3. 人际交往过程促进个体社会化的进程

所谓社会化，是个体从自然人转变为社会人的过程，是一个人接受文化规范形成独立自我的发展过程。人只有生活在一定的人际关系中成为社会化的个体，才能具有完整的人格和品行，才能学习和承担社会角色行为，才能获得社会公认的身份资格。在内心深处，将维持人际关系的原则纳入自己的价值体系来调节和支配行为，这是个体社会化发展不可缺少的重要环节。人际交往可以促进人们的社会化进程。通过交往，吸收交往对象的信息，以人为镜，人们可以更客观地认识自我。随着人际交往面的扩大，生活内容变得充实，这有利于摆脱孤独和烦躁情绪，让人拥有获得支持和印证的满足感。

4. 人际交往促进个体自我意识的完善

艾里克森认为，青少年时期重要的发展任务是建立自我统合感，明确自己在别人眼中的形象以及自己在社会群体中的位置。所谓自我统合感，是一个人自我一致的心理感受。如果自我感觉与其在他人心目中的印象是相称的，那么个体自我感觉和谐。生活在人类社会的丛林中，一个人如果没有同一性的感觉，就很难确定自身的存在，无法获得心理上的自我。人的自我认知和自我完善是在一定的文化环境中，通过个人和他人的相互作用、相互认识而实现的。与他人比较，接受他人的反馈，是自我意识形成的重要途径。在现实生活中，人们都喜欢自觉或不自觉地与人比较。通过比较，人们在进一步认识他人的过程中，也将他人对自己的评价作为参照来修正自己。正确认识自己和周围的环境，才能形成良好的自我形象，塑造完美的人格。

5. 人际交往促进个体之间信息的交流

英国作家萧伯纳说过：如果你有一个苹果，我有一个苹果，两人彼此交换，每人只有一个苹果；如果你有一种思想，我有一种思想，大家彼此交换，每个人就有了两种思想。这句话形象地说明了交往对于大学生知识的获得和信息的交流是多么重要。人际交往包括人与人之间发生的一切互动过程，其中主要是信息沟通，即人与人之间诸如情感、意向、思想、价值等方面的理解与沟通。有这样一句千古名言："独学而无友，孤陋而寡闻。"人们在与他人交流的过程中获取有效信息，弥补了靠自己的亲身体验获得的直接信息的不足，纠正错误认识，满足了学习、生活、个体发展的需要，扩大了知识领域，开阔了精神视野。

6. 人际交往促进个体的心理健康

人本主义心理学家马斯洛在研究人的需要层次时指出，一个人在生理需要得到满足之后就会追求更高级的需要，如安全需要、归属与爱的需要、自尊与尊重的需要，这些高级需要都是在人际交往中得到满足的。如果拥有良好的人际关系，就会产生心理安全感，对人更加信任、宽容。具有归属感的人更容易从朋友中得到理解和支持。爱的获得与给予，更是离不开人际互动。人们在人际交往中不仅可以得到他人的帮助，减少孤独和心灵的痛苦，而且可以减少心理的恐惧。与他人交往，可以宣泄自己的愤怒和不快乐的情绪，从而减少心理的压力。一般说来，心理健康水平较高的人通常具备积极交往的品质，能与朋友保持长久而深刻的关系。

综上所述，人际交往是大学生生活的重要组成部分，直接影响大学生的成长与发展，决定大学生的主观幸福感受。人际交往能力是大学生社会适应能力的综合表现，是大学生需要学习的社会技能。

二、影响人际交往的因素

既然人际交往具有如此重要的意义，那么到底哪些因素影响着人们的人际交往呢？研究表明，由于个体主客观多方面原因，影响大学生人际交往的因素也是复杂多样的。下面择其主要因素加以分析。

1. 认知因素

认知因素主要包括人们对自己、他人和交往活动本身的认知。人们通过交流，取得了相互了解，满足了交往的需要以后，才能情感相容，行为一致，因此，认知因素是影响交往过程的首要的、基本的心理成分。对己、对人、对交往活动这三方面的任何一个方面的认知出现偏差，都会影响交往行为，甚至成为交往障碍。因此，要正确认识自己，不过高或过低评价自己，避免交往中的盛气凌人或畏惧心理；要正确认识别人，具有包容之心，克服以偏概全、以貌取人等错误的概念；正确认识交往活动，既要重视相交，加深对交往在个体发展中作用的认识，又要正确认识交往的功能，转变交往就是人与人之间的相互利用的错误心理，还要注意避免由于不正确地认为人心难测，从而在交往中戒备心理过重的现象。

2. 情感因素

情感因素是人际交往中的主要特征。对人的好恶往往决定着交往双方的行为。因此在人际交往中，双方是否能实现情感的沟通和相容，影响着人际交往的效果和良好的人际关系的建立。如果交往双方情感相容，从而达到相互的认同和接纳，就会减少人际间的摩擦与冲突，情感因素就会成为建立良好人际关系的心理条件而始终贯彻于人际交往的过程之中。因此，一个人在与人交往的过程中要始终保持良好的情绪状态，对他人充满善意，友好相处，宽容大度，不因小事而斤斤计较；对生活充满希望，积极乐观，不因暂时的挫折而自暴自弃。

3. 人格因素

在交往的过程中，一个人的人格因素至关重要，并且这种因素的作用会随着交往的时间的推移越来越强。一个具有豁达大度、谦虚开朗、正直热情，坚强沉稳、尊重他人等良好人格特征的人，具有一种人格魅力，容易与他人建立很好的人际关系。

这种魅力不仅可以弥补个体气质中的某些不足之处，促进自己身心的健康发展，而且可以在学习和生活中寻找到真正的朋友。相反，人格不健全或心理品质不佳，不仅会影响自己和他人的关系，妨碍个人的成长与发展，而且不利于自己的身心健康，容易导致心理问题。因此，大学生要注重塑造健全的人格，不断修正和完善自我。

4. 时空接近因素

远亲不如近邻。空间距离是影响人际关系的一个重要因素。通常人与人之间在距离上越接近，交往机会越多，越容易认识和了解，感情上也越容易亲近，因此容易形成较密切关系。例如，一个学校的同学、一个宿舍的室友、来自一个地区的老乡。因此，大学生应注意与周围的人交往，在交往中寻找朋友，为自己营造良好的人际氛围。同时，还可以主动创造一些交往机会，缩短时空距离，与自己愿意与之结交的人交往。但要注意，一方面应当积极交往，另一方面也要把握好交往的“度”，不能过多，过频，否则不仅会使他人感到厌烦，而且会成为自己的负担，最终影响学习和生活。

5. 相似或互补因素

人与人之间的相似之处很多，如年龄、学历、兴趣、爱好、态度等。相似性在人际交往中有重要的意义，因为具有较多相似之处的人多趋于参加同类活动，更容易对社会上的人或事产生共同的看法和观点，因而也更容易互相沟通并产生感情上的共鸣，进而增加彼此的相互吸引，强化进一步交往的意识。俗话所说的“物以类聚，人以群分”，就是这个道理。有人曾做过实验，新生入学时随意分宿舍，三个月后进行自由组合，人们便会发现，态度相似志趣相投的人总是自愿地组合在一起。与相似相联系的是互补。当人意识到自己的某种不足时，会发自内心的羡慕具有这种特点或能力的人，愿意与其接近。当交往双方的需要和满足途径能够成为互补关系时，双方之间的喜欢程度也会增加。因此大学生在交往的过程中，一定要注意收获和付出的相互性，那种只想“拿来”而不想“给予”的人，不可能有现实意义上的交往，也不会获得真挚的友谊。从表面上看，相似与互补是矛盾的，但实际上，二者是协同的。在某种情况下，互补可能比相似更重要。

6. 能力与外貌因素

一个人的能力和外貌都会影响人际交往的效果。人际交往的最初动力就是外表吸引力。研究表明，人们不仅会被具有外表魅力的人吸引，还会认为这些人具备更美好的品质，能够拥有更幸福的生活。这种研究结果不管是在男人评价男人，女人评价女人，都没有不同，在男女互评的情况下，所得的结果也是相同的。当然事实上，外貌好不一定品质好，外表的吸引力对人们的适应能力和终生的幸福只起到微弱的作用。可是在人际交往中，尤其是交往的初始阶段，外表的吸引力是一个重要的影响因素。下面是一个关于外貌与社交吸引的著名研究。

沃尔斯特（E. Walster）等人的一个研究：让男女大学生 752 名（每两人成一对）进行了两个半小时的舞会。舞会结束时，询问学生是否希望再次同对方进行约会的结果表明，与希望再次约会的回答有关系的因素排在最前面的是对方的容貌。如表 8－1 所示。

表 8－1　希望再次同对方约会的百分比　%

	对方的容貌		
	丑的	一般的	美的
丑的男性	40	53	80
一般的男性	30	50	78
美的男性	4	37	58
丑的女性	53	56	92
一般的女性	35	69	71
美的女性	27	27	68

一个人的长相、穿着、风度等外貌特征也是影响人际交往的重要因素。这种影响在交往的初期更为显著。因此人们在提高内在素质的同时也要尽可能地注意外貌的修饰。

一般而言，人们都喜欢聪明能干的人，因为他们可以给人以帮助，同时他们较强的解决问题的能力和得体的言行举止会使人感到恰到好处而后赏心悦目，这就容易引起人们与之交往的欲望。“名人效应”便是这一现象的反应。同时，一个能力极强的人，也容易使他人产生卑下感，令人敬而远之，降低了吸引力。因此，大学生一方面应注重培养自己各方面的能力，同时也要始终注意谦虚礼让，尊重他人。

仰巴脚效应

心理学家阿龙森等人请被试根据主观感觉评价对录像中被访者喜欢的程度。被访者是大学生，访谈的内容是一样的，分四种情形：

第一位被访者才能杰出，完美无缺；

第二位被访者与第一位大同小异，只是有点紧张打翻了咖啡杯；

第三位被访者表现平平；

第四位被访者与第三位大同小异，又像第二位打翻了咖啡杯。

结果发现：大家最喜欢才能出众而且犯了错误的人，其次是才能杰出，完美无缺的人，最不喜欢才能平庸而又犯了错误的人。所谓仰巴脚效应，也称出丑效应或犯错误效应，它是指精明人不经意中犯点小错误，不仅瑕不掩瑜，反而使人觉得他具有和别人一样会犯错的缺点，也具有平凡的一面而使自己感到安全。

可见，最为人们欣赏的并非全能的人，而是精明中带点小缺点的人，也就是说白璧微瑕比洁白无瑕更令人喜爱。因为人们对他人有两种需要：一方面，希望与自己交往的人有好的才能，不仅经历愉快的交往过程，而且促使自己进步；另一方面，如果他人的才能过于完美，可望而不可即，自己会感到压力，难免会因己不如人而不安。可见，才能与被他人喜欢的程度在一定范围内成正比关系，越是才能出众的人越被他人欣赏、喜欢，但是超出一定范围对对方而言就成为了压力。

三、影响人际关系的心理效应

（一）首因效应

初到新环境，彼此素不相识的人第一次见面时留下的印象，叫“第一印象”，即首因效应。这个效应是指在信息呈现顺序中，首先呈现的信息比后来呈现的信息在印象形成中有更大的权重。首因效应在人际交往中所产生的作用体现在：如果初次见面给对方一个良好印象，这种印象往往会持续很长时间，会为以后的交往打下良好的基础；如果给对方一个不太好的第一印象，则往往需要经过长时间的努力才能挽回。第一印象很重要，它不仅为首次交往定下基调，甚至在双方交往很长时间后仍然会起作用，影响着对彼此的印象。例如：某人给你留下的第一印象是热情，即使日后看到他的冷淡，也会解释为偶尔为之。正面的、良好的第一印象，会促进交往，加深关系；负面的、不好的第一印象，则会阻碍交往。

以下是A君与B君的性格特征描述，看过以后你更喜欢谁？

A君：精明的、勤勉的、冲动的、善辩的、倔强的、嫉妒的；

B君：嫉妒的、倔强的、善辩的、精明的、冲动的、勤勉的。

曾有心理学家请同一群被试依据主观感觉评定对A君与B君的印象。研究发现，尽管两人六种性格特征完全相同，只是排列的先后顺序不同，却影响了被试对其印象的评定。一般说来，被试大多以前两项性格特征为主要评定依据，对A君形成正面印象，对B君形成负面印象，而且还用此来解释后面的性格特征。例如尽管都善辩，A君因为精明所以善辩，而B君因为倔强所以善辩，可以看出同样是善辩，但在两个人身上的意义是截然不同的。

2. 近因效应

与首因效应相对的是近因效应，即最近的印象的作用超过了一贯的认识，在评价中占据优势。这看似不可思议，生活中却常常发生。“士别三日，当刮目相看”就是近因效应的积极作用。近因效应产生于熟人之间，由于最近的一些信息，使过去形成的认识和印象发生了质的变化。近因效应与首因效应看起来似乎有些矛盾，其实这是一个问题的两个方面，两者都发挥着各自的作用。一般而言，交往很少或在交往初期，首因效应作用显著；彼此相当熟悉之后，近因效应的影响也非常显著。另外，人们的内在价值也有影响作用，自己喜欢的特点出现在首因效应中，首因效应的作用就大；反之亦然。

3. 晕轮效应

晕轮效应又称光环效应，是指对人的某些品质与特征形成了鲜明清晰的印象而掩盖了对其他品质与特征的知觉具备某种好的品质的人往往被人认为样样都好，而具备某种不好的特点的人往往被认为样样都不好。这是因为人们在了解某人时，对他的某种特征和品质有清晰明显的印象，由于这个印象非常突出，掩盖了对这个人其他特征和品质的了解。这是一种以点概面、以偏概全的反应。或者说这种突出的特征或品质像一个光环一样，把人笼罩起来，使观察者无法注意到他的其他特征和品质。例如，爱屋及乌，看到歌星、影星在台上光彩照人的形象，就觉得他们在各个方面都非常优秀，以至于产生盲目崇拜。晕轮效应的产生大都是在掌握知觉对象很少的情况下做出的总体判断，容易造成认知偏差。

4. 刻板效应

刻板效应也称定式，是指在人们头脑中存在着关于某一类事物或人物的比较固定、概括而笼统的看法。比如，认为老年人墨守成规，缺乏进取心；年轻人举止轻浮，办事不可靠；男性独立、理智、阳刚、有事业心；女性情绪化、敏感、温柔、有耐心；美国人民主，法国人浪漫等。社会刻板印象形成以后，这些固定的模式使认识他人的过程简单化，有利于人们在交往初期迅速了解某个人或某类人。其弊端在于不管交往对象是否具有该类人的特征，人们总是容易把社会对该类人的评价强加于对方，从而影响正常的交往。

案例　　孤单的小莉

小莉来自偏远的农村，进入大学后感到非常的不适应。她认为城里的人都很虚伪，也不愿意同她这样的农村人交朋友，所以常常独来独往，感到很孤独。她平时只与同宿舍的另一位来自农村的同学交往，在交往中也显得比较敏感多疑，防卫心很重，所以始终不能建立比较亲密的同伴关系。大学生活过去一年了，身边同学都交到了新朋友，有的更是已经成双成对，小莉感到更加空虚寂寞了，她为此焦虑、抑郁、常常哭泣。

要克服社会刻板印象的影响，就要调整自己的认知，认知包括对自己的认知，对他人的认知和对人际交往本身的认知。对人际交往本身的认知偏差“城里人都很虚伪，也不愿意跟她这样的农村人交朋友”影响了自己的交往的发展。其实无论农村或城市，都有虚伪和不虚伪的人，个体的差异永远大于群体的差异。因此，在交往中我们应当注意不戴有色眼镜，通过多观察、多了解再来评价一个人，防止以偏概全，以点带面。

5. 投射效应

投射效应是指内在心理的外在化，即以己度人，把自己的感情、意志、特征投射到他人身上。人们在交往中，总愿意把自己的某些特性归到交往对象身上，特别是在被了解对象和自己年龄、职业相同的时候更是如此。这种效应使人们在信息不足的情况下评价一个人时，往往会比实际上的那个人更像他自己。“以小人之心度君子之腹”“饱汉子不知饿汉子饥”就是典型的投射。当别人的行为与我们的不同时，我们习惯用自己的标准去衡量别人的行为，认为别人的行为违反常规；喜欢嫉妒的人常常将别人行为的动机归纳为嫉妒，如果别人对他稍微不恭敬，他便觉得别人在嫉妒自己。投射效应的实质是忽视个体差异，以为别人和自己愿望相同，喜好相同，结果造成许多误会。

第二节　大学生人际交往技能的培养

一、大学生人际交往的特点

1. 大学生人际交往的需要迫切

由于大学生思想活跃、精力充沛、兴趣广泛、活泼好动，他们力图通过交往去拓宽视野，获得同伴的认可、接受、尊重、信任，满足自己多方面的需求，对人际交往的需要往往比成人和中小学生都更迫切。

2. 大学生交往对象以同龄人为主

大学生学习、生活的环境决定了他们的交往对象是以同龄人为主的。众多的交往机会、相似的人生经历、共同的学习任务，使得大学生的交往对象更多地选择同寝室、同班、同乡等有相似背景的同学。交往的内容基本上围绕共同的话题，如学习、考试、娱乐、思想交流、情感沟通而展开。也正因为这个原因，大学生的同寝室同学或同班同学的人际交往在大学生的学习、生活中的作用日渐显现。随着社会对大学生实践能力的要求不断提高，越来越多的大学生积极参加社会实践、体验生活，从而把人际关系向社会工作群体扩展。

3. 大学生交往动机中功利性成分少而情感性成分多

大学生之间的交往更注重情感的沟通和交流，对其交往活动中的直接功利性动机一般不会持肯定态度。因为处于求学阶段，经济来源于家庭，因此经济方面的压力相对较小，交往中更注重精神方面的获益，往往带有理想主义的色彩。但这并不表明大学生不注重人际交往中的功利性成分。实际上，大学生人际交往中的功利性成分正呈上升趋势。

4. 大学生人际交往具有广泛性和时代性

随着信息社会的来临、计算机网络的飞速发展、现代化通信工具的普遍应用，当代大学生人际交往的广泛性与时代性特点显现无遗。以复旦大学调查结果为例：有的学生认为

“以寝室为中心”是最有效、最现实的社交方式，而在另一半的学生中，“社会工作”和“QQ”等新兴网络社交占了主导地位，远远高于“好朋友为主的小圈子型”传统方式。这一结果表明，网络人际交往在大学生的交往活动中所占的比例正在逐渐上升，这是当代大学生人际交往的一个重要特征。

5. 大学生异性之间的交往愿望强烈

由于性生理的成熟，性意识的唤醒，对异性产生了兴趣。大学生活又提供了异性同学交往的许多机会。因此，异性交往的愿望常常会变为交往的具体行动。

二、大学生人际交往原则

人际关系问题是大学生在学习、生活中常见的问题。它不仅影响学生的正常学习和生活，而且妨碍大学生的健康成长。大学生一方面处在特殊的生理、心理发育阶段；另一方面他们有较强的自我意识以及独立性。他们缺乏社会生活的经验，自制力不强，使得一些心理素质相对较差的同学难以适应大学生活环境和复杂的人际关系，常常因为一些客观的因素以及主观认知、情绪、人格等心理因素的偏差而走入了心理误区，以致出现像自卑、孤独、嫉妒、报复等交际障碍。这部分同学，一方面要意识到这些问题，确立健康的群体意识；另一方面要不断地完善自己的个性，培养高尚的人格品质，为今后走上社会打下良好的基础。

（一）平等原则

在人际交往中，必须讲求平等交往，每一个人，无论职务高低、知识多寡、贫富差距、身体强弱、年龄长幼、性别不同，在人格上都是平等的。如果在交际中出现以权压人、以势压人、恃强凌弱，把自己看得高人一等，把别人看得一钱不值，那就不可能有真正持久的人际关系，甚至可能会带来恶性循环的不良后果。因为渴望受到尊重是每个人的基本心理需求，自尊心是人的心灵里最敏感的角落，一旦挫伤一个人的自尊心，有时他会以十倍的疯狂、百倍的力量来与你抗衡。

（二）尊重

什么是尊？尊就是敬，尊就是高，尊才有地位，才会被人重视，才会被人恭敬、爱戴。一个人如果受到别人的尊重，就感觉活得幸福、有尊严。受到他人的尊重，我们的学习、工作、生活就有信心，有创造性，能成功。而要想得到别人的尊重，首先要学会尊重别人，学会为别人喝彩、鼓掌。一个人只有用一种善良的心态来对待别人，才会发现周围的人其实都有值得学习和借鉴之处。把喝彩和掌声送给别人，不是刻意抬高别人，贬低自己，更不是吹牛拍马，阿谀奉承，而是恰到好处地对别人进行肯定和尊重。为别人鼓掌、喝彩，正是在给自己的生命加油。当我们身处低谷，为别人鼓掌、喝彩，会看到希望，获得力量；当我们走向成功时，更要学会为别人鼓掌，同时就会获得对方的喝彩。我们要尊重别人的爱好、习惯、风俗，甚至于别人的隐私，尊重彼此存在的外显或内在的心理距离，不要轻易地去突破它，破坏它，否则就容易造成对方的戒备、反感和疏远。

（三）诚实守信

诚信是无形的“名片”，关乎一个人的形象和品质。“待人以诚而去其诈”，这是人际交往和相处的重要原则，只有言实意真，对方才能相信和接纳；相反，哄骗欺诈，有事不敢相托，则任何事也无法完成。不讲诚信者，不会有和谐的人际交往。只有言必信行必果，别人才有安全感。试想一下，有谁愿意与失信者多交往。

诚信是做人的基本素养，也是社会文明程度的标志。我们国家的经济发展可谓日新月异，精神文明建设也在不断加强。应该大力加强诚信教育。人际交往需要诚信，社会发展也需要诚信。我们需要用诚信来追求自己肝胆相照的友情；追求自己至死不渝的爱情；构建自己事业的基石；打造自己坚实的明天……没有诚信，我们的理想、友谊、爱情、事业和未来都将成为无源之水，无本之木。没有诚信，一切将变得虚无缥缈。因此，在人际交往中人们愈加追寻诚信之光。

诚信之光在哪里？它就在我们每一个人的心里。诚实做人，诚挚待人，诚信做事；真实地对待他人，不粉饰自己，不戴虚伪面具，去掉各种遮掩，体现真正的自我……这是我们对诚信之光应有的追求。当今社会对大学生的诚信有了更高的要求，不少学校都在为大学生建立诚信档案。诚信，是中华儿女的传统美德，是警世之珍宝，是为人处世、安身立命的根本原则。将心比心，谁都不愿意失去别人的信任。

（四）相互性原则

人际交往中，良好人际关系的建立有时可以简单到只是因为他很喜欢我，所以我就喜欢他；只是因为他关心我了，我也要关心他；因为对方帮助了自己，所以也要找机会帮助对方，这种互利互惠就是人际交往中相互性原则。人际关系要达到和谐，必须保持一定的平衡。任何一个好的关系都是双方受益，如果一方长期受损，这种关系是无法长久的。在交往中，只要我们肯让自己先退一步，给足对方的面子，肯在自己的底线上留有一定的弹性，肯与对方利益共享，共谋发展，那么，就一定能取得沟通的最佳效果，也一定能使人际关系变得更加和谐。喜欢别人的人也会得到别人的喜欢。

三、人际交往的技巧

（一）重视良好的第一印象

心理学家在研究人际交往时发现了首因效应，尽管第一印象多停留于表面，可能是一种肤浅的印象，但作为人际交往的基础，其作用仍然是不可小觑的。为此，我们大学生在交往时应注意自己的仪表，装扮要整洁得体，待人接物要开朗大方、尊重诚恳；与陌生人初次见面时，主动介绍自己，记住并叫出对方的名字；主动的向对方适当介绍一些自己的基本信息、兴趣爱好等；交往中展现出大学生青春活力，给对方以积极乐观的感受。

（二）学会倾听与交谈

许多大学生都非常关注自己是否善于表达，殊不知交际首先要学会倾听。因为说得好不好是技术问题，听得好不好却是修养问题。技术问题好解决，修养的提高却需要很大的工夫。在生活中，大家一定都有这样的体验：当我们说话时，我们总希望别人能够认真倾听，特别是在这个忙碌繁杂的社会里，倾听成为亲人和好友之间互赠的最好礼物。回忆自己的经历你可能遇到过这样的烦恼：当你在向朋友诉说你的烦恼时，对方无动于衷，并不能体会你的感受，你会感到很沮丧，感到不被理解和接纳。因此，在人际交往中，大学生有必要掌握积极倾听的技巧。具体而言，倾听需要沉着安静、耐心专注，还需要根据对方的话题作出适当的反应，谈到高兴的事情时点头微笑，谈到伤心的事情时面色沉重等。如果你不赞成对方的某些观点，也不要轻易打断别人的话题，实在需要这样做时，才可委婉地用商量的口气问一声“请允许我打断一下”或“请让我插一句”等，这样做会让对方感到你对他的尊重和理解，有助于你与对方的信任的建立和情感的融合。倾听时要从对方的立场来理解他的意思，只有这样，才能和对方产生同感、共鸣。

交谈是一门艺术，其中有不少技巧。

1. 要善于寻找话题

好话题的标准是至少有一方熟悉并善于交谈，或者大家都感兴趣、爱谈。在交谈过程中，当双方的兴趣和关注的焦点汇集在一起时，彼此才能顺利沟通，增进友情。

2. 要合理转换话题

有两种情况需要转换话题。一种情况是自己对谈论的话题失去兴趣，而对方却兴趣正浓，彼此很难谈到一块；另一种情况是自觉地观察到对方的反应，知趣地感受到对方不愿再谈下去的暗示。

3. 要控制谈话时间

当今时间非常宝贵，如果花了时间，听对方讲了一通冗长乏味的话，定是一件痛苦的事。因此在谈话中，应尽力遵循“省力法则”。用简明扼要、风趣幽默的语言，让人在最短的时间里欢快的交谈。

4. 注意语气语调

一次成功的交谈不仅取决于交谈的内容，而更多的是取决于交谈的神态、语气、动作等非言语信息，即所谓说什么不重要，怎么说才重要。同样的一句话，在不同场合、用不同的语调会有不同的效果。所以，我们在交谈的时候要注意场合，注意表现自己的友善之心。

（三）主动交往

要想让一个人尽快与自己从陌生走向熟悉进而成为朋友，就首先要丢弃你的“冷落”态度，率先发出你对他人的友好信号，因为处于主动地位的人总是比处于被动地位的人容易得到朋友。同时也要克服你的“怯场”心理——怯场心理同样会让你“出手”被动。此时要想到，你在别人面前是陌生的，别人在你面前同样也是陌生的，其心理和你是一样的——渴望得到友谊而又感到有些拘束。在这种情况下，如果你首先积极主动地伸出友谊之手，你就在使对方成为你的朋友上成功了一半。

大学生共同学习、生活，接触密切，这是建立友情的良好的客观条件，应充分利用这一条件，与同学保持适度的接触频率，才使人际关系不至于淡化甚至消失。切忌“有事有人，无事无人”。很多同学之所以缺乏成功的交往，仅仅是因为他们在人际交往中总是采取消极、被动、冷漠的退缩方式，总是期待友谊从天而降，这些人只做交往的被动响应者，不做交往的始动者。在人际交往中，别人是没有理由无缘无故对自己感兴趣的。大学生在交往中要注意主动与同学打招呼，主动和同学讲话，主动帮助别人，主动承担一些公共的工作，使同学了解自己也使自己了解同学。因此，如果你想与别人建立良好的人际关系，就必须主动交往。

（四）换位思考，学会欣赏

人海茫茫，两人相遇。是否想过，你和他相遇的几率究竟是几分之几？根据联合国的统计，全球人口大约六十亿，两人相遇的几率就为六十亿分之一，如此稀有，况且绝大多数人一辈子相互认识的也只不过寥寥几百人，相遇相识的缘分如此难得，为什么不好好珍惜呢？珍惜缘分，就应该学会理解欣赏对方，要学会“换位思考”，要善于从对方的角度和处境认知对方的观念、体会对方的情感、发现对方处理问题的个性方式。只有设身处地地多为别人着想，才能够最大限度地理解别人和发现对方的闪光点，从而欣赏对方。

从他人身上吸取对我们自身有益的东西，就如孔子所言："三人行必有我师，择其善而从之。"学会了欣赏他人的美丽，在现实生活中，就像置身于一个美不胜收的大花园，处处是绿草如茵，满眼是繁花绚丽，内心充满愉悦，充满爱与包容，不再苛求他人，少了许多焦虑与烦躁，就会觉得这世上处处皆美。有一天你也成了别人的风景，能够给予他人以启迪，生命因此而充实，如此循环，世界也就会越来越美丽。

（五）运用语言艺术

"良言一句三冬暖，恶语伤人六月寒。"这两句话告诉我们交往时要注意运用语言的艺术。语言艺术运用得好，就能优化人际交往。相反，如果不注意语言艺术，往往在无意间就出口伤人，产生矛盾。

1. 称呼得体

称呼反映出人们之间心理关系的密切程度。恰当得体的称呼，能使人获得一种心理满足，使对方感到亲切，交往便有了良好的心理气氛；称呼不得体，往往会引起对方的不快甚至愤怒，使交往受阻或中断。所以，在交往过程中，要根据对方的年龄、身份、职业等具体情况及交往的场合、双方关系的亲疏远近来决定对方的称呼。对长辈的称呼要尊敬，对同辈的称呼要亲切、友好，对关系密切的人可直呼其名，对不熟悉的要用全称。

2. 说话注意礼貌

正确运用语言，表达清楚、生动、准确、有感染力、逻辑性强，少用土语和方言，切忌平平淡淡、滥用辞藻、含含糊糊、干巴枯燥。

语音、语调、语速要恰当，要根据谈话的内容和场合，采取相应的语音、语调和语速。

讲笑话要注意对象、场合、分寸，以免笑话讲得不得体，伤害他人的自尊心。

适度地称赞对方：每个人都希望别人赞美自己的优点。如果我们能够发掘对方的优点，进行赞美，他会很乐意与你多交往。但是赞美要适度，要有具体内容，绝不能曲意逢迎。真诚的赞美往往能获得出乎意料的效果。

避免争论：大学生喜欢争论，但争论往往是在互不服输、面红耳赤、不愉快甚至演化成直接的人身攻击或严重的敌意中结束。这对人际关系的影响是显而易见的。因此大学生要尽量避免争论，转而通过讨论、协商的途径解决分歧。语言艺术运用得好，就能吸引和抓住对方，从内容到形式适应对方的心理需要、知识经验、双方关系及交往场合，使交往关系密切起来。

（六）掌握非语言艺术

非语言艺术一般包括眼神、手势、面部表情、姿态、位置、距离等。研究表明，在两个人面对面的沟通中，55%以上的信息交流是通过身体语言实现的。人们从经验中体会到，言语交际更多地用来说明思想，非语言交往更多的用来表达感情，掌握和运用好这种交往艺术，对大学生搞好人际交往是不可少的。"眼睛是心灵的窗户"，"眼睛像嘴一样会说话"，面部表情是内心情绪的外在表现，它们均能表达人的态度和情感。如眉飞色舞表示内心高兴，怒目圆睁表示愤怒等。交往中还可用肢体动作来表达思想，如微微前倾表示感兴趣，双手抱胸表示抗击和防卫。大学生在人际交往中根据谈话的内容和场合，正确运用非语言艺术，巧妙地表达自己的思想感情，有时能起到“此时无声胜有声”的作用。但非语言艺术要运用得恰到好处，不可过于频繁和夸张，以免给人手舞足蹈之感。

四、大学生人际交往中不良心理与调适

人际交往是一种非常复杂的动态过程。良好的人际关系可像春雨甘露一样滋润着大学生的心灵使之健康快乐成长、普遍渴望与他人交往，渴望得到友谊。但是，许多同学常常不能如愿，有严重的失败感。其中有社会的发展、新旧体制的转轨、东西方文化的碰撞以及家庭教育的滞后和学校教育的局限等因素的作用，也有个体的认识、情绪、人格等方面的原因。常见的心理障碍有：

（一）认知障碍

认知是指人在群体中对自我、他人的认识。认知可能正确，也可能是错误的。在交往中，凡是没有正确认识自己或他人，就会导致认知偏差。认知偏差在大学生人际交往中表现得比较突出。这是由青年期的特点所决定的，大学生阅历有限，了解人和社会较浅，心理上也不成熟。这种认知偏差主要表现为对自我的认知偏差，过低或过高地评价自己。交往是在平等、真诚相互满足双方需要的基础上实现的，而大学生却常常忽视平等互利的基本原则，与人交往时，有些人才华出众，能力颇强，或经济条件好，于是狂妄自大，目中无人，对不如己者则漠然处之，或有所贬损，不屑与人交往，表面看是对人际的超越态度，其实质是鼓励了自己。如有位女生，聪明漂亮，能力过人，还有一副动人的歌喉，刚入学时被班主任指定为临时班长。一个月后班干部改选，她被选为文娱委员，因为大家都觉得她担任文娱委员更可发挥特长。当另一个她认为智力和能力都不如她的女生当选班长后，她怎么也接受不了，为了表示自己的不满，一气之下辞去文娱委员一职，老师和同学都劝其为班集体服务，但她一意孤行，认为只有这样才能保持自我的尊严。为了这所谓的尊严，她从那以后很少参加集体活动，游离于集体之外，难以找到自己的位置，最终导致交往障碍。相反，有些人在交往中，看不到自己的价值，妄自菲薄，认为自己处处不如人，不敢充分展示自我，畏畏缩缩，遇事总是小心有余。本以为这样的行为可博得他人的同情，但事与愿违，一般人是不愿与这样的人交往。

（二）人格障碍

人格障碍是指一个人的品质不够健全，性格、气质上有某些消极因素，如有自卑感、怯懦心理、孤僻性格、偏执人格、嫉妒心理、控制欲强、霸道心理等，这些极易导致交往障碍。常见的人格障碍有以下几种：

1. 猜疑心理

猜疑心理是一种由主观推测而产生的不信任别人的复杂情感体验，是人际交往的一大心理障碍。

案例　“小心眼儿”的苦恼

我周围的同学、亲友们说我“小心眼儿”，有时候我也觉得自己对周围发生的事太敏感、太多心。遇事好往自己的身上贴，总是往不利的地方考虑，越想越生气，影响了人际关系，自己感到苦闷，也很孤独。看别人心情愉悦，人际关系和谐，我也是很羡慕，自己想改也不知从何入手，那么，这种心理问题的原因何在，如何才能克服？

在现实生活中，具有猜疑心理的人，总是以一种怀疑的眼光看人，对人怀有戒备之心，不肯讲真话，戴着一副假面具与人交往，喜欢捕风捉影，往往无中生有，搬弄是非，总把别人的善意当做恶意。总以为别人在议论自己，看不起自己，抱着“以邻为壑”的态度与人打交道，总爱斤斤计较，不顾别人利益，很少能体贴别人。这不仅损害交往关系，而且还会造成交往冲突和人际伤害，也影响个人的身心健康。《三国演义》中有这样一段描写：曹操刺杀董卓败露后，与陈宫一起逃至吕伯奢家。曹吕两家是世交。吕伯奢一见曹操到来，本想宰杀一头猪款待他，可是曹操因听到磨刀之声，又听说要“缚而杀之”，便大起疑心，以为要杀自己，于是不问青红皂白，拔剑误杀无辜。这是一出由猜疑心理导致的悲剧。喜欢猜疑的人特别注意留心外界和别人对自己的态度，对别人脱口而出的一句话很可能琢磨半天，努力发现其中的“潜台词”，这样便不能轻松自然地与人交往，久而久之不仅自己心情不好，也影响到人际关系。这种人心有疑惑，不愿公开，也少交心，整天闷闷不乐、郁郁寡欢。由于自我封闭，阻隔了外界信息的输入和人间真情的流露，便由怀疑别人发展到怀疑自己，怀疑自己的能力，失去信心，变得自卑、怯懦、消极、被动。

猜疑的人通常过于敏感。敏感并不一定是缺点，对事物敏感的人往往很有灵气，有创造力，但如果过于敏感，特别是与人交往时过于敏感，就需要想办法加以控制了。具体可采用以下几种方法：

（1）减弱注意程度，改变认知方式。猜疑大多与对人关注过度有关，过分地关注一个人，就会想得过多，凭想象下结论。因此，当发现自己开始怀疑别人时，可以暂时减少注意。现实生活中猜疑心理的产生和发展，大多都是认知方式被封闭性思路所主宰，从某一假想目标开始，最后又回到假想目标，就像一个圆圈一样，越画越粗，越画越圆。最典型的例子就是“疑人偷斧”的寓言。因此，当发现自己开始怀疑别人时，不要朝着有利于猜疑的方向思考，应当立即寻找产生怀疑的原因，问自己：为什么我要这样想？理由何在？如果怀疑是错的，还有哪几种可能发生的情况？在做出决定前，多问为什么是有利于冷静思索的。现实生活中许多猜疑，戳穿了是很可笑的，但在戳穿之前，由于猜疑者的头脑被封闭性思路所主宰，却会觉得他的猜疑顺理成章，此时，冷静思考显然十分必要。

（2）及时沟通，接触疑惑。世界上不被误会的人是没有的，关键是我们要有消除误会的能力与办法，如果误会得不到尽快的解除，就会发展为猜疑。所以加强与“怀疑”的对象沟通非常必要。同被怀疑者开诚布公的谈一谈，进行推心置腹的交心，若是误会，可以及时消除；若是看法不同，通过谈心，了解对方的想法，也很有好处；若真的证实了猜疑并非无端，那么，心平气和地讨论，也有可能使事情解决在冲突之前。

（3）培养自信心。猜疑大多是由于缺乏自信心而导致的。每个人都应当看到自己的长处，培养起自信心，相信自己会与周围处理好人际关系，会给人留下良好的印象。这样，当我们充满信心的进行工作和生活时，就不用担心自己的行为，也不会“小心眼儿”了。

（4）学会大智若愚。在一些生活细节上不必斤斤计较，不要在意别人的议论，可以糊涂些，这样就可以避免自找烦恼。

2. 嫉妒心理

又称“红眼病”，是指与他人比较，发现自己在才能、名誉、地位或境遇等方面不如别人而产生的一种由羞愧、愤怒、怨恨等组成的不良情绪状态，是一种既不能正确评价自己，又不能正确评价他人的不良心理。这种心理表现为对他人的长处和优势、荣誉和成绩十分不满，总是怕别人超过自己，抱有憎恨情绪，讽刺、挖苦、挑拨、中伤，甚至在“怒火中烧”的情况下，可能会铤而走险，采取报复行为而毁灭自己的前程。

嫉妒产生的特点是：

（1）临近性。嫉妒常常在同学、同事、同乡、同伴中存在。培根说：“人可以允许一个陌生人的发迹，却不能原谅一个身边的人上升。”

（2）相似性。嫉妒的对象大多是与自己年龄、文化程度、职业、地位相同或相似的人。

嫉妒的发展过程是：羡慕心理——憎恨心理——卑劣行为。除了轻微的嫉妒仅表现为内心的怨恨而不付诸行为外，绝大多数的嫉妒心理都伴随着发泄性行为，如言语上的冷嘲热讽、行为上的冷淡疏远和攻击性行为等。

教育心理学研究表明，下面几种类型的学生容易产生嫉妒心理：

虚荣心强的学生。这类学生爱表现自己，过分关心别人对自己的评价。当别人取代自己的位置成为大家关注的中心时，就会产生嫉妒心理。

独占欲强的学生。这类学生恨不得将所有的好事（荣誉、成绩、表扬等）都揽在自己身上，一旦他人得到一点，内心就不舒服。

耽于幻想的学生。这类学生发现别人比自己强时，不是努力去赶上别人，而是在想象中安慰自己，当现实无情的击破他们的幻想时，便会产生嫉妒心理。

幼稚、不成熟的学生。这类学生，人虽然已进入了大学，但“心理年龄”较低，不能全面地看问题，经常走极端，又不能从失败中吸取教训。当他们的愿望不能实现时，就会产生嫉妒心理。

羡慕他人的优势，能激发起一个人的奋发图强的精神。西班牙著名剧作家卡尔德隆说：“没有醋意的爱情等于没有灵魂的躯壳。”轻微的嫉妒可以促进爱情发展，这是嫉妒的积极方面。而荀况曾经说：“士有妒友，则贤交不亲；君有妒臣，则贤人不至。”嫉妒是人际交往中的心理障碍，嫉妒有以下几方面危害：

（1）嫉妒会使人心胸狭窄，目光短浅。与好嫉妒的人共处，很难真诚，很难持久。

（2）嫉妒的突出表现就是中伤别人，损害别人的自尊心，打击别人的进步，不利于同学之间的正常交往。

（3）嫉妒不仅危害别人，也危害自己的身心健康。《黄帝内经·素问》指出：“妒火中烧，可令人神不守舍，精力耗损，神气涣失，肾气闭寒，郁滞凝结，外邪入侵，精血不足，肾衰阳失，疾病滋生。”一名大学生长期处于嫉妒的心境之中，他就会在内心深处产生一种压抑感，给自己造成莫大的痛苦。正如法国大文豪巴尔扎克所说，嫉妒者所受的痛苦比任何人遭受的痛苦都大，因为自己的不幸和别人的幸福都会使他痛苦万分。

消除嫉妒心理的方法：

（1）树立正确的人生观和远大理想。嫉妒心理产生的根源是个人主义思想在作祟。有个人主义思想的人，对于个人利益斤斤计较；却容不得他人有超前的事实；心胸狭窄，心境阴暗，很多思想都是见不得人的。一个埋头于自己的事业追求的人是无暇顾及别人的事的。俗话说“无事生非”，一个人没有理想，胸无大志，无所事事，就会经常挑别人的刺，寻别人的短，自己不进取，却阻碍他人前进，唯愿众人都平庸度过。因此，有嫉妒心理的人要加强道德修养，克服个人主义思想，“心底无私天地宽”，树立远大理想，是根除嫉妒的重要方法。

(2) 学会将消极的嫉妒心理转化为积极的进步动力。将压力变动力，“别人比我强，我要虚心向别人学习。”将嫉妒对象的强项作为自己的努力目标，制定出切实可行的赶超计划，然后，通过自身的努力，去一步步缩小差距。而对于那些自己无法改变的缺陷（如身高、容貌等），则要勇敢的正视它，接受它，尽量不去与别人相比，多与自己的过去比，不要自寻烦恼去嫉妒别人。

(3) 加强沟通。嫉妒常常产生于相互缺乏了解，彼此又缺乏浓厚感情的人中间。因此，双方相互主动接近，多加帮助和协作，增进双方感情，将心比心，设身处地为别人着想，会逐渐消除嫉妒。为同学同事学习或工作上的进步而高兴，为别人取得成绩而高兴，这种宽大的胸怀会给你增加友谊，使你得到别人同样的对待。

案例　心理故事

19世纪初，肖邦从波兰流亡到巴黎。当时匈牙利钢琴家李斯特已蜚声乐坛，而肖邦还是一个默默无闻的小人物。然而李斯特对肖邦的才华却深为赞赏。怎样才能使肖邦在观众面前赢得声誉呢？李斯特想了妙法：那时候在钢琴演奏时，往往要把剧场的灯熄灭，一片黑暗，以便使观众能够聚精会神地听演奏。李斯特坐在钢琴面前，当灯一灭，就悄悄地让肖邦过来代替自己演奏。观众被美妙的钢琴演奏征服了。演奏完毕，灯亮时，人们既为出现了这位钢琴演奏的新星而高兴，又对李斯特推荐新秀深表钦佩。

3. 孤独心理

孤独是心理情感得不到理解、同情、关爱、支持的心理状态，是与别人缺乏心灵上的沟通、没有友谊、爱情和亲情的结果。从程度上划分，孤独有三个层次。

(1) 永远的孤独（天才的孤独）。这是在揭示自然、社会和人类精神世界规律过程中产生的，是对宇宙世界造物主的神奇伟大和人类自身渺小的矛盾处境无法解决油然而生的感叹心境，对客观规律无法抗拒的悲剧性哀叹心境。“大漠孤烟直，长河落日圆”“前不见古人，后不见来者”都是永远孤独的写照。这种深层的孤独一般只是在哲学家、思想家、艺术家、科学家等天才们身上才能有的，由于这种感受很难找到知音，与人沟通，因而是无法解脱的孤独，导致自杀的居多。梵·高、尼采是其代表。

(2) 病态的孤独（成功者的孤独）。事业上的成功者从一个无名小辈，经历无数次磨难，殚精竭虑、费尽心思，终于取得事业上的成功。但在金钱、荣誉、地位得到满足之后，“以后该怎么活下去”便成了无法回答的问题；自己高高在上，鹤立鸡群的地位，使他们又难以找到知音，很容易得上孤独症。

(3) 暂时的孤独（百姓的孤独）。这种层次的暂时的孤独，一般人都会遇到。现代都市的拥挤、单门独户、封闭的现代住宅、社会竞争的加剧、生存压力的加大、信息的泛滥、戴着面具的职业角色等，是孤独产生的外因；没有朋友推心置腹、没有亲人的关爱、初到人地两生的环境、被疾病困在床上、被不幸夺去原本自己拥有的器官、被人为限制在一个行动不自由的狭小天地、年老体衰面临死亡等，是孤独的内因。孤独寂寞使人产生种种消极心里，如绝望、烦闷、自我否定、自闭、情绪低落等。这种消极心理持续久了，会导致一系列生理变化，直接导致人体的疾病，如抑郁、孤僻、偏激、精神分裂、精神紊乱、心脏病、高血压、胃溃疡、消化不良、神经衰弱等。

大学生存在着孤独心理，只是暂时的孤独（百姓的孤独）。出生以来十几年第一次真正离开了父母，离开了中学好友，来到一个陌生的城市，没有新朋友倾诉心事，便感到孤独无援，非常需要新的友谊来补偿。从小父母的溺爱养成的自我为中心，又使得他很少考虑别人，没有主动帮助别人取得快乐的心理体验，难以与人和平相处，感觉知音难觅，虽然每天接触许多人，置身群体之中，但是由于缺乏心灵上的沟通，无法将自己的苦闷倾诉，更容易将自己封闭起来，加深了孤独的感觉。

摆脱孤独心理有以下四种方式：

（1）正确的评价自我，通过改变自我，使别人愿意接近自己。人的自我评价与孤独状态是互为因果关系的，自我评价过低的人不敢进行正常的社交活动，他们怕遭到拒绝，从而陷入了孤独。而孤独反过来又导致了更低的自我评价。孤独者应对自己进行一番冷静、客观、合理的估计，特别要留意发现自身的一些长处，以增强自己的自信。与人交往如果不知道说什么才好，或担心别人会不理你，也没关系，先从每天早上见面做起。如果每天都能以亲切的微笑来面对你的同学、同事，并不计较别人是否主动，是否也对你点头，坚持几天，你看看会有什么结果？日本心理学家箱崎总一说："对别人亲切正是免除自己本身孤独的第一步。"经过训练学会如何主动与对方谈话后，孤独感就会大为减少。

（2）积极主动去接近别人。摆脱孤独的最好的方法，是关心、帮助别人。当你看到周围的人有为难之处的时候，如果能主动伸出手去帮一把，很可能就为自己赢得了一位朋友，从而也帮助自己摆脱了孤独。在看到别人的长处同时，更重要的是要总结自己的优点，特别是要发扬光大自己的长处，使自己感到与别人是平等的，并要以这种心态去努力和别人交往，长此以往，就会改变因自卑造成的孤独。

（3）注意培养自己生活的乐趣或参加一些公益活动，引发新的追求。经常抽出一点时间主动接触别人，逐渐改变自己封闭的生活方式。平时有意识地参加一些群体活动，就会发现许多有趣的事和人，不知不觉地与他人融为一体。

（4）适当变换环境。摒弃离群索居导致的独处，避免滋生惰性，到新的环境，接受具有挑战性的工作能激发人的潜能与活力，随环境的变化而变换自己的心境，使自己始终保持健康向上的心理。

4. 社交恐惧症

社交恐惧症是一种以焦虑、自闭为主要特点的综合心理障碍。主要表现为：社交场所出现恐惧，在大庭广众下害怕被人注视，不敢看人，不敢讲话，或害怕会当众出丑，自我封闭，不敢交友，害怕社交；有社交的欲望得不到满足，由此产生焦虑、孤独；不敢面对挫折，由此逃避现实，觉得只有躲在没人的地方才安全。这实质是自己吓唬自己，总觉得别人对自己的一言一行非常关注，担心自己会出现错误而被别人嘲笑，总处于一种莫名的心理压力之下。

案例　　　　敏感的宋欣

女生宋欣的心里总有一个无法解开的结。中学时，一次上数学课，老师要求看前面的幻灯片，可不知为什么她的眼睛却总向她的后桌的方向看，当时她特别紧张，管不住自己的眼睛。大概她的波动情绪被后面的男生发现，男生们以咳嗽、清嗓子等方式发出怪动静。她是个学习好、自尊心强的女孩子，受不了他们这样的方式，又无法诉说和解释。于是她开始少说话，少出门。后来顺利上了职高，可越来越怕去公共场合，总觉得别人在背后指责她，好不容易盼到了放假，近两个月的假期生活，怕见亲戚、邻居、朋友，尤其对男性更敏感，每天闭门不出，郁郁寡欢，身体也越来越差。

社交恐惧症具体表现有以下几种：

（1）赤面恐惧。一般人在众人面前时，经常会由于害羞或不好意思而脸红，然而有的人对脸红过度焦虑，感到在人前脸红是十分羞耻的事，最后由于症状固着下来，则非常畏惧到众人面前，努力掩饰自己的脸庞，生怕被人觉察，并因此十分苦恼。

（2）视线恐惧。与别人见面时不能正视对方，自己的视线与对方的视线相遇就感到非常难堪，以至于眼睛不知道看哪儿才好。有的学生在上课时总是不能自觉地去注意自己旁边的同学，或总感到旁边的同学在注意自己，结果影响了上课，并给自己带来无比的痛苦。

（3）表情恐惧：总担心自己的面部表情会引起别人的反感，或被人看不起，对此惶恐不安。

（4）异性恐惧。在与异性或者自己的领导接触时，感到极大地压迫感，不知所措，甚至连话也说不出来。与自己熟识的同性及同事交往则不存在多大问题。

（5）口吃恐惧。有个同学一人独自朗读时，没有什么异常，但到别人面前时，谈话就难以进行，或话说到一半儿，就说不下去了。对此忧心忡忡，因不能顺利地与人交谈而感到非常苦恼。

社交恐惧症在我国很常见，患者对被人注视特别敏感，他们一旦发现别人注视自己就不自然，脸红，不敢抬头，眼睛不敢与人对视，甚至感到无地自容；因而不愿社交，特别害怕到公共场合去，在汽车或火车上不敢面对旅客就座，也不敢从成排的人面前走过。有些人只有在街上人少不易被人注意时才敢外出。这些回避行为加重了对社交恐惧的恶性循环。

克服社交恐惧症的方法：

（1）正确评价自我，消除自卑，发掘自身的优势：对自己应有正确的认识，过于自尊和盲目自卑都没有必要，事事处处得体，求全责备也是没有必要的，扬长避短是关键。比如，演讲能力不行，但是写作的能力不错，这也是自己的一个优势，自己并不比别人差什么。可以暗示自己：我只不过是集体中的一分子，谁也不会专门盯住我，注意我一个人的，摆脱过于在意别人评价的思维方式。

（2）满灌疗法。即主动有意识地纠正自己的心理障碍，反复接触引起恐惧的刺激，逐步适应，进而消除恐惧感。

（3）多为自己创造一些在大庭广众之下发表意见的机会；多增加和异性朋友交往的机会；感到紧张的时候，默念“放松、放松”。与别人交流，开始时不必正视大家的目光，把精力集中在自己的谈话上，然后逐渐有意识地调整自己，从容面对大家，用眼神、表情和听众交流，直到慢慢地消除掉恐惧感。

平时可以小试牛刀，练习专心看着别人的眼睛说话，开始时可能感觉比较尴尬，但可以给自己一些心理暗示：为什么不能大胆而自信地看着他呢？或者当成一场自己的小游戏：我就这么盯着他看，看他怎么办。

（4）给手一点事情做。在正式或非正式聚会场合，开始时不妨手里握住一样东西，如一本书、一块手帕或者其他小东西，这对于害羞的人来说，会感到舒服，还能获得一种安全感。台湾著名主播蔡永康在做节目时手里就老拿着一支笔，他说；“我观察过非常多的人，结果很多人没拿东西的时候，手就会没有地方摆，那时我真想递一支笔给他。”

（5）强迫自己做数次深长而有节奏的呼吸，这可以使紧张心情得以缓解，为建立自信心打下基础。

（6）做一些克服羞怯的运动。例如，将两脚平稳地站立，然后轻轻地把脚跟提起，坚持几秒钟放下，每次反复做30下，每天这样做二三次，可以消除心神不定的感觉。

胆量和能力都是锻炼的结果，要敢于说第一句话，敢于迈第一步。一旦这样做了，会发现自己不仅有能力把事情干好，而且有潜力把事情干得更好。

案例　　　　　　　　田中角容战胜口吃

田中角容是20世纪70年代日本的首相，他在学生时代是一个严重的口吃患者，他发现自己越是在众人面前说话就越口吃，这非但没使他退却，反而使他下决心克服口吃。于是他索性参加了学校的话剧团，迫使自己背台词，并要背得烂熟，否则无法登台演出。就这样，他百折不挠地锻炼，终于战胜口吃，不但话剧演得很成功，后来还参加竞选演讲，出任一届日本首相。可见有意识地锻炼是克服个性缺陷的一个好办法。

课程实践

活动一　心理测试

大学生人际关系综合诊断量表

这是一份人际关系行为困扰的诊断量表，共28个问题，在每个问题上，符合你自己实际情况的画“√”，不符合的画“×”。请你认真完成，然后阅读后面的计分办法和对测验结果的解释。

问卷：

（1）关于自己的烦恼有口难言。（　）
（2）和生人见面感觉不自然。（　）
（3）过分地羡慕和妒忌别人。（　）
（4）与异性交往太少。（　）
（5）对连续不断的会谈感到困难。（　）
（6）在社交场合感到紧张。（　）
（7）时常伤害别人。（　）
（8）与异性来往感觉不自然。（　）
（9）与一大群朋友在一起，常感到孤寂或失落。（　）
（10）极易受窘。（　）
（11）与别人不能和睦相处。（　）
（12）不知道与异性相处如何适可而止。（　）
（13）当不熟悉的人对自己倾诉他的生平遭遇以求同情时，自己常感到不自在。（　）
（14）担心别人对自己有什么坏印象。（　）
（15）总是尽力使别人赏识自己。（　）

(16) 暗自思慕异性。　(　)
(17) 时常避免表达自己的感受。　(　)
(18) 对自己的仪表（容貌）缺乏信心。　(　)
(19) 讨厌某人或被某人所讨厌。　(　)
(20) 瞧不起异性。　(　)
(21) 不能专注地倾听。　(　)
(22) 自己的烦恼无人可倾诉。　(　)
(23) 受别人排斥与冷漠。　(　)
(24) 被异性瞧不起。　(　)
(25) 不能广泛地听取各种意见、看法。　(　)
(26) 常因受伤害而暗自伤心。　(　)
(27) 常被别人谈论、愚弄。　(　)
(28) 与异性交往不知如何更好地相处。　(　)

评分标准：

画“√”的计1分，画“×”的计0分。

对测查结果的解释与建议：

如果你得到的总分是在。0～8分之间，那么说明你在与朋友相处上的困扰较少。你善于交谈，性格比较开朗，主动关心别人，你对周围的朋友都比较好，愿意和他们在一起，他们也都喜欢你，你们相处得不错。而且，你能够从与朋友相处中得到许多乐趣。你的生活是比较充实而且丰富多彩的，你与异性朋友也相处得很好。一句话，你不存在或较少存在交友方面的困扰，你善于与朋友相处，人缘很好，获得许多人的好感与赞同。

如果你得到的总分是在9～14分之间，那么，你与朋友相处存在一定程度的困扰。你的人缘很一般，换句话说，你和朋友的关系并不牢固，时好时坏，经常处在一种起伏波动的状态之中。

如果你得到的总分是在15～20分之间，就表明你在同朋友相处上的行为困扰较严重；分数超过20分，则表明你的人际关系的行为困扰程度很严重，而且在心理上出现较为明显的障碍。你可能不善于交谈，也可能是一个性格孤僻的人，不开朗，或者有明显的自高自大、讨人嫌的行为。

大学生在人际关系上所存在的一些心理健康问题，主要表现为自我中心、多疑、害羞、孤僻、自卑、嫉妒、社交恐惧症等。一些研究表明，人际关系不和谐的大学生，其个人的成才及其未来的成就会因此而受到严重的影响。及时地诊断并采取必要的措施予以治疗，是消除大学生人际关系方面心理障碍的较好途径。

活动二　自助阅读

(1)《人间游戏——人际关系心理学》. [美] Eric Berne，M. D. 田国秀，曾静，译. 北京：中国轻工业出版社.

(2)《人际关系心理学》. [日] 是本哲雄. 严文君，译. 北京：经济管理出版社.

第九章　大学生的恋爱与性心理

爱情是人类永恒的话题，恋爱是人生的必经之路，也是人生中重要的一环。鲜艳绚丽的爱情是美好的，也是浪漫的。健康的爱情能给人鼓舞、力量，给人带来精神上的激励，情绪上的欢愉，生活上的充实，事业上的信心，喷发出生命的潜能。而不健康的爱情给人精神上的痛苦，事业的挫败，甚至人生的创伤。我们每个人都渴望追求到属于自己那一份令人向往、美丽动人的爱情。大学是人生中积累知识增长才干的美好时期，也是追求自己美好幸福爱情的花园。然而，由于身心的发展刚刚走向成熟，真正的社会角色尚未确立，自我认识与调控能力还有待于发展，大学生对恋爱中出现的一系列问题尚缺乏应对的力量和技能，对恋爱、婚姻、家庭之间的关系尚不能清晰地认识和协调，对维护自己的性心理健康尚缺乏深入的思考和把握，大学生在恋爱、婚姻与性问题上易产生这样那样的问题，影响其身心健康和个人发展。因此，了解并拥有健康的恋爱心理与行为，做好走向婚姻的心理准备，维护自身的性心理健康是十分必要的。

第一节　大学生的恋爱心理概述

一、什么是爱情

（一）关于爱情

爱情是人类求偶活动中恋爱双方的特殊情感，并延续至婚姻或至老死。恋人间的爱情引发各种美德，包括：包容、接纳、原谅、信任、互助、保护、忍耐以至牺牲。中国古代婚姻以门当户对、开枝散叶为主，并且实行一夫多妻制数千年，婚姻大事不由当事人做主，是盲婚哑嫁、媒人牵线的婚姻制度。庶人则有一定程度的恋爱自由。西方在基督教传入后，以"爱"为中心的教义令西方人重视爱情，但皇室或贵族的婚姻依然以政治婚姻为主，因此历史上欧洲皇室贵族人物常有婚外情人；以我国为代表的东方，婚姻的地位凌驾爱情之上。但随着全球一体化，注重个人权利和平等自由的观念传播，以爱情为基础的婚姻观在世界各地大行其道。中世纪的西方，一些恋人因为某些不可逾越的道德或障碍不能结合。而对爱情的渴望和对恋人的相思使人们对爱情过度地看重。对爱情的执著激发了很多人通过诗歌、歌曲、技艺或武力去赢取爱情，或至少是引起心上人的注意。

在我国古代，爱情是诗人经常歌咏的题材，也是文学中永恒的主题。人间有情，世间有爱，所以我们心有所系，思有所念。诗人们将爱情中的欢乐与悲伤，焦虑、期待、思念、追忆等经历和感受写入诗篇。今天我们读来仍然感到刻骨铭心，魂牵梦萦，就像发生在我们眼前、身上，让人怦然心动。元好问曾说："恨人间，情是何物？直教生死相许"。金庸先生在他的《神雕侠侣》中曾有"问世间，情为何物？直教人生死相许"这样的诗句，那是从元好问的诗句中移植的。这些诗句道尽了爱情力量的伟大，痴情男女为爱牺牲不正应验了西方的名言"生命诚可贵，爱情价更高"。又像相恋中"心有灵犀一点通"的浓情蜜意；相别时“一日不见，如隔三秋”的相思之苦，也正是时下恋爱男女的写照。至于诗人李商隐《无题》中的名句：“春蚕到死丝方尽，蜡炬成灰泪始干”，一千多年来，有多少男女用这两句诗来向对方表达自己生死不渝的忠贞爱情。千百年来受其感动的读者恐怕是难以估计了！

（二）爱情的含义

爱情到底是什么？汉语词典中对爱情的解释是：名词，男女相爱的感情。恩格斯在《路德维希·费尔巴哈和德国古典哲学的终结》中把爱情定义为：人们彼此间以相互倾慕为基础的关系。而爱情这个词在科学实验中的定义：是身体的一种化学反应与激素的刺激，有时是通过气味找到具有基因互补性的对象，由此产生生理反应后进而影响心理反应。总体来讲，爱情有广义和狭义之分，广义的爱情是指关系到爱的情感都叫爱情。父子之情、亲友之情、师生之情等；狭义的爱情通常指男女之间的爱慕之情，人们通常意义上所说的爱情是狭义的爱情。在这样的层面上，爱情是人与人之间吸引的最强烈形式，是指心理成熟到一定程度的个体对异性个体产生有浪漫色彩的高级情感；是指一定社会经济文化状态下，男女间基于一定的社会基础和共同的生活理想，在各自内心形成的倾慕并渴望对方成为自己终身伴侣的一种强烈纯真专一的感情。

（三）社会心理学的“爱情三角理论”

耶鲁大学社会心理学家斯腾伯格认为所有的爱情体验都是由激情、亲密、承诺三大要素构成的。激情指的是一种情绪上的着迷，个人的外表和内在魅力是影响激情的最主要因素；亲密指的是两人心理上相互喜欢的感觉，包括对爱人的赞赏、照顾爱人的愿望、自我的展露和内心的沟通；承诺指的是个人内心或口头对爱的预期，是爱情中最理性的成分。

他根据激情、亲密和承诺三大要素组成了七种不同类型的爱情。斯腾伯格的爱情三角理论认为，爱情由三个基本成分组成：亲密、激情、承诺。他把这些成分形象的比作三角形的三个边（图9－1）。

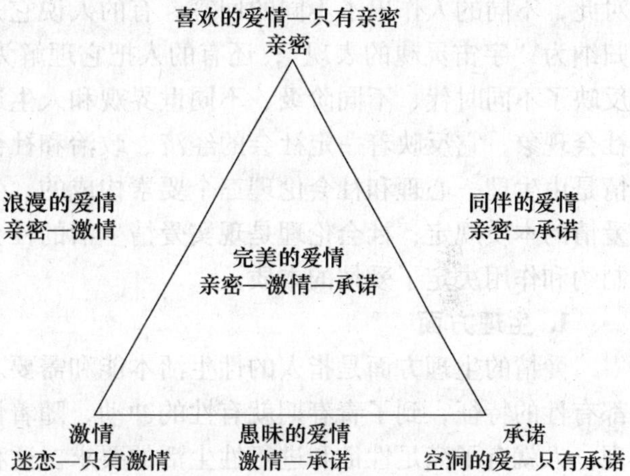

图9－1　斯腾伯格爱情三角理论

1. 喜欢式的爱情

只有亲密，没有激情和承诺，如友谊。显然友谊不是爱情，喜欢不等于爱。不过友谊还是有可能发展成为爱情的，尽管有人因为恋爱不成连友谊都丢了。

2. 迷恋式的爱情

只有激情，没有亲密和承诺，如初恋。第一次的恋爱总是充满了激情，却少了成熟与稳重，只是一种受到本能牵引和导向的青涩情感。

3. 空洞式的爱情

只有承诺，缺乏亲密和激情，如纯粹为了结婚的爱情。此类爱情看上去丰富，却缺少必要的内容，金玉其外，败絮其中。

4. 浪漫式的爱情

只有激情和亲密，没有承诺，这种爱情崇尚过程，不在乎结果。

5. 伴侣式的爱情

只有亲密和承诺，没有激情。跟空洞式的爱情差不多，没有激情的爱情还叫爱情吗？这里指的是四平八稳的婚姻，只有权利、义务，却没有感觉。

6. 愚蠢式的爱情

只有激情和承诺，没有亲密。没有亲密的激情顶多是生理上的冲动，而没有亲密的承诺不过是空头支票。

7. 完美式的爱情

包含激情、亲密和承诺。三个维度结合在一起才是圆满完美的爱，只有在这类爱情中我们才能看到爱情的本来面目。

随着时间的增加及相处方式的改变，上述三种成分将有所改变，爱情的三角形会因其中组成元素的增加，其形状与大小也会跟着改变。三角形的面积代表着爱情的质与量，三角形面积越大爱情就越丰富。

二、对爱情的正确理解

（一）爱情受生理、心理和社会伦理的综合影响

爱情是古老而常新的话题，千百年来一直为人们所关注。到底应该怎么样理解爱情呢?对此，不同的人作出了不同的回答。有的人说它是“人在自然状态下的肉欲”；有的人把它归纳为“宇宙灵魂的表现”；还有的人把它理解为纯粹的精神之恋……这些关于爱情的理解反映了不同时代、不同阶级、不同世界观和人生道德观的差异，也说明了爱情是一种复杂的社会现象，它反映着一定社会的经济、政治和社会意识的关系。当代社会条件下，人类的爱情是由生理、心理和社会伦理三个要素构成的。生理因素是基础；与之相联系的心理因素是爱情的本质规定；社会伦理是现实爱情生活的社会条件和形式。这三个要素相互联系、相互制约和作用决定了爱情的本质。

1. 生理方面

爱情的生理方面是指人的性生活本能和需要。性是人类的生物学本能，每一个正常的人都有性的特征，到了青春期就有性的冲动，随着性的成熟即第一性征的发达和第二性征的出现，人就有了满足性欲和进行性生活的要求。这种性的冲动和追求满足的意志，就是人们追求异性以及对异性产生爱的基础。

2. 心理方面

爱情的心理方面主要是指对异性的思想感情和爱人之间的心理相容。人类爱情生活与动物交配的一个根本不同点就是人的感情的存在。人的爱具有很强的选择性，这主要是指对爱的对象的一种思想感情。因为一个生理正常的异性容易找到，而思想感情相容的知己却需要寻觅。人们只爱与自己思想一致、感情相投的人，爱情必须以思想感情为根本标准。性爱能促进人们追求异性，情爱则决定人们有选择地爱某个特定的异性。如果说性爱是爱情的生理基础，那么情爱则是爱情的本质规定，爱情的生命就在于爱人之间的思想感情合拍。

3. 社会伦理方面

爱情的社会伦理方面是指爱情必须受社会伦理规范的约束，且通过一定的社会形式才能实现。原因如下：

（1）人与人之间的爱是在社会交往过程中萌发的，否则既不会产生爱情，也不会进行

爱的交往。

（2）人们的爱情生活受社会法律和道德制约。在恋爱阶段，恋人受道德、舆论限制，恋人之间的行为不能超过一定的道德规范，否则就会受到舆论的谴责。婚姻不但受到道德限制而且受到法律保护。

（3）爱情生活所采用的形式具有社会性。与动物不同的是人们的吃、穿、用需要是以人们的社会活动即劳动为基础的，人们通过合理合法的形式来享受爱情生活。恋爱、婚姻、家庭是爱情的社会形式。

恩格斯在《家庭、私有制和国家的起源》一书中，总结了婚姻、性爱发展史，对爱情作了社会的历史的分析，揭示了爱情的本质："现代的性爱同古代人的单纯的性要求，同厄洛斯情欲是根本不同的。第一，性爱是以所爱者的对应的爱为前提的；从这方面说，妇女处于同男子平等的地位，而在厄洛斯时代，决不是一向都征求妇女同意的。第二，性爱常常达到这样强烈和持久的程度，如果不能结合和彼此分离，对双方来说即使不是一个最大的不幸，也是一个大不幸。为了能彼此结合，双方甘冒很大的危险，直至拿生命孤注一掷，而这种事情在古代充其量只是在通奸的场合下才会发生。最后，对于性关系的评价，产生了一种新的道德标准，人们不禁要问它是婚姻的还是私通的？而且要问是不是由于爱和对应的爱而发生的？"恩格斯对爱情所作的科学概括阐明了爱情与性欲的本质，揭示了爱情所具有的基本特征，即爱情的自主性、对等性、排他性、持久性和道德性。

（二）爱情的特点

1. 爱情的相互性

所谓相互性，表现为一种平等的人际关系互动。无论是恋爱初期还是热恋阶段，或是走入了婚姻，男女双方是站在同一个水平线上进行交流的，相互了解、相互沟通而产生的相互爱慕。这种相互性使男女双方共同体验到爱情的滋味，自然地承担起两人世界里各自的角色，这也是确定爱情关系的必要准备。

同时，相互性也体现出男女双方在感情投入上的对等性。如果一方积极追求另一方，投入了大量的情感，而另一方无动于衷，我们称其为"剃头挑子一头热"，也就是单相思，这是构不成爱情的。如果一方已经移情别恋，而另一方仍在苦苦追寻，也构不成爱情。因此，爱情必然是一对男女在心灵上产生的碰撞，才能共同体验它的美好和幸福。

2. 爱情的排他性

爱情排他性的基础是人类的动物本能特点，性活动本来就是排他的。在动物世界里，我们常会观察到，两只雄性动物为争夺配偶而大打出手，甚至你死我活，这是在维护自己的性地位，为自己能够繁衍后代争得一席之地，从客观上也符合物竞天择、适者生存的原理，为动物组群的优化、繁衍奠定了基础。

就人类而言，爱情的排他性也有明显的表现。两人世界一经形成，是容不得第三者插足的，一旦两人中有一方出现了性背叛，爱情就会出现危机，甚至走向消亡。一方面，恋爱中的一方总是希望对方把爱情只投向自己，希望自己完全拥有对方的情感，倘若对方对别的异性感兴趣，就会诱发猜疑、嫉妒等情感体验，产生不良情绪，甚至对对方充满怨恨。另一方面，为了对所爱的人忠贞不渝，人们会自觉的约束自己的行为，用社会道德标准和行为规范要求自己，以使自己不对爱情之外的异性产生爱慕之情，保持情感的专一、持久。

3. 爱情的直觉性

民间把谈恋爱叫做"找对象"，一旦两人情投意合，便称之为"对上了象"。"对象"

这个词形象化的表现了爱情的自觉性，反映出人们对异性的外在形象和气质风度的感觉，影响爱情的发展。这种感觉是头脑中对未来伴侣的一种潜在的意象。当身边的异性与头脑中的意象基本吻合时，便产生积极的情绪体验，从而对他（她）心生爱慕；当身边的异性与头脑中的意象差距较大时，便不会产生爱情的感觉。

"一见钟情"是爱情直觉性的典型表现。相互间第一印象良好，会产生爱情的"首因效应"，正所谓先入为主。"情人眼里出西施"，可以在较短的时间内迅速拉近两人的心理距离，产生相互间的吸引力，使双方的关系有进一步发展的可能。同时，一见钟情也会产生爱情的"晕轮效应"，爱屋及乌，只看到对方的优点而看不到对方的缺点，或因倾心于对方的外表而忽略了对对方内心世界的了解。

4. 爱情的冲动性

爱情的冲动性表现为由于爱情的驱动，双方均会产生强烈的亲近欲望，人们用"一日不见如隔三秋"准确的形容了恋人之间的渴望相聚的情感状态。爱情的冲动性有两种表现；从积极意义上讲，爱情可以使人产生前所未有的爆发力，为了自己所爱的人幸福快乐，自己宁愿吃苦受累也在所不惜，潜在的勇气、力量和智慧被激发出来，能创造奇迹；从消极的意义上讲，爱情的冲动性会使恋爱的双方因沉溺于爱情的情感而减弱了对行为的控制力，甚至失去理智，做出令人遗憾、后悔的事情，有时甚至具有破坏性和攻击性，造成恶性事件。

（三）区分"爱情"与"友谊"

爱情必须以友谊为基础，但友谊不一定能发展成爱情。友谊和爱情是两种具有不同内涵的情感。

友谊，词典上解释为"朋友间的交情"。它是有相同兴趣、爱好或者性格相似的人的一种彼此关心、相互帮助的友情，是在心理相容基础上形成的个人之间强烈而深沉的情绪依恋。它不分男女，也没有范围和年龄的限制。友谊的最显著特点是不排斥他人，可以是三五人或更多的人形成的朋友关系。这种友谊可以是短期的，也可能是长久的。友谊结束不对彼此造成心理伤害，因为友谊是多元化的。

友谊不等于爱情，那么友谊与爱情的界线究竟是什么呢？

第一，友谊是广泛而不排他的，而爱情的显著而突出的特点就是排他性，这是一种抗拒其他人对自己爱慕对象予以任何性亲近的心理倾向。当两性之间存在的只是友情，那么他们彼此都不受约束并乐于和更多的异性交往。反之，如果两性间出现了爱情，那么任何一方都会对对方与其他异性交往表现出不悦、苦恼和嫉妒。

第二，友谊是一种平和、深沉的感情。爱情在感情上是冲动的、激荡的，这种冲动在强度上、力度上是友谊所不可比拟的。即使非常要好的朋友一般也不至于激动得难以自制。所以大学生要辨别友谊或者是爱情，可以从感情冲动的不同程度和表现形式上进行比较和观察。

第三，友谊与爱情的区别在于爱情的直觉性。所谓直觉性，就是人们常说的"一见钟情"。能否产生爱情往往在双方直觉性的感知中便可判断。而友谊是由双方的互酬因素决定的，在志趣相投、互相帮助等基础上产生的情感共鸣，一般地说是不存在直觉性的。

第四，友谊是公开的，不回避他人，不怕被人知道，在集体和公开的场合下都可以自由自在地充分表达。而爱情则不同，它显示出隐蔽性，不愿让人知道，不想让人看见的特点，是游离于集体之外且是两个个体单独进行的。但有时也会以集体活动作幌子，不过在集体中总能发现双方特别的关系。根据以上所说的四点区别，我们可以判断自己与异性同学是友谊关系还是超越了友谊而迈入了爱情范畴。

第二节　大学生恋爱的心理特点与心理健康

一、大学生恋爱的特点

（一）对恋爱持接纳态度

中国传统文化及伦理道德观虽对大学生影响较深，但随着时代的发展，当代大学生的恋爱观念日益开放。很多大学生对恋爱理解并持接纳态度，认为大学生已经是成人，恋爱是正常现象，只要两个人真心相爱，即使发生性行为也无需指责，不能用道德标准去批判大学生恋人的正常性行为。我国2005年出台的《普通高等学校学生管理规定》明文规定学校不得干涉和禁止本科生结婚。现在，许多学校对大学生谈恋爱的态度，已经逐渐走向开明和尊重。高校的各个角落都成了大学生的恋爱场所，校园湖畔边、绿荫下、草地上、自习室里……恋人们或牵手，或相互依偎的身影随处可见，校园恋情在阳光下自由绽放，人们对此也习以为常。而学校也开设了婚恋课和性教育等课程对学生的恋爱和性进行积极的引导。

（二）注重恋爱过程，对恋爱的结果不太在意

许多大学生注重恋爱过程本身，对于恋爱的结果已经不太在意。胡珍等（2000）调查的数据显示：非常同意“恋爱不求天长地久，只求曾经拥有”的大学生占8.3%，同意的占33.3%，两项合起来的占41.6%。当然，注重恋爱过程，不仅有利于双方互相了解、加深认识，也有利于培养感情、增加心理相容度。但是，如果只注重恋爱过程，把恋爱当做一种感情体验，及时行乐，借以寻求刺激，或者是为了排解寂寞，填补空虚，把恋爱当做一种消遣，这都容易导致恋爱关系脆弱化。比如，一位信奉“只重过程，不在乎结果”的男大学生先后谈了几个女朋友都不长久，后来他自己也感觉恋爱没什么意思，甚至开始怀疑世间是否真有感情，再也提不起精神去恋爱了。

（三）恋爱的动机多元化

大学生对爱情已经有了较为深刻的理解，对于是否在大学里谈恋爱，大多数学生能够持顺其自然的态度。但对于自己为什么谈恋爱，答案是各不相同的，表现出恋爱动机的多元化趋势。有的学生认为谈恋爱是为了体验爱情，满足自己的情感需要；有的学生认为谈恋爱是为了有人做伴，填补内心的空虚、寂寞；有的学生认为谈恋爱是为了显示自己的魅力，满足虚荣心；有的学生认为谈恋爱是为了找到自己的终身伴侣，以便未来拥有美好的婚姻和家庭；有的学生则认为谈恋爱是为了获得恋爱对象的经济援助，或仅仅是为了满足自己的生理需要，或是一种从众心理。

（四）恋爱行为更加主动、公开

向对方表达爱意往往是男孩主动、女孩被动。20世纪80年代，即使是男孩主动，也要经历较长时间的思考、犹豫和等待，才能表达出来。现在的学生则有所不同，只要喜欢和愿意，就敢表达，认为每个人都有表达爱的权利。女生也开始放下架子，主动向所喜欢的男生表达爱意。因为表达爱变得积极主动了，从相知、相爱到公开恋情的时间缩短了，所以新生

入校一两个月就谈恋爱的现象并不少见，而且行为越来越公开。走进任何一所大学，只要稍一留意就会看到成双成对的情侣手拉手走在校园里，他们一起吃饭，一起上课，一起上晚自习，形影不离。有的甚至旁若无人地做出一些亲昵的举动。

（五）追求现实的快乐和浪漫的内心体验

“不求天长地久，但求曾经拥有”，这是近年来大学生中流行的一句经典“名言”，反映出现今大学生的恋爱观。他们追求现实的快乐，并不一定想要相伴终身。有的恋人甚至事前说好了毕业就分手。从大学生恋爱动机上也能体现出这一点。另外，年轻人的冲动和激情又使大学生追求浪漫的内心体验。有一位男生为了向女孩表达爱意，把一份热情洋溢的爱情宣言贴在教学楼的广告栏里，引得众人驻足观看，结果赢得了女孩的芳心。追求爱的浪漫，使一些学生崇尚一见钟情，过分看重对方的外在表现，追求物质上的满足感和形式上的新奇，而忽略了对对方人品的考察和相互间的情感交流。

（六）对婚前性行为的理解、宽容程度呈上升趋势

调查显示40%左右的同学对婚前性行为持理解和宽容的态度，认为“只要真心相爱，无需指责”。传统的贞操观在大学生的思想观念中逐渐淡化。

二、恋爱对大学生的意义

1. 恋爱是人生历程中必不可少的情感经历

每个人都有着自己的人生历程，正如人的个性各不相同一样，人生的历程也是各具特色的。青春期的到来，使人真正感受到自己的成长，一个独一无二的内心的自我树立起。对异性的好感和恋爱的发生，成为一个走向成熟必然的情感过程。即使一个人选择独身，一辈子不谈恋爱，内心也会有这样的情感经历，只不过他把自己的情感体验压抑到了内心深处而已。

因此，在正常情况下每个人都要以自然、接纳的心态经历这一过程。大学生正处在体验这一过程的黄金时期，只有经历过这一时期，才会对爱有更深的认识，才会为以后的婚姻、家庭奠定情感基础，才会成为一个真正成熟的人。

2. 恋爱促进了大学生的成长和成熟

异性之间情感的发生，是一个人走向成熟的象征。由于中学时期主要的任务是学习，学习就是为了考大学，在这一强大动机的驱使下，一切都要给学习让路，青春期所产生的对异性的好感和关注被压抑了。即使有初恋情感的发生，双方也要把情感暂时搁置或封存起来，以学习为重，过自己单纯的学习生活，因为这样才会有精力和时间考上大学。大学给了一个人独立的空间和时间，是一个人告别学生时代走向社会生活的过渡时期。爱情的到来使大学生更清晰地意识到自己的独立，他们在品味爱情的酸甜苦辣的同时，学会揣摩、理解他人的内心感受，学会以成熟的方式与他人交流与沟通，学会承担责任，以便以一个成年人的态度进入社会。

3. 恋爱双方亲密关系的体验有益于未来家庭情感关系的发展

恋爱拉近了双方的心理距离，在两个陌生人之间建立起亲密的情感关系。这是除了亲情之外的一种亲密关系，在这个关系中，一个人要学习怎么去爱另一个人，怎样接受对方的爱，怎样使相互的尊重、理解和爱慕达到一种默契，以免因爱的过度依赖而使对方背上沉重的感情包袱，或是因为爱的表达方式不当使对方受到伤害。因此，建立亲密关系的过程是学

习人际沟通技巧的过程，是促进一个人的思维和行为走向成熟的过程。这一过程是未来家庭情感关系建立的前奏。亲密关系的良好体验有益于体会如何营造家庭和谐、温馨的氛围，如何增进家庭成员间的情感交流，如何使家庭成为幸福的港湾。即使是一次不成功的恋爱，也会给人以启迪和收益，为未来的生活提供经验。

4. 大学校园是有利于青年人孕育爱情、收获爱情的地方

这不仅是指大学校园绿树成荫、优雅安静的自然环境，更重要的是大学校园里独有的人文环境是社会上其他地方无可比拟的。首先，这里是青年人的集聚地，提供了青年人与异性交往的条件，同时也提供了择偶的机会；其次，大学生在年龄、资历、学识、兴趣等方面有众多的相似性，很容易沟通和交流；再次，大学生的学习环境相对较宽松，学习生活较单纯，没有生活琐事的烦扰，客观上为大学生提供了谈情说爱的时间。同时，学校里祥和、安宁、飘逸着书卷气、充满着青春活力的氛围，也有助于爱情的滋生。

三、构建健康的爱情心理

（一）摆正爱情的位置

“生命诚可贵，爱情价更高；若为自由故，二者皆可抛”这是裴多菲的著名诗句，简明地表达了爱情与事业在人生中所占的地位。爱情是人生的重要一部分，没有爱情的人生是不完美的，但爱情不是人生的根本宗旨，只为爱情而活着是苍白的，人生的主宰应当是事业。只有伟大的事业对人生才具有决定意义，因为人生的价值在于对社会的贡献。而今天的学习与未来的事业息息相关，是事业成功的主要基础。因此，我们必须帮助大学生树立崇高的理想，变“儿女情长”为胸怀大志，用理想的感召力焕发学习的激情，把兴奋中心转移到学习上，把学业放在第一位。我们认为大学生最好不要涉足爱河，毕竟大学时光短暂、学业繁重，人的精力有限，而且由于缺乏物质生活、人生经验等基础，求学时期并不是谈爱论婚的最佳时机，以谈恋爱去分散学习时间、消耗精神其实是得不偿失。等出色完成学业，在社会上立足了，不怕找不到合适的爱情。当然，实在是有缘找到了自己的真爱，也不必强制放弃，但是要摆正爱情位置，做到爱情服从学业，爱情促进学习，才是两全其美。

（二）科学地认识爱情

法国著名作家雨果曾说过：“人生有两次出生，头一次是在开始生活的那一天，第二次则是在萌发爱情的那一天”，足见爱情对人生的影响。对于情难自控、坠入爱河的男女学生，我们有必要帮助他们科学地认识爱情，客观地看待爱情，从而让他们在情感之路上走得稳当。世界上任何事物都是在矛盾中存在的，爱情也不例外，有它的矛盾性与两面性。

1. 愉悦与烦恼的统一

与心仪的对象一起相处，自然是一种莫大的愉悦。但因为对对方的期望太高，一旦两人产生碰撞就会是一种莫大的失落和烦恼。恋爱并非是一帆风顺的，所以要有足够的心理准备，在享受快乐的同时准备接受烦恼。

2. 权利与责任义务的统一

爱情是权利，每个人都可以去追求爱情和享受爱情，但同时爱情也意味着奉献，在自己快乐的同时也要考虑对方的幸福和快乐，甚至是为了成全对方而牺牲自己的快乐。把恋爱当游戏、当情感刺激，不顾后果，很可能会玩火自焚；单恋对方的人在表白后得不到回报，除了付出默默的关心和帮助外，切忌再纠缠、打扰对方；清醒地思考自己心目中存在的到底是普通的好感还是爱，好感只是欣赏对方，不一定愿意牺牲自我去成全对方，而真爱则愿意为对方付出一切，思考妥当了再决定迈出下一步。

3. 专注与选择的统一

恋爱的最佳境界是彼此的专注和忠诚，但同时在没有婚姻的约束之前，双方都有选择的权利，别人也有追求的权利。恋爱者如果没有足够的自信和实力就应坦然接受恋爱变故的现实。

（三）培养爱的能力

爱情需要学习和培养，每个人都有爱的能力。如何获得美好的爱情，如何去建立、发展健康的恋爱关系，检验着大学生爱的能力，这种能力既是多年成长过程中的积淀，也是个人未来发展的重要保障。

爱的能力是指和他人建立亲密关系的能力，它对人一生的发展有着重要的意义。具备了爱的能力，会引导一个人去真正地爱他人，也真正地爱自己，真正体验到爱给人带来的快乐和幸福。恋爱的过程也就是培养爱的能力的过程。在心理学家弗洛姆看来，“爱是人的一种主动的能力，一个突破把人和其他同伴分离之围墙的能力，一种使人和他人相联合的能力；爱使人克服了孤独和分离的感觉，但他允许他成为自己，允许他保持他的完整性。

爱是一种主动的活动，而不是一种被动的情感，它是分担而不是迷恋。在最一般意义上爱的主动性特征可以做这样的描述：爱主要是给予而不是接受。爱给予了什么，给予了他所具有的宝贵的东西，给予了他的生命。这并不意味着他为另一个人牺牲了生命，但是他给予另一个人的是他生命的活力；他给予另一个人的是他的欢乐、他的志趣、他的理解、他的知识、他的幽默、他的悲伤；他使另外一个人富有起来，通过提高他自己的生命感，提高了另外一个人的生命感。他并不为接受而给予，给予本身就是极大的快乐。但是在给予中，他不能不使另外一个人身心中的某些东西复苏，而且这种复苏过来的东西又反射给他自己；在真正的给予中，他禁不住接受了那些还给他的东西。给予暗示着使另外一个人也成为给予者，而且他们分享着他们共同使之复返生命的东西。

弗洛姆所讲的爱的主动性，包括关心、责任、尊重、认识。爱包括关心，爱是对我们所爱的生命成长的主动关注。缺乏这种主动的关注就不是爱。爱是对另外一个人的主动渗透，是对对方的尊重及责任感。

爱的能力的多个层面。爱的能力实际是一种综合的素质，既像上面讲到的首先个人要有爱的储备，同时又表现为爱的过程中许多方面的能力。

案例　　　　爱的困扰

我喜欢上一个女孩，她特开朗，一举一动都会牵动我的心。不过她有男朋友了，我也不想破坏她的感情，但是我听说她的男朋友是个特别花心的人，不值得信任。就连他自己也承认这一点。可她说自己就是不服气，想创造个奇迹，想改变他。了解那个男生的同学都说他们不可能成的，但她就是不肯放弃，她也许是个痴情的人。说心里话，我不想放弃她，不想她受到任何的伤害；我想得到她，给她幸福，给她快乐。我认为我可以比那个男孩做得好。我该怎么办？

同学，你会怎么回答这个同学的问题呢？

他该怎么办？这个案例反映出许多同学在恋爱中的困扰，也体现出一个人是否有爱的能力。

第一，识别爱的能力。先看故事中的女生，她对男朋友是爱情还是想证明自己能改变他的男朋友，想创造奇迹？而这个男生对女生是基于爱还是因为有竞争对手唤起了他的竞争的欲望？在爱情当中，人们常常以为是因为爱才和对方走在一起，其实这可能掺杂了许多其他心理因素或物质因素，也许是为了虚荣，或为了满足征服的欲望；也许为现实的利益，或仅仅因为性。识别自己内心世界的情感其实也需要勇气。有鉴别爱的能力的人，是自信也尊重别人的人；有鉴别爱的能力的人，会自然地与别人交往，主动扩展交往的范围，珍惜友谊，会尽量多地体验他人的感受。过于的自我孤立，过于站在自我的角度考虑问题，往往会对他人和我自我感受的认识发生偏离。

第二，表达爱的能力。如果像故事中所说，这个男生是真的想给女生以幸福和快乐，那他可以向这个女生去表达自己的情感。表达爱需要勇气，需要信心，要选用恰当的方式和语言。表达爱是在表明爱一个人也是幸福，即使可能得不到回报，也意味着要承担责任。

情人节

2 月 14 日是情人节。这一天相爱的人们会互赠礼物——象征着爱情的玫瑰和巧克力。在西方，没有恋人的大学生会男女配对，用数字抽签，也就是抽到 1 号的男生要送抽 1 号的女生玫瑰花，而 1 号的女生也要给 1 号男生送礼物。

其实这一天，任何人都可以送礼物给自己喜欢的人，送给父母、朋友、师长，这是一个向他人表达自己内心美好感受的节日。

第三，接受爱的能力。当别人抛过爱的绣球时，并不是所有的人都有勇气接受。有的同学会因为对自己过低的评价，觉得自己不配；有的认为自己不值得爱而不敢接受爱情。当然还可能害怕爱情伤害到自己而不敢去拥有。说到此我们发现，其实人最重要的是怎么看自己，能否有勇气接受爱情，很重要的一点是对自我的评价是否比较积极，是否有不管爱情成功与否都勇于面对的自信。

第四，拒绝爱的能力。有爱的能力的人不是对爱来者不拒，或者将认为不是自己的真爱就简单地拒之千里。有些同学在别人向自己示爱时会显得有些优柔寡断，怕伤害对方，又怕对方误会。

拒绝爱的能力首先表现为对他人的尊重，要感谢对方对自己的感情；其次要态度明确，表达清楚，讲清和对方只能是什么样的关系，同学还是一般朋友，或者什么都不是；再次是行动与语言要一致，可能有些同学怕对方受伤害，虽然语言上拒绝了对方，但是行动上还是与对方有较亲密的接触，如单独去看电影、吃饭等，使对方容易误解，认为还有机会，还纠缠在自己的情感中。

第五，解决爱的冲突的能力。相爱的双方发生冲突时很自然的事情，冲突一方面可能来自日常生活中的不一致，或不协调；另一方面可能来自于性格的差异。相爱的人不是寻求两人的一致，而是看如何协调、合作。爱需要包容、理解、体谅，要用建设性的方式去解决。沟通是非常有效的方式，恋人间需要有效的沟通，表达清楚自己的思想、感受。伤害性的争吵或者冷战都不利于问题的解决。

第六，面对失恋的心理承受力。失恋可谓是人生中一个很大的挫折，考验的是人的耐受挫折的能力。失恋使人产生痛苦是很自然的事，每个人都会有，只可能是程度不同。失去爱会使人感到一种重要关系的丧失，一种身份的丧失，需要一定的时间去面对和适应。培养承受失去爱的能力，首先，要学习怎么看待失恋。有些同学可能把失恋看做人生的一个巨大的失败，是一种自尊心的强烈受损，那就必然会有强烈的负性情绪体验。其实，失恋只是一种选择的结果，一个人不选择自己不等于自我就全面的失败，一无是处。每个人在爱的关系中，心理需要不同，看重的关键点不同。每个人都有可爱的一面，只是每个人欣赏的角度不同。其二，在失恋中学习，把失恋作为一种人生的财富。也许失恋给人带来的强烈的内心冲击是其他事件所不能代替的，这个过程中所体会到的情感、挣扎与痛苦，实为一笔人生财富，使人有了更多的人生体验，人会在失恋中变得更加成熟。其三，失恋给人再恋爱的机会。一次失恋不等于整个爱情生涯的结束，人还会再恋爱，再体验美好的爱情，只要用心去体验、去建设、去学习和感受。

第七，保持爱情长久的能力。保持爱情长久的能力，其实需要上面多种能力的综合。爱情需要两个人真正地关心对方。走进对方的内心世界，以对方的快乐为自己的快乐。要保持爱情的常新，需要智慧、耐力、持之以恒及付出心血，同时又有自己的个性，有自己的追求与发展。学新的东西，善于交流，欣赏对方，这些都是爱的重要源泉。

四、大学生爱情的困惑

（一）单恋与暗恋

1. 大学生产生单恋的原因

（1）爱幻想。这是造成单相思的主观因素。如果在现实生活中难以适应正常的恋爱生活，爱幻想者往往依据丰富的想象力，在幻想中得到异性的爱。

（2）信念误区。单相思者往往认为爱仅仅是投入，不要承诺，不要回报，不顾一切的精神恋爱才是世界上最伟大的恋爱。

（3）认知的偏差。单相思者是由于自己的认知偏差造成的，他们不能正确地对待被拒绝的事实，仅仅是为了自己的自尊心，而强迫自己追求到底。

心理学认为，人的认知是客观事物在人脑中的反映，这种反映有时因为受到主客观因素的干扰而出现偏差。生活中并不是所有的单相思都一定意味着悲剧。爱情的开始可以分为两大类。两人一见钟情到永远衷情，这是最完美的爱情。大多数的恋爱其实都始于单相思，他首先要感动的是自己，使自己处于一种激情之中，然后用这种激情去感动对方，最后两人共享爱与被爱的感觉，一厢情愿变成两厢情愿。而悲剧的单相思则是以一厢情愿开始，以一厢情愿结束。单相思是每个人都可能经历的一种心理状态。单相思本身并不是心理障碍，但盲目的、非理性的单相思，如果得不到合理疏导与调适就会导致心理失调。单相思的人渴望爱情而得不到它，在情绪上自然是郁郁寡欢，他们的视野和情感世界变得狭隘，生活失去乐趣，神情恍惚。久而久之，心理会逐渐失衡，轻者导致强迫性神经病，重者导致忧郁症，更严重者在行为上出现攻击倾向。这种攻击如指向外部可能是对思恋对象的攻击；如果指向内部，就是自杀。

2. 调适的方法

（1）客观、理性地对待恋爱问题。

其一，单恋往往是单恋者对对方的一往情深，一味看到对方的优点，从而造成一种偏差。因此要注意客观评价认识对方的言行，同时借助理性，努力从情感上调整自己，让理智战胜情感，消除爱情固执心理。

其二，如果你被单相思折磨得万分痛苦的时候，最简洁和安全的选择就是将心事告诉最亲密的朋友，绝不能压在心底。当你倾诉时朋友会帮你出谋划策，你会感到自己在相思路上并不寂寞，能倾吐心中淤积的爱意，把自己的焦虑和忧愁与朋友分担，会感到轻松。

（2）及时移情、移境，转移感情注意力。这是摆脱单恋苦恼的有效途径。移情就是恰当的转移自己的感情。如多参加集体活动或喜爱的文体娱乐活动，运动能够消耗部分淤积于内心的能量，使人意气风发、情绪高昂、获得自信与自尊。移境则是转换一个新的环境。如从距离或环境上远离痴心所爱的人，以免触景生情。随着时间的推移，你会发现“天涯何处无芳草”。

（3）大胆追求，勇于自我表露。单恋的困扰很大程度上是当事人不敢表露自己的爱意，当面临爱情时，顾虑重重、躲躲闪闪、犹豫不决，给自己带来很大的困惑。因此，向意中人明白地表达爱慕之情是摆脱单相思的直接方式。当你向意中人表达爱慕之情之后，如果他（她）接受你的爱当然是最好的，单恋转为双恋，爱的欢乐就取代了爱的痛苦；如果他（她）找出种种理由劝你放弃对他的爱，你就知道情缘已了，但交个朋友是不会被拒绝的；如果他（她）拒绝了你，你可以大哭一场或大怒一场，这对你来说也是人生必经的一次磨炼和情感体验；如果他（她）漠视了你，那你就应该对自己说他（她）不懂得爱，也不值得你去爱。尝试用批判的眼光去审视崇拜的对象也是一种非常有趣的情感体验。

（二）失恋

1. 大学生失恋的原因

（1）双方在交往中彼此思想、个性、情感产生分歧。这种情况在大学生恋爱中常见。曾经热恋过的两个人一方发现对方在思想、个性、情感方面不适合自己而提出分手，而另一方却依然留恋那段感情。

（2）一方见异思迁，移情别恋。这使没有心理准备的另一方承受很大的失恋痛苦。

（3）家庭和社会舆论的压力。相恋的双方缺乏勇气和信心，迫于社会的偏见和父母的威严，在外界的干涉下而痛苦分手。

（4）恋爱动机不纯。恋爱动机的纯洁和健康是保证恋爱顺利的重要基础。有些大学生谈恋爱不是出于爱情本身，而是因为生活的单调、寂寞、烦闷及虚荣心等。

2. 失恋可能导致的不良心理和行为

（1）自我欺骗。吃不到葡萄说葡萄酸。恋爱不成，说对方不适合自己，以平衡自己“求不得”的痛苦。

（2）盲目的补救。失恋后极少数大学生对抛弃自己的人一往情深，对爱情生活充满了美好回忆和幻想，否认失恋的痛苦，从而陷入单相思的泥潭，甚至做出一些与年龄、智力极不相符的幼稚行为。

（3）攻击报复。这是一种常见的发泄手段，是极度的占有欲望受到挫折而唤起的报复心理。如失恋后揭露对方隐私，无端造谣中伤；有的人失去理智，以陷害为手段；有的人转向攻击别人，寻找“替罪羊”来平衡自己的怒火，造成毁坏性的结局。

（4）抑郁、冷漠、孤僻。一些大学生失恋之后把痛苦埋在心底，充满了虚无感和失落感。表现出对生活极度冷淡，对异性有憎恶感，为人冷漠、孤僻；有些人为寻找精神寄托，以酒消愁、以烟解闷、麻醉自己；有些人从此嫉俗厌世、怀疑一切、或从此玩世不恭、得过且过、寻找刺激、发泄心中不满。

（5）悲观失望，轻生厌世。一些大学生失恋后情绪极度悲伤，自以为“看破红尘”“活得没意思”充满绝望、难堪和羞辱。失恋者的自卑、厌世、空虚、羞辱、悔恨等各种负面情绪极端强烈，导致心理失衡，性格异常。有的离家出走，有的甚至走上轻生之路。

3. 调适的方法

正确对待爱情挫折。不是每个人的爱情都那么美满、顺利，更多人的爱情是要经历不止一次的挫折的。遭受挫折后，大学生常见的两种负面情绪是悲观和仇恨。对自己悲观失望，自信全无，觉得人生灰暗、厌世，发展到极端就是自杀；对对方或别的追求者仇恨，觉得别人亏待了自己，发展到过激就是毁灭别人。这些都是社会不愿看到的悲剧，却发生过不止一例。

（1）自我调适。自我调适基于对“爱情”的科学认识。正确理解“爱情”二字，面对失恋的自我调适就会轻松得多。首先，不会因为情感失落而全盘否定自己。恋爱只是人生的一种经历而已，“天涯处处有芳草，不必单恋一枝花”，放弃了这个，还有更适合自己的人在等着呢。其次，及时把全部注意力转向学习，应该庆幸自己脱离爱情如同解除了一项羁绊，从此多了精力来读书务实，以求知上进来充实自我。再次，胸怀高远，不拘小节。对曾经的恋爱对象从心底尊重其选择，并祝愿对方从此更幸福快乐，自己也会因这份坦荡的心襟而继续快乐。毕竟人生才刚开始，前程无量，还有多少美好的事物等自己去开创，“心底无私天地宽”“退一步海阔天空”，都说明了这个道理。

（2）求助他人。如果自我调适难以奏效，那么作为当事人千万别憋闷自己，勇敢地去求助他人。

首先是朋友。爱情有一种固有的魔力使情感中的两人沉迷于狭窄的二人世界远离周围一切，在愉悦心情的同时也会因为时常的碰撞、摩擦闹得心情烦恼，甚至陷入深深的痛苦。而相对而言，友情是一剂慰藉心灵的良汤，不温不火、咸淡适中、火候正到，尤其是人在无助的时候，友情是最有力的支持。因此，沉在爱河的人也别脱离了友情。有道是“与朋友分享快乐，快乐就多了一倍；与朋友倾诉烦恼，烦恼就少了一半。”敞开心扉与朋友聊聊，朋友往往会因为旁观者清，给你有益的提示，驱散你心头的迷雾。多交朋友，友情无限，是充实心情的最好途径。

其次是老师。老师是学生的向导，是另一类朋友。心理老师或辅导员有自己的专业知识，能给学生以科学的指点，各高校应经常开展有关心理辅导的讲座，提升学生心理素质。学生遇到了情感的困惑也应主动以口头、书面或利用手机信息、网络交流等方式向老师倾诉，以得到有力的帮助，尽快走出迷茫状态。如果羞于找老师，可以通过阅读有关情感心理辅导方面的丛书，提升自我调节的能力，读书也等于与一位良师在交流。

再次是榜样。榜样的力量是无穷的，鼓舞了一代又一代的人。大学生应该多看一些励志题材的书籍、影片等，培养自信和积极向上的豪气，不要因为失恋的打击而萎靡不振。古往今来，许多伟人在爱情遭受挫折之后化痛苦为力量，反而成就了一番事业。歌德失恋后没有陷入深深的痛苦中，而是把自己破灭的爱情作为素材，写成了传世名作《少年维特之烦恼》，以此成为事业成功的起点。年轻的居里夫人因失恋有过向尘世告别的念头，但很快走出来投身于科学事业，在四年的大学生活中将全部精力投入学习，最后以优异成绩获得了两个学衔——物理硕士和数学硕士。罗曼·罗兰也曾饱尝被心上人抛弃的痛苦，他因此集中精力奋发创作，经过十年构思写作，完成了轰动世界文坛的名著《约翰·克利斯朵夫》。

（三）网恋

1.“网恋”的原因

（1）感情表露和角色错位是大学生网恋的主要原因之一。大学生从心理上说渴望能与同龄人交往。在网恋中，网络在缩短彼此时空距离的同时也在缩短着彼此的心理距离。网络社会中的人更难以觉察到别人的优点、缺点、需要等，甚至还从角色变化中找到了心中理想的快乐，因此网络成了他们的选择。然而在网络空间的游戏毕竟是单向的，网上聊天则是一种相对真实的交流，可以宣泄自己内心深处的快乐、烦恼、孤独、痛苦。在网上还可以根据自己的喜好扮演一个满意的角色，真实生活中的缺憾可以通过上网制造出来的虚拟来弥补。即使是性格内向、不善交流的大学生也能够在网上找到自信。

（2）很多大学生对谈恋爱都持“既不提倡，也不反对”的模糊态度。然而，对大学生来说，家庭与学校的压力使他们不便于公开的谈恋爱。而网恋具有隐蔽性的特点，不易被学校及父母发现。因此，网恋正被越来越多的大学生作为宣泄情感的一种方式。

（3）有失恋经历者更易尝试“网恋”。调查发现，网恋大学生中有55%的人都曾有失恋经历，这说明曾经在感情方面受过创伤或是失恋过的大学生更容易尝试网恋。按马斯洛的需要理论，处于“爱与隶属”需求层次的大学生更需要别人的接纳、关爱、欣赏和理解。当他们在现实生活中得不到这种需求或是在这方面遭受挫折和创伤时就会将这种需求转移，寻找其他途径补偿。网络的适时出现恰好迎合了大学生的这种需求。

（4）大学生的网恋具有多种心理类型。大学生网恋包括游戏型、感情寄托型、追求浪漫型、表现自我型、追求时尚型、随波逐流型等多种心理类型。不管哪一种类型，网络爱情的发展不外乎三种结果。一是网上无疾而终，这未必是件坏事，也许还可以拥有一份美好的回忆；二是发展到网下进行，结果却发现这个他（她）不是网上的那个他（她）了；三是网上恋人在现实生活中也真的是你要寻找的人，那么童话在你身上变成了现实。但是在现实生活中，这样的童话毕竟不多，我们看到更多的是网恋给当事人带来的痛苦与不幸。

（5）网络赋予人极大的想象空间。网恋是书面文字言语的交流，完全不同于传统的交流模式，为恋爱双方提供了极大的想象空间，满足了大学生对爱情的需求。相当一部分大学生，因具有浪漫情结选择了网恋的新奇、浪漫，试图给自己的大学学习、生活带来轻松和快乐。部分大学生甚至认为没有现实的局限，网恋可以比现实恋爱更生动、更精彩、更迅速、更直接。由于缺乏任何实际的接触，恋人们往往靠网上聊天的直觉和自己希望的形象来描绘对方，潜意识中赋予对方许多美好的特点，自己心目中的爱人往往聚集了古往今来一切爱情传说中最美好的优点，在这种情况下爱情也就显得格外优美。

（6）出于对异性的神秘的探询。尤其是缺乏性心理教育的大学生，他们对异性充满神秘感。但在现实生活中这些话题是不可触及的。而网恋一方面可以了解异性心理；另一方面也可以作为爱情的尝试。

2. 网恋的弊端

网恋给大学生提供了一个虚拟性与真实性并存的情感环境。一方面大学生可以在网上大胆而直接地与异性交往；另一方面，这种真真假假、半真半假、时真时假的交往又对大学生情感的健康发展产生了较大的影响。

（1）“网恋”占用大学生很多时间，减少了学习和锻炼机会，不利于身心健康。

（2）“网恋”双方缺乏真正了解，这种关系是脆弱的。

（3）“网恋”既费时间，又费精力，还费财力（月均30元），不利于大学生人格健全发展。一些大学生沉溺于网恋之中，减少了与同学和老师的交往，变的性格孤僻，严重者造成人格分裂。

3. 正确对待网恋

（1）开展丰富多彩的文体活动，培养大学生高尚情操。

（2）正确引导学生的人际交往。

（3）结合“网恋”的危害性加大青春期心理教育，疏导学生的情感障碍。大学阶段，大学生生理上的变化会使学生的心理失去平衡，失去对非道德诱惑的自控能力，最终成为“网恋”的俘虏。在日常工作中，要善于与学生进行情感交流，及时对学生进行心理疏导；在与异性交往或性教育问题上，要适时地进行正面疏导、反面警示，培养学生的自制能力，增强个人修养的信心和决心，抵制诱惑，成为网上求知的主人。

第三节　大学生的性心理问题与调适

谈到爱情，不能不谈到性。正如瓦西列夫所说：“爱情是本能和思想、是疯狂和理性、是自发性和自觉性、是一时的激情和道德修养、是感受的充实和想象的奔放、是残忍和慈悲、是餍足和饥渴、是淡泊和欲望、是烦恼和欢乐、是痛苦和快感、是光明和黑暗、爱情把人的种种体验熔为一炉。”

一、性

“性”这个词是从拉丁语一词演变而来。无论在中国还是在西方，已经存在几千年。“性”的科学含义可以概括为，人类的性是以生物繁衍的机能为基础，受特定的社会关系影响和人的心理因素支配的性行为。人类的性行为要受社会发展的影响、制约，人类性行为具有自然属性和社会属性。我们不能离开人的社会性，去单纯地理解人类性活动的自然属性。

正如马克思所说“吃、喝、生殖等，”固然是真正的人的机能。但是，如果加以抽象，使这些机能脱离人的其他活动领域并成为最后的和唯一的终极目的，那它们就是动物的机能”。这就是说，自然属性为人类的性活动提供了生理的机能和物质基础，但它还不是人类性的内在本质属性，人类的性和动物的性有着本质区别。人类的性行为在不同的时代、不同的社会发展时期会受到不同的道德观念、制度和法律的制约。现在包括性社会学在内的性科学系统已经成为当代社会文化的一个重要组成部分。无论性文化的色彩如何斑斓而令人陶醉，归根结底它受制于一定的社会条件，社会属性才是人类性的本质属性。

二、大学生性心理特征

随着性心理的发展，大学生多会出现一系列的性心理行为，如对性知识的兴趣和追求，对异性的爱慕、性欲望、性幻想、性冲动以及自慰行为等，具体地说大学生性的心理特征主要表现在以下几个方面：

（一）本能性欲与朦胧性

大学生性心理尤其是低年级学生的性心理，通常缺乏深刻的社会内容，基本上还是一种由生理上的急剧变化带来的本能作用。他们往往怀着好奇心，甚至罪恶心理，秘密探求性知识。他们常常在心中汇集自己童年少年时期所经历、所见过的与性有关的现象来解释性秘密。他们对异性产生浓厚的兴趣，好感和爱慕。当心理要求得不到满足时，便借助影视、图书等力图对性知识有一个明确、系统的了解。然而这种心理变化带来的性意识的觉醒和萌动，还披着一层朦胧的轻纱，正是在此基础上，在朦胧纷乱的心理变化中，性意识逐渐强烈和成熟起来。

（二）强烈性与文饰性

青年期心理发展的一个显著特点是闭锁性与求理解性，这就导致了其心理外显方式的文饰型。他们十分重视自己在异性心目中的印象、评价，但表面上却表现得无动于衷，不屑一顾，或者做出故意回避的样子。表面上他们好像很讨厌那种亲昵的动作，但实际上却十分希望体验。像这样心理上的需要与行为上的矛盾表现，使他们产生了种种的冲突苦恼。

（三）动荡性和压抑性

青年期是人一生中性能量旺盛的时期，但由于很多大学生性心理还不成熟，尚未形成稳定的、正确的性道德观和恋爱观，自控能力较弱。因而，他们此时的性心理发展极易受外界的不良影响而动荡不安。现实生活中五花八门的性信息传播，尤其是“黄色文化”的冲击，易使大学生的性意识受到错误强化，以致精神空虚，情趣低下，或沉湎于谈情说爱之中，甚至发生性过失、性犯罪。与此相反，另一些人由于性能量得不到合理疏导和升华，从而导致过分性压抑。少数人以扭曲的方式、不良的甚至是变态的行为表现出来，如“厕所文学”“课桌文学”，窥视癖、恋物癖等。

（四）男女性心理的差异性

大学生的性心理因性别的不同而有所差异。在对异性感情的流露上，男性表现得较为外显和热烈，女性往往表现得含蓄和深沉；在内心体验上，男性更多是新奇、喜悦和神秘，而女性则常常是心慌、羞涩和不知所措；在表达方式上，一般是男性较为主动，女性往往采取暗示的方式。不过，这种差异近年来有缩小的趋势。此外，男性的性冲动易被性视觉刺激唤起，而女性则易在听觉、触觉刺激下引起性兴奋。

三、影响大学生性心理的因素

大学生性观念的影响因素大致分为主体与环境两大部分。主体影响因素主要是大学生自身的性别、成长经历、个性，其中成长经历影响尤为大；环境因素包括家庭、学校、社会文化。

（一）主体影响因素

1. 性别

男女生理上的诸多差异，如性驱力的大小不一、生理结构的不同均会影响大学生的性观念。一般来说，表现在大学男生与女生持有的性观念在某些方面存有差别；也表现在面对一些性现象时男生、女生主体持有不一样的双重评价标准。是否能理解性别形成符合社会规范的性别角色，决定了大学生的性取向。由于文化的差异和社会历史的变迁，每个社会的性别角色标准都不是一成不变的，有时还会发生很大的变化，如当代一些大学生有异性化的倾向。但如今的大学生大都还是遵从较传统的性别角色标准，对于性别角色错乱持否定态度。大学生性取向不同，则性观念存在一些明显的区别，如大学生同性恋者与异性恋者对同性恋现象的态度区别。

2. 成长经历与个性

大学生的成长经历对其性观念具有广泛的影响作用。儿时与性有关的经历常潜在地对性观念起影响作用。儿童时期的口欲期是否得到很好的满足和过渡影响着成年后的心理状态，尤其是性心理，进而影响性观念。较早经历与性有关事件的人常常会有比同龄人早的性唤起，性意识会更加早熟，更易发生性行为，性观念更开放。成长经历对性观念的形成更多起正向的影响，即促成认可类似此经历的性观念的形成，偶尔起负向的影响，即不认可类似此现象的经历。

（二）环境影响因素

1. 家庭

家庭是孩子身心成长也是观念形成的启蒙环境。家庭环境对人身心发展的影响作用是相当广泛的，归纳起来，主要体现在两个方面。一是个性的形成，二是心理发展的方向和水平。大学生正值青春期，父母的性教育态度与方法影响着大学生的性观念。若是父母认为性是禁忌的，对性的提及敏感而小心，则易让孩子认为性是羞耻的、不可提的、应压抑的；若是父母过于开放地谈及，不考虑是否与孩子的性心理成长特点相匹配，则易让他们性早熟，性行为不羁。除此之外，部分大学生会潜移默化地习得父母的性观念。

2. 学校

目前学校性教育对大学生性观念的影响更多是一种缺失影响，即因为性教育的欠缺和无效而带给学生的影响。各级学校确实进行了程度不一的性教育，但对大学生的影响却甚微。大部分大学生极少有来源于学校的性知识与性观念。此外校园亚文化以及大学生人际交往中的同伴交往，对大学生性观念有明显的影响。获得同伴的认同是大学生自少年期便会存在的交往动机与适应方式。他们从同伴群体中获得认同与肯定，从而满足其成长等价值感。其中亦有从众的心理机制起作用。

3. 社会文化

大学生与性有关的信息大都通过书籍、网络、电影等渠道获取，这些都是社会文化的产物，属于补偿性的文化。所谓补偿性的文化是指内容与性爱密切相关的艺术，如爱情歌曲、言情小说及有关的影像等。色情文化的渗透常会促使大学生形成较开放的性观念，尤其是性行为观。它们对大学生性观念产生的影响是多方面且较大的，甚至会使大学生产生“晕轮效应”，不由自主地认同其性观念并模仿，从而便内化为自我的性观念。比如 A 片即成人色情片，便是性补偿的一种渠道。它通常是性行为过程的简单影像再现，对人体毫不掩饰地拍摄，没有电影的故事结构，是从视觉获得的性满足。在大学生尤其是男生中，收集 A 片，一起看 A 片是很普遍的现象。

另外，有宗教信仰的大学生而言，宗教信仰对性观念的影响是巨大的，很多源自于其带给大学生的崇高感。他们在性观念形成的关键时期通过“同化”的方式习得所信仰宗教的性观念。

四、大学生性心理困惑与调适

（一）性认识的误区

性认识的误区是指对性缺乏合理的看法。通常有两种较为极端的观点。

一种是受封建传统思想的影响，认为性是丑恶的、肮脏的，谈论性问题是不应该的，是低级下流的。有的人甚至期待柏拉图式的精神恋爱，不许恋人触碰自己，更不许提出性要求，否则就结束恋爱关系。这种情况多发生在女孩身上。有的女孩因为与恋人的一时冲动发生了性关系，就陷入深深的自责，产生负罪感，甚至导致自卑、自闭、抑郁等不良情绪状态，不能自拔。

另一种片面理解并盲目追崇西方性解放，性自由的潮流，随心所欲。有的人一谈恋爱便与恋人租房居住，过起了准夫妻的生活；有的人把两人的私密行为暴露在众目睽睽之下，公然在公共场所相互搂抱、接吻；有的人频繁更换恋爱对象，每一次恋爱经历都发生性关系；更有甚者，以同时与几个异性保持性关系为荣，沉溺于纷乱的感情纠葛中。

不良认知的形成与个人的成长经历和所受教育有关。解决这类问题，首先要了解这种认知的根源，如小时候有过性伤害经历的人，较易产生对性的反感和拒斥；父母有性自由观念和行为的人，其观念和行为也倾向于性开放。其次要通过正常途径了解性知识，认识到性健康的重要性。大学应开设性健康教育课，从性生理、性心理及性道德方面给予学生正确指导。再次，要通过与他人的交流与沟通，看到自己的性观念有失偏颇的一面，纠正不良观念，以社会能够接受的理念约束自己的行为。从根本上讲，性观念、性道德教育应当从小抓起，在小学就应该根据孩子的年龄特点开设这方面的课程，使学生通过正常的渠道获得正确的知识。

（二）体相的困扰

大学生对自己的性别特征或体貌不满而产生烦恼，也常常是心理咨询中面临的问题。一位男生因为脸上长满了青春痘而要求休学，原因是不想让同学看见自己的脸；一位学播音的女生因为自己的颚骨高，嘴大而产生深深的自卑感。甚至有的人会因为自己体貌上的一点不足而产生严重的心理障碍。有个女生因为自己有点胖就对“胖”及相关的词特别敏感，别人无意间的一句话一个眼神一阵哄笑都会觉得在嘲笑她。为了减轻体重，她开始不吃饭，但是食欲来了又抗不住，加上内心焦急，她便大量进食，吃过后再吐出来，反复这样做，破坏了植物性神经活动的平衡，最终身体是瘦下来了，但却患上了神经性厌食症。

出现这种问题，一般与青春期性意识的觉醒有关，由于对性别的感受越来越强烈，年轻人希望自己具备较完美的性别特征，以得到异性的青睐，故对自己体貌特征较挑剔。另一方面与学生的个性和自我接纳程度有关。过重看重他人尤其是异性对自己的评价，希望得到他人的认可和赞美，对自己的期望过高，做什么事都要求十全十美，自尊心强等，具有这种性格特点的人对自己要求高，容易因一点小事而自责，对自己的缺点和体相往往不接纳，出现心理问题。

对于体相的困扰，首先要使当事者客观的认识自己，接纳自己。尤其要认识到自己的优点，并以自己的优点对比体貌上的不足，从而认识到自我评价上的不足之处，接纳自己的优点和缺点。还可以通过向别人求证的办法，请好友或同学谈谈对自己的体貌的看法，纠正自己过激的不良自我评价，重新认识自己。其次，把注意力转移到日常的学习中去，减少对自己体相的关注，成就感会使人增强自信心，消解心中的烦恼。再次，对自己发展做出计划，积极促进自我成长，展示自己的人格魅力，增强自身的内在力量，以丰富的自我形象赢得他人的认同和赞扬。

此外，假如对自己的性生理特征感到疑惑或不满，必须先看医生，排除生理上的问题，然后进行必要的心理调整。

（三）性别认同的偏差

性别认同的偏差主要表现在认同异性性别，习得异性的主要行为方式，甚至不喜欢自己的性别等。轻者表现为行为方式上的男性女性化或女性男性化，其性取向仍是朝向异性的。重者则表现异性自居，性取向指向同性，对异性没有兴趣，甚至出现同性恋或易性症倾向。

产生性别认同偏差的原因，首先与家庭教养不当有关。有的家庭不注意对孩子性别意识的影响，因为家长喜欢男孩，就在女儿面前有意无意地贬低女孩，把女儿当做男孩养；有的家长怕孩子太调皮或受欺负，总让儿子与女孩子玩；有的家庭性别比例失调，性别单一明显，孩子的性别认同也会受到影响。其次是青春期的性意识未得到及时、有效的强化。身体发育使青少年感受到身体的变化，真正认识到自己的性别。大多数孩子会认同自己的性别，并对符合性别的行为自觉的给予强化，以吸引异性的注意。而有女性化特点的男孩或男性化特点的女孩，内心则会产生矛盾冲突，如果冲突不能及时化解，向着有利于性别认同的方向发展，就有可能更加排斥自己的性别，故青春期的性教育尤其重要。

从调整策略上讲，首先要认识到自己性别认识上的偏差，有意识地进行改变。其次要树立榜样，模仿学习。暗中观察周围的人，以同性中最具性别特点的一个同学为榜样，观察学习她（他）的行为，模仿她（他）的为人处世的方式甚至衣着打扮，使自己从行为的改变中意识到认同自身性别的意义。再次要从实际生活中，文学作品里加深自己对爱情的理解和对异性的感受，培养对异性的兴趣，了解身边的异性对自己的评价，强化自己的性别意识。

（四）过度的自慰行为

自慰行为，是指人为的（用手或物）刺激自己的生殖器，引起性冲动，获得性快感，满足性欲望的行为。我国传统的观点认为自慰是羞耻，下流的、会影响性功能，影响生殖系统的功能，会损伤身体。有人甚至认为自慰是不道德的，故俗称为手淫。现代医学认为自慰是一种性宣泄的方式，是性补偿行为。它通常不会造成伤害，反而有利于缓解压力。一般男性自慰行为比女性发生率高。但这并不说明自慰是必须的，是随心所欲的。过多的自慰行为对身体是有害的。比如，频繁的刺激生殖器会使其敏感度降低，增加性唤起的难度，对性功能产生不良影响；由于自慰时不讲卫生，会导致生殖器发炎等。

过度自慰的不良影响更多地体现在心理方面，即对自慰行为的担忧，恐惧，自责，罪恶感等。由于这些不良的感受，加重了当事者的心理负担，而自慰行为又难以控制，如此恶性循环，使当事者产生心理冲突，甚至感到焦虑，抑郁，自卑，不能自拔。

自慰行为的发生与青春期的性体验有直接关系。偶然的性刺激引起了性快感，出于对这种体验的好奇或向往，便发生自慰行为。或由于一些影视资料，文学作品中对性行为的描述过于直白，诱发了自慰行为。个别学生的过度自慰则与沉溺于黄色光碟、黄色网站、黄色图片等有关。

要正确看待自慰行为。认识到适度的自慰是无害的，是青年人缓解性压力的手段，无须感到自卑，自罪。作为自己的隐私，也无须让他人知道。同时也不能放纵自己，要有度。为避免行为过度，不妨注意以下几个方面。其一，避免不必要的性刺激，杜绝黄色毒品的影响，减少对性的关注。其二，养成良好的生活习惯和作息制度，让生活充实有序，有成就感。其三，让身体活动起来，多参加体育活动或文艺活动，在丰富的业余生活中释放旺盛精力。其四，加强同学间的沟通和交流，多参加一些男女同学共同参与的活动。其五，学会控制自己的行为，以坚强的意志战胜自我。

五、大学生维护性心理健康的途径

性心理健康问题是大学生常见的心理问题，而性是一个人心底最深的秘密。有些大学生有性心理困扰但不知如何解决，严重影响了心理健康。因此，大学生需要通过多种途径来维护自己的性心理健康。

（一）掌握科学的性知识

作为大学生，应该对“性”有一个科学的认识。性包含着丰富的内涵，而性科学是一门综合性的学问，它包括性生理学，性心理学，性社会学，性伦理学，性美学等。性生理学从生理解剖和遗传学上揭示了两性在生理构造上的区别、性器官的功能及性本能的产生，揭示了性的产生、发展和成熟的规律。学习性生理学可以使人们去掉性禁忌，减少性神秘感，降低性压抑。性心理学包括性欲和性爱心理、性别角色心理、恋爱婚姻心理及性变态心理等。了解这些科学知识，能够帮助人们了解自己性心理的发展，学会承担自己的性别角色，正确调控自己的性心理。性社会学揭示了性行为的社会属性，强调人要对自身生理的性进行控制，使其符合社会规范，以促进个人身心健康发展和社会安定繁荣。性美学可以使人们了解如何使个人性行为符合审美需要……因此，大学生应当努力学习掌握性科学知识，避免性无知，消除把性仅仅看做生物的本能的片面认识。面对社会文化中的性信息，大学生要提高自我鉴别能力，自觉抵制不良性文化的影响。

（二）认同自己的性别角色

性别角色意识是一个人社会化成熟与否的重要体现，是心理健康的重要标志。当代大学生应当在生物生理、社会心理和社会、经济、文化参与以及政治方面，进行合乎科学、合乎道德、合乎时代要求的全面的角色认同。大学生应当接纳和欣赏自己的性别角色，发展出适应时代要求的优秀个性特点，如坚毅与刚强，温柔与关爱等。这些特点是现代人必备的个性品质，它们已经不再专属于传统的男性特点与女性特点，性别角色的认同和胜任是现代人成功适应和发展的重要心理基础。

（三）对性行为负有责任感

如果性行为只停留在自慰、性梦等方式的自我宣泄，不会影响他人。但是如果性行为涉及另一个人，那么便关系到许多社会责任。性行为可能会给双方造成肉体和心灵上的伤害。在大学生活中，有的因发生性关系而感到自卑内疚，有的堕胎流产，有的甚至受到学校的处分和法律的制裁。当一个大学生在性方面拥有了短时间的兴奋和满足后，需要思考自己能否承担起这“一时之快”之后的沉重责任。每一个成熟的大学生都应了解个人行为给自我、他人和社会带来的后果，尊重自我，尊重他人，对自己的行为负起责任。大学生要增强自己的性道德和性法律意识，用道德和法律规范自己的性行为。

一位 ID 为“绝缘 123”的网友发帖求助，希望有好心网友收养她刚出生的儿子。“绝缘

123”是一名大四学生，他的男朋友才读大三，她和男朋友因一时冲动，让孩子来到这个世界。他们不想把这事搞大，所以没有向民政局和妇联求助，而且也不想让家人和学校知道，所以也没有向家人求助。由于他们没有能力抚养孩子，所以希望有能力的好心人能够领养他。“绝缘123”和男友发生性关系时绝没有想到这样的后果。但是他们自己的经济尚未独立，只有将孩子送人。试想这样草率的性行为会对这个孩子的未来和他们自己的未来造成多么严重的影响!

（四）积极地进行自我调节

性欲是正常的，在科学和正确的性观念指引下，性可以使人们的身心更加健康，生活更加愉快，精力更加充沛。但对许多大学生而言，并没有条件通过性交来满足性需求。因此，他们需要适当调控自己的性欲。对于性冲动，可以采取一些积极的、富有建设性的、符合社会规范的方式来取代或升华。例如，通过投入学习、工作和参加各种文体活动以及男女正常交往等多种合理途径，陶冶个人的情操。

（五）适度地进行异性交往

适度地进行异性交往，可以满足青年期性心理的需求，缓解性压抑。与异性交往有益于完善自我，对个人的恋爱婚姻及成才发展具有重要的作用。但大学生在与异性交往时要注意把握分寸，注意场合，规范行为，处理好“友情”与“恋爱”的关系。大学生更应当学会自我保护，女生晚上尽量不要单独外出，要敢于勇敢地说“不”，要以严厉的态度制止和反抗性骚扰，必要时应向别人呼救或向公安部门寻求帮助。对于受到性骚扰的经历，不要过分恐惧和自责，因为你是无辜者，谁也无法避免遇到突如其来的意外骚扰事件。为了更快地排除自己的心理困扰，可以向父母、老师、知心朋友宣泄自己的情绪，也可以寻求心理咨询帮助。

课程实践

活动一　心理测试

爱情温度计——你的恋爱观

恋爱是人生美好的彩虹，是两颗年轻的心碰撞产生的火花。恋爱作为婚姻的前奏，恋爱心理和恋爱方式是重要的，而决定这种心理和方式的根本因素——恋爱观，则更为重要。恋爱观就是对恋爱问题的看法。它表现出年轻人对美的认知尺度、择偶的标准、恋爱的目的、方式以及对幸福伴侣的理解等。你或许正在绿荫下徘徊，渴望着爱神的降临。那么，在行动前，不妨来认识一下自己的恋爱观是否正确。

1. 你认为恋爱作为人生一个极其重要的环节，其最终所达到的目的应当是：（　　）。

A. 找到一个情投意合的伴侣　　B. 成家过日子，抚育子女

C. 满足性的饥渴　　D. 只是觉得新鲜有趣，没有明确的想法

2. （男女生单独做）

①如果你是位先生，你对未来妻子要求最主要的是：（　　）。

A. 善于持家，利落能干　　B. 容貌漂亮，气质高雅

C. 人品不错，能体贴帮助自己　　D. 只要爱，其他一切无所谓

②如果你是位女士，你在选择丈夫时首先考虑的是：(　　)。

A. 潇洒大方，有男子气质　　B. 有钱有势，社交能力强

C. 为人诚实正直，有进取心，待人和蔼可亲　　D. 只要他爱我，其他不考虑

3. 你决定和对方建立恋爱关系时所依据的心理根据是：(　　)。

A. 彼此各有想法，但大体互相尊重　　B. 我比对方优越

C. 对方比我优越　　D. 没想过

4. 你对最佳恋爱时间的考虑是：(　　)。

A. 自己已经成熟，懂得了人生的意义和爱情的内涵，并且确定了事业上的主要方向

B. 随着年龄的增长，自有贤妻和佳婿相伴，"月老"不会忘记任何人

C. 先下手为强，越早越主动

D. 还没想过

5. 你希望自己怎样结识恋人：(　　)。

A. 青梅竹马，情深意长　　B. 一见钟情，难舍难分

C. 在工作和学习中逐渐产生恋情　　D. 经熟人介绍

6. 你认为增进爱情的良策是：(　　)。

A. 极力讨好取悦对方　　B. 尽力使自己变得更完美

C. 百依百顺，言听计从　　D. 无计可施

7. 人们通常认为，恋爱过程是个相互了解、相互适应和培养感情的过程，但了解、适应就需要花时间。那么，你希望恋爱的时间是：(　　)。

A. 越短越好，最好是"闪电式"　　B. 时间依进展而定

C. 时间要拖长些　　D. 自己无主张，全听对方的

8. 谁都希望完整全面地了解对方，你觉得了解他（她）的最佳途径是：(　　)。

A. 精心安排特殊场面，不断对恋人进行考验　　D. 坦诚地交谈，细心地观察

C. 通过朋友打听　　D. 没想过

9. 你十分倾心你的恋人，但经过一段时间的交往后，发现对方的一些缺点，这时你：(　　)。

A. 采用婉转的方式告知对方并帮助对方改进　　B. 因出乎意料而伤脑筋

C. 嫌弃对方，犹豫动摇　　D. 不知道如何是好

10. 当你已在爱河之中，一位条件更好的异性对你表示爱慕时，你会：(　　)。

A. 说明实情，忠实于恋人　　B. 对其冷淡，但维持友谊

C. 瞒着恋人和其交往　　D. 感到茫然无措

11. 当你对爱慕已久的异性有好感时，你忽然发现她（他）另有所爱，你：(　　)。

A. 静观待变，进退自如　　B. 参与角逐，继续穷追

C. 抽身止步，成人之美　　D. 不知道

12. 恋爱过程很少会一帆风顺当恋爱中出现矛盾、波折时，你感到：(　　)。

A. 既然已经出现，也是件好事，双方正好趁此了解和考验对方

B. 伤心难过，认为这是不对的
C. 疑虑顿生，就此提出分手
D. 束手无策

13. 由于性情不合或其他原因，你们的恋爱搁浅了，对方提出分手。这时你：(　　)。
A. 千方百计缠住对方　　B. 到处诋毁对方名誉
C. 说声再见，各奔前程　　D. 不知所措

14. 当你十分信赖的恋人背信弃义、喜新厌旧、甩掉你以后，你会：(　　)。
A. 只当自己眼瞎，认错了人　　B. 既然他（她）不仁，休怪我不义
C. 吸取教训，重新开始　　D. 痛苦得难以自拔

15. 你的爱情路途坎坷，多次恋爱均告失败，随着年龄增长进入“男大当婚，女大当嫁”的行列，你会：(　　)。
A. 一如从前，宁缺毋滥　　B. 厌弃追求，随便凑合一个
C. 检查自己的择偶标准是否实际　　D. 叹息命运不佳，从此绝望

题号	A	B	C	D
1	3	2	1	1
2	2	1	3	1
3	3	2	1	0
4	3	2	1	0
5	2	1	3	1
6	1	3	2	0
7	1	3	2	0
8	1	3	2	0
9	3	2	1	0
10	3	2	1	0
11	2	1	3	0
12	3	2	1	0
13	2	1	3	0
14	2	1	3	0
15	2	1	3	0

总分：35～45 分为 A 型；25～34 分为 B 型；15～24 分为 C 型；7 个以上 0 分为：D 型。

分析：

A 型：恋爱观成熟正确。

你是一个成熟的青年，你懂得爱什么和为什么爱，这是你进入情场的最佳入场券。不要

怕挫折和失败，它们是考验你的纸老虎，终将在你的高尚和热忱面前逃遁。尽管大胆地走向你梦中的恋人吧，你的婚姻注定美满幸福。

B 型：恋爱观尚可。

你向往真挚而美好的爱情，然而屡屡失败，一时难以如愿。你不妨多看看成功的朋友，将恋爱作为圣洁无比的追求，不断校正爱情的航线，这样你与幸福就相隔不远了。

C 型：恋爱观需要认真端正。

你的恋爱观存在不少问题，甚至有不健康之处。它们使你辛勤播撒的爱情种子难以萌芽，更难以结出甜蜜的果实。如果你已经轻率地开始恋爱，劝你及早退出。

D 型：恋爱观还未形成。

你或许年龄还小，不谙世事；或许虽已年纪不小，却天真幼稚。爱情对于你来说是个迷惘未知的世界，你需防范圈套或袭击。建议你读几本关于两性关系的书籍，待变成熟后，再涉爱河不迟。

活动二　自助阅读

1.《生命中不能承受之轻》.［捷克］昆德拉.上海：上海译文出版社.

2.《爱的艺术》.［美］费洛姆.上海：上海译文出版社.

第十章 大学生职业规划与就业心理

大学生跨入成人社会的最具有象征意义的事件就是职业的选择以及职业生活的开始。选择适合自己的职业，从事自己喜欢的工作，充分发挥自己的潜能，是每一个大学生梦寐以求的事。面对选择与被选择，以及竞争日益激烈的就业市场，大学生做好职业心理准备显得非常重要。

没有规矩，无以成方圆；没有远大的抱负，无以成就伟大的事业；没有规划，自己的人生目标就会模糊不清。职业生涯规划是每一位大学生所面临的共同课题，同时也大学生最迷茫的一个课题。无论你最终迈向哪里，都需要从进入大学之初就开始学习认清自己，明确自己的发展方向和目标，并在三年的时间内不断督促自己，挖掘自身潜力，切实提高自己的综合素质，不断挑战自我，超越自我，为走向社会打下坚实基础。

第一节 大学生职业生涯规划

一、什么是职业

在许多人的眼里，职业一词引起的联想就是“收入”。职业就是找份工作挣钱。深思一下并非如此。每一个有工作经历的人都知道，当你选择了一份工作，这份工作就会成为你生活的一部分。你的喜怒哀乐常常源于你的工作，工作中的人际关系也是你生活中人际关系的重要部分。钱固然重要，但如果你仅仅是因为收入问题而频频变换工作，你会发现几年下来你不仅没有提高多少收入，反而对工作越来越厌倦。一个成熟的人在决定自己的工作方向时不仅会考虑收入，更重要的是，他会考虑人际环境，管理理念、个人发展机会、地理和文化环境等许多的问题。

（一）职业的含义

所谓职业，就是个人在社会中所从事的作为主要生活来源的劳动形式，是现实经济运行过程和社会生活中客观存在的现象，它随着人类文明的进步和社会分工的发展而出现，职业虽然各不相同，但在人们的心中，它一般具有三个方面的意义。

第一，谋生的需要。劳动作为人们谋生的手段，是人类社会的普遍现象，有劳才有得，不劳则无获。很明显，人们劳动的目的就是要获得经济利益，取得职业就有了赖以生存的基础。在市场经济时代，职业是人们生活的必需，劳动就是以赚钱为目的的。

第二，社会义务。人们的职业劳动是为了个人的生存需要，但这不是唯一的目的。在更大程度上，它是在为社会尽自己应尽的义务。因为一个人要生存，所需要的各种生活资料不可能全由自己一个人来完成，需要把自己的私人劳动转变为社会劳动，然后通过劳动成果的互换，在满足自己需要的同时，也满足社会上其他人的需要。此时，表面上是在为自己服务，而实际上也在为社会尽义务。

第三，个性发展。在人的一生中，职业生活占有举足轻重的地位，它对人的个性发展意义极大。今天，我们特别强调人的个性发挥和拓展，它是一个人一生的价值和意义所在。大学生要关注职业岗位与自己的适合度，努力寻找适合自己专业特长和兴趣爱好的岗位，以便更好地发挥自己的潜能，从而为社会服好务，实现自己的最大价值。

（二）职业与工作、事业

工作是指从事体力或者脑力劳动。事业，是指人所从事的，具有一定目标、规模和系统的且对社会发展有影响的经常性活动。在一个职业中，一个人可能会转换若干具体的工作。例如，一个人学的是会计专业，毕业之后可能在会计师事务所工作，也可能在银行工作，还有可能在国家审计部门工作，工作变了好几次，但是仍然没有离开会计的职业道路。而事业更多的是强调经常性活动后的目标、规模和系统性。所以一个人可能转换职业，但其内在的目标可能始终没有变。例如，老一辈的革命家，去海外求学，辛苦打工，回国后参加地下党组织，深入敌后组织群众运动，在前线和敌人两军对垒，新中国成立后担任各种政府职务，所从事的工作性质和职业差别很大，对个人能力的要求也是多方面的，但作为终生事业的一个组成部分，则都是为人们谋福利，实现共产主义远大目标紧密联系在一起的。

二、影响职业选择的个性因素

苏格拉底曾说过这样一句话："人啊！首先要认识你自己！"若想获得择业的成功，首先要认识自己，发现自己的优势和才干。

事实上，一个人选择什么样的职业，常与他的兴趣、爱好、性格、气质及能力等有密切关系。从某种意义上说，兴趣、爱好、性格、气质、能力等是一个人在选择职业时要首先考虑的问题。所以，求职者在择业时，应对自己各方面的情况作出客观且全面的自我分析。这时不妨问问自己：我是谁？我的优势在哪里？我需要什么？我能做些什么？不妨了解一下自己的兴趣范围、气质类型、性格特征、能力水平、知识结构、血型特点等。在这里我们主要介绍兴趣、气质、性格、能力与择业的关系问题。

（一）兴趣与职业选择

一名外科医生，在事业上可谓如日中天，很多人对他万般羡慕，社会对他的评价也非常高，但他自己却总是闷闷不乐。因为在他内心深处并不真正喜欢医生这个职业，而是向往一种恬静的、与世无争的生活。他尽管得到了外在的成功却失去了内心的平静与充实，没有自我悦纳的人生也是一种失败和不幸的人生。很多人都有类似的感觉，就是在工作了很多年之后才发现，原来自己并不喜欢已经从事多年的工作，因此也觉得自己是为完成任务而工作，觉得工作是一件痛苦的事，工作起来没有动力和激情。

爱因斯坦曾说："兴趣是最好的老师。"兴趣是个体积极探究某种事物的认识倾向，表现为一个人力求认识、掌握某事物，并经常参与与该事物有关的活动。兴趣可以提高人的工作效率，还可以开发智力。它是一种强大的精神力量，能帮助人们挖掘自身潜力，可以使人集中精力去获得知识，积极思考，大胆探索，并创造性地开展工作。另外，兴趣也是行动的动力，能发挥个体的主动性和创造性。爱迪生在学校里被人骂为"傻瓜""低能儿"，可他在发明的王国里却显示出杰出的才华，是兴趣促使他在发明领域里不停地探索、不断追求的。梵·高是举世闻名的艺术家，虽然生前穷困，但逝世后，他的画作激励了无数的人。而他并不是从小就学习绘画的，一开始做画商，然后做牧师，一直到他30岁时才开始画画。他的成功，正因为他对绘画感兴趣，他才能承受常人难以想象的精神上和经济上的折磨。可见，兴趣对人生事业的发展至关重要。因此，大学生在择业过程中要充分考虑自己的兴趣。

但不良兴趣对择业会起反作用。比如有的同学兴趣虽然十分广泛，但多变，缺乏稳定性和持久性，对某种职业很容易发生兴趣，但很快又会被另一种职业所吸引，很难适应职业需求；还有的同学迫于家庭和社会的压力，选择了与自己兴趣不符的专业，这也为将来就业造成了不可避免的麻烦。所以，大学生在面临择业时，要对自己的兴趣进行客观分析，既要顺应自己的心意，也要考虑社会的需要，尽可能避开自己望而生厌或根本不感兴趣的职业，争取找到适合自己兴趣爱好的职业。但结合目前我国就业压力很大的实际形势，我们应遵循先就业后择业的原则。就业后，在工作实践中培养兴趣，努力适应当前工作；如果实在无法适应，再积极寻找与自己兴趣相适应的职业。

为便于大家根据自己的兴趣选择合适的职业，下面针对几种兴趣类型和职业类型的相吻合程度做一简要介绍：

（1）喜欢与具体事物（如工具、器具、仪表等）打交道，希望很快看得见、摸得着自己的劳动产品，并从中得到满足，与之相应的是现实型职业，可以选择诸如制图、建筑、工程技术、机械维修、园林、手工制作等工作。

（2）喜欢与人交往，乐意发动人、组织人、管理人、与人为善、助人为乐，与之相应的是社会型职业，可以选择做记者、销售人员、教师、行政管理人员、律师、医生、护士等。

（3）爱做有规律的具体工作，喜欢循规蹈矩，习惯于在预先安排好的程序下工作，与之相应的是常规型职业，可以选择做邮递员、图书管理、档案管理、办公室文书、统计等职业。

（4）爱活动，爱竞争，喜欢挑战性强、风险大的工作，希望得到较多的报酬，与之相应的是企业型职业，可以选择做企业管理人员、电脑从业人员、股市操盘手等。

（5）喜欢自由自在，爱充分表现自己，标新立异，引人注目。与之相应的是艺术型职业，可以选择做模特、演艺明星、主持人等。

（6）喜欢抽象的创造性工作，爱动脑筋，喜欢独立思考，不人云亦云，不满足于现状，力求有所发现，有所发明。与之相应的是调研型职业，可以选择做社会调查、经济分析、各种科学研究和新产品开发等工作。

（二）气质与职业选择

每个人都具有固定的、与众不同的气质，或开朗活泼，善解人意；或大大咧咧，不修边幅；或独来独往。了解自己的气质类型对职业选择有直接的帮助。

人们通常把气质分为四种，即多血质、黏液质、胆汁质、抑郁质。每一种气质都有积极和消极的一面，并且对所从事的工作性质和效率有一定的影响，因此，不同气质类型的人所擅长从事的工作类型也有差别。

一般来说，多血质的人活泼、好动、敏感，举止敏捷、情绪丰富易兴奋，语言表达能力和感染力强、充满自信、善于交际，但办事多凭兴趣、注意力不稳定。这类气质的人对职业有较广的选择范围和机会，在工作和学习上肯动脑筋，工作能力强，办事效率较高，适合从事要求反应灵活的工作，如外事工作、公关工作、导游、医生、新闻工作、公安工作等。但多血质的人不适合做过细的、循规蹈矩以及呆板机械的工作。

胆汁质的人热情、直率、精力充沛，容易激动，最大的气质特征是外向性、行动性和直觉性。这类人通常表现为有理想、有抱负、有独立见解、反应迅速、行为果断、表里如一；一旦认准目标，就希望尽快实现，但若对工作失去信心，情绪会很快低落下去；易急躁，自制力较差；有时刚愎自用、行为鲁莽。这类人适宜竞争激烈、具有冒险性的职业，如政治家、外交家、作家、节目主持人、实业家、记者等，对长期安排的细致工作很难胜任。

黏液质的人属于稳重、自制、内向的类型。他们情绪不易外露，比较刻板，灵活性不够；遇事谨慎、态度稳重、不易分心、善于忍耐；善于处理人际关系，与任何人都能配合协调。黏液质的人出色之处在于他们大多数都能很好地利用协调性、积极性、社会性及感情稳定性的关系来表现自己的才能，表现出卓越的能力。这类人能够高质量地完成那些要求有坚韧不拔、埋头苦干精神的工作以及长时间地集中注意力、有条不紊的工作，如外科医生、法官或财会、统计方面的工作。不足之处是过于拘谨，不善于随机应变，常常墨守成规、故步自封，不适合从事具有冒险性、创新性的工作。

抑郁质的人好静、敏感、行动缓慢，最大的特征是性格内向、情绪化，这类人感受性高，精神上难以承受或大或小的神经紧张，容易产生悲观情绪。工作细心审慎、稳妥可靠、易相处、人缘好、积极认真、努力向上、毫不懈怠，对工作一丝不苟。他们责任心强，在很多职业中都能成为中坚分子并担当重要角色。他们适合要求精细、敏锐的工作，如学者、教育家、研究人员、技术人员、医师等。

生活中，我们不难发现这样的现象：有人选择了教师的职业，可是性情暴烈缺乏耐心；有人选择了记者的职业，但生性沉稳、反应迟缓；有人选择了保险推销的职业，却生性羞涩、不善于沟通。于是，原先理想的职业失去了原有的色彩。究其原因，并不是这些人能力低下，而是因为他们的气质类型与所从事的职业不相适应。可见，气质不仅会影响一个人职业的选择，而且可能直接影响到具体工作的成败。因此，大学生在择业时，要结合自己的气质类型、扬长避短，有针对性地选择与自己气质相称的职业。

根据我国学者的研究成果，职业气质大致可分为以下12类，每一种气质类型都有与之相对应的适合职业。

（1）变化型。他们喜欢新的工作情境和常变的工作内容，在有适当压力的情况下能工作得很出色。追求多样化的工作方式，喜欢创新，善于将注意力从一件事转到另一件事情上。适合职业有记者、推销员、演员等。

（2）重复型。他们适合连续不断地从事类似的工作，喜欢按部就班或根据别人安排好的计划或进度工作，爱好重复性的、设计好的、有标准的工作。适合的职业有装配工、印刷工、电影放映员等。

（3）服从型。他们喜欢按别人的指示办事，不愿意自己独立作出决策，希望他人能对自己的工作负责任。适合的职业有秘书、办公室职员、翻译人员等。

（4）独立型。他们喜欢设计自己的活动和指导别人的活动。在独立负责的工作中感到愉快，情绪饱满，喜欢对将来发生的事情作出预测。适合的职业有管理人员、律师、警察、刑侦人员等。

（5）协作型。他们在与人协同工作时感到愉快，善于让别人按他们的意愿来办事，他们想得到同事的喜欢。适合的职业有社会工作者、咨询人员、职介所或婚介所的工作人员等。

（6）孤独型。这种人喜欢单独工作，不愿受到他人干扰，较适合进行艺术创作或文学创作。

（7）劝服型。他们喜欢设法使别人同意他们的观点，对别人的反应有较强的判断能力，善于影响他人的态度、观点和判断。适合的职业有教师、辅导员、行政人员、宣传工作者等。

（8）机智型。这种人能够临危不乱、处变不惊，在危险的状况下能良好地进行自我控制，在意外的情境中能工作得很出色。适合的职业有驾驶员、飞行员、潜水员、消防队员、公安人员等。

（9）经验决策型。这种人喜欢根据自己的经验或直觉作出判断。当别人犹豫不决时，他们能当机立断作出决定。适合的职业有采购、供应、推销等。

（10）事实决策型。这种人喜欢通过调查和测试，根据事实或统计数据来作出决策，说明问题。适合的职业有调研人员、律师、检验员等。

（11）自我表现型。这种人喜欢能表现自己的爱好和个性的工作情境。他们根据自己的感情来做选择，并喜欢通过自己的工作来表达自己的理想。适合的职业有演员、画家、作家等。

（12）严谨型。这种人注重细节的精确性，他们习惯按规则和步骤将事情尽可能做得尽善尽美。适合的职业有会计、出纳、校对员、档案管理等。

这里需要特别指出的是，气质类型也是可以在实践中改变的。三国时吴国的吕蒙是一个武夫，作战勇敢，但不善于用脑，是一个典型的四肢发达、头脑简单的莽夫，很让人瞧不起，但后来他听从了鲁肃的建议，发奋读书。当几个月后鲁肃再见到吕蒙时，不由惊呼："士别三日，当刮目相看"，吕蒙通过读书，改变了自己的气质，已非昔日的吕蒙了。

所以，初涉社会的大学生，可以根据自己的气质类型选择职业；反过来，不同的职业活动也可能改变我们的某些气质特征。

（三）性格与职业选择

莎士比亚曾说："性格决定命运。"这句名言深刻揭示了性格与人生的关系。人们要把握自己，就必须认识性格。只有正确认识自己性格的优势和不足，才能做到扬长避短，不断优化和完善自我。性格不仅影响人们的生活态度和行为方式，而且影响人们对职业的选择和适应程度，也就是说，一定的性格适应一定的职业，不同的职业对人有着不同的性格要求。很多心理学专家认为：事业的成败，性格有很大一部分因素，甚至比能力更重要。如果一个人能力不足，可通过后天培养提高，但如果一个人的性格与职业不匹配，要改变起来就很困难了。比如各类公众服务业，要求服务人员在接待顾客时，必须表现得亲切、热情、周到，而很多求职者并不具备这类性格特点，有的比较孤僻、有的比较内向、有的比较暴躁，这些性格特点都是与服务业不相匹配的。因此，选择一个适合你性格的职业，才能使你在工作中得心应手，充分享受职业与工作带来的快乐。

图 10-1　人格类型理论

美国心理学家约翰霍兰德长期从事职业咨询工作，通过对自己和他人职业生涯的深入研究，他提出了具有重要社会影响的职业选择理论——人格类型理论（图 10-1），人格类型论是一种人格与职业类型匹配的理论。

他认为一个人的职业选择，是其个人人格在工作世界中的延伸。也就是说，人格是影响一个人的核心因素，它不仅是一个人的人格特征，这种特征也影响了一个人将选择什么样的工作。同时，一个人选择什么样的工作，也是为了满足个人的性格偏好。例如，一个人的人格是偏好稳定，保守，有条不紊的，他将选择会计、出纳、办事人员、秘书等能使其人格特征得以延伸的职业。霍兰德将人的人格类型分为六种：传统型（C）、企业型（E）、社会型（S）、艺术型（A）、研究型（I）、现实型（R）。相应地，每种类型都有合适其人格的职业选择，不同个性的人在职业选择上有明显差异。

（1）现实型。

人格特征：动手能力强，做事手脚灵活，动作协调。愿意制造、修理东西，喜欢操作设备和机器。不善言辞，做事保守，做人现实，不是理想主义者，并且追求安定、舒适的生活。典型职业：使用工具、机器，需要基本操作技能的工作。如技术性职业（计算机硬件人员、摄影师、制图员、机械装配工），技能型职业（木匠、技工、修理工、农民）等。

（2）研究型。这种类型的人对自然现象和自然规律很感兴趣，思维逻辑性较强，善于通过分析思考问题，解决面临的难题，但并不一定实现具体的操作。喜欢挑战，渴望创新，不愿循规蹈矩。典型职业：善于通过观察和科学分析进行系统的创造性活动，一般的研究对象侧重于自然而不是社会科学，如科学研究人员、教师、工程师、电脑编程人员、医生、系统分析员等。

（3）艺术型。有很强的自我表现欲，对自己十分自信，喜欢通过新颖的设计引起别人情感的共鸣。这类人想象力丰富，直觉强，易冲动，甚至可以为追求心中的理想抛弃一切。典型职业：喜欢从事非系统的、自由的、要求有一定艺术素养的职业，即音乐、美术、文学、戏剧等方面的工作。如艺术方面（演员、导演、艺术设计师、雕刻家、建筑师），音乐方面（歌唱家、作曲家、乐队指挥），文艺方面（小说家、诗人、剧作家）等。

（4）社会型。这种类型的人喜欢与人共处，乐于助人，善交际，易合作，责任感强。他们喜欢为他人提供信息，喜欢在秩序井然、制度化的工作环境中发展人际关系和开展工作。典型职业：要求与人打交道的工作，从事提供信息、启迪、帮助、培训、开发或治疗等事务，如护理、教学、销售、培训与市场开发等工作。

（5）管理型。这种类型的人充满自信，有雄心壮志，精力充沛，健谈，喜欢追求财富、权力、地位喜欢领导和控制他人。为人务实，习惯以利益得失、地位、金钱等来衡量做事的价值，做事有较强的目的性，缺乏从事精细工作的耐心。典型职业：适合从事需要具备经营、管理、监督和领导才能，以实现机构、政治或社会经济目标的工作，如项目经理、销售人员、政府官员、企业领导、法官、律师等。

（6）常规型。这种类型的人尊重权威和规章制度，喜欢按计划办事，细心、有条理，习惯接受他人的指挥和领导，自我控制能力强，典型职业：要求主要细节、精确度、有系统、有条理，具有记录、归档、依据特定要求或程序组织数据和文字信息的职业，办公室人员、会计、出纳、图书管理员、统计员等。

然而，大多数人并非只有一种倾向，霍兰德认为，这些职业越相似，相容性越强。一个人在选择职业时所面临的内在冲突和犹豫就越少。

（四）能力与职业选择

能力对人一生的职业道路的选择、事业的成败具有重要的作用。任何职业都要求从业人员掌握一定的技能。对于大学生来说，掌握和提升自己的各项职业能力能使求职之路更加平坦。

能力是指人们成功完成某种活动所必需的个性心理特征。而职业能力即是在职业活动中人们顺利完成工作所需的能力。能力分为一般能力和特殊能力。一般能力通常又称为智力，包括六大要素：注意能力、观察能力、思维能力、记忆能力、想象能力、操作能力。一般能力是每个人都具有的基本能力，是从事任何职业都不可缺少的，但不同的职业对一般能力的要求有不同的侧重点。特殊能力是指从事某项专业活动的能力，也称为一个人的特长，是指在特殊活动领域内发挥作用，完成某项专门活动所必需的能力，如计算能力、动作协调能力、语言表达能力、空间判断能力等。从事任何一种职业，从业人员都必须具备相应的能力，既要有一般能力，又要有特殊能力，如建筑师要有空间想象力，科学家要有逻辑思维能力，律师要有很严密的思维能力和较强的语言表达能力等。因此，大学生在择业时，必须考虑自身能力与职业的吻合问题。“天生我材必有用”，要找到适合自己的职业，我们首先应该自问“我究竟擅长什么?”，然后找出发展自己能力的方向，并且有意识地补充自己能力的不足。

具备相应的职业能力对大学生来说至关重要。下面给大家介绍一些擅长特殊能力的人选择职业类型的情况。

（1）语文能力。语文能力强的人通常比较喜欢阅读书籍，喜欢推敲文字或写作表达，擅长运用语文知识表达和沟通，这一类人适合做节目主持人、记者、编辑、销售、律师、法官等职业。

（2）逻辑思维能力。逻辑思维能力强的人喜欢推理游戏，喜欢使用逻辑思考的活动，通常采用计算、分析、归纳等方式解决问题。只要与数字、逻辑、分析、推理等相关的职业，都是适合他们的职业，如数学家、会计、投资理财师、股票分析师、企业财务管理人员、统计人员、计算机信息人员、经济学者等。

（3）空间能力。空间能力就是看地图，组合各种形式以及使自己的身体正确通过空间的能力。空间想象能力强的人对造型、色彩、空间关系反应灵敏，喜欢绘画、建筑、视觉设计、美术雕塑、漫画、卡通、动画、摄影等。需要空间感、方向感强的职业有航天飞行员、陆海空驾驶员、地理测量员等。在工程、设计方面适合的职业则有画家、美术工作者、室内设计师、服装设计师、计算机绘图师、动漫家、游戏设计者等。

（4）肢体动觉能力。肢体动觉能力强的人，适合从事实际操作的工作，在手工方面，有木工、模型制作、造型、雕刻、缝纫、纺织等。在体能活动方面，喜欢某一种运动或户外休闲，可以从事体育老师、运动员、教练、瑜伽老师、气功师等工作；此外，也适合从事推广我国特有的武术、气功等方面的工作。

（5）音乐能力。音乐能力强的人，对音色、节奏、韵律的反应灵敏，喜欢聆听自己喜欢的音乐作品。适合的职业有：用声音表达创作思想的声乐家、歌手；对节奏韵律敏感，又能运用各种乐器演奏的演奏家、乐手；制作乐器的工匠、以及调音师；音乐制作人、节目制作人、曲作家、指挥、广播员等。总之，凡是与创造声音或演奏音乐、运用音乐及与音乐相关的其他事务，都是擅长音乐能力的人可以从事的工作。

（6）人际交往能力。人际交往能力强的人在团体中很容易成为领袖，他是那种别人发生挫折或冲突时，就会来找他排忧解难或协调关系的人。他能够体谅别人，能换位思考。所以人际关系能力强的人非常适合做人际沟通工作，即使不是领导人，他在团队中也能发挥人际润滑的作用。适合从事行政管理工作，如政治家、领袖人物、企业家、人事主管、人力资源管理者等。另外，像营销、公关、中介、导游、谈判专家、外交家等也是非常需要较强人际关系能力的工作，通常需要学习拿捏分寸，掌握在不同场合对不同人的沟通方式，才能达到工作目标。

(7) 自然观察能力。自然观察能力强的人，往往喜欢自然界，爱好大自然，并且关怀生态，对生物充满好奇。他们特别欣赏和理解动植物或矿物质的世界，他们擅长辨识物种，喜欢到自然界做实地考察，喜欢动手做实验。适合的职业有动物学家、植物学家、矿物学家、园艺家、海洋学家、登山家、自然探险者、生物科技从业人员等。

职业能力测试

职业能力测试是通过某些测试来预测一个人的职业定位以及适合的职业类型。因为这样的测试属于倾向性的测试，所以又称为职业能力倾向性测试。通过测试，参测者根据自己的性格、能力来确定自己的职业生涯发展规划；多角度专业化的职业测评可以帮助参测者提高个人的工作技能，提高自己的职场竞争力；用人单位可以借鉴职业测评报告结果进行人岗匹配，达到企业和个人的利益最大化。

目前《职业能力测评系统》主要包括的有：EQ 情商测评、事业心测评、沟通交流能力测评、处理问题能力测评、领导能力测评、创业潜力测评、成功倾向测评、职业选择测评、工作压力测评、工作态度测评、职业满意度测评、人际关系测评等。

三、职业规划的内容

虽然很多人在临近毕业时才会考虑就业问题，但职业选择并不仅仅是大学生在毕业前这一特定时期思考的问题。人的职业生涯发展是贯穿一生的任务，职业生涯的发展与人的发展相伴而行。幼年、童年时期对未来人生的幻想埋下了职业理想的种子，随着心理的发展、人格的逐渐形成，人们对自己的职业目标越来越清晰，即便在就业之后，仍需要不断调整，以找到最适合自己的位置。

尽管人一生都处在职业生涯发展的不同阶段，终生都要进行职业的探索，但大学阶段是职业生涯发展的关键时期。美国职业生涯发展理论的代表人物之一舒伯（D. E. Super）认为一个人如能在各阶段完成相应的任务，表明他是一个职业成熟的人。大学生正处于职业生涯探索期和建立期的转换阶段，主要任务是通过探索发现自己的职业偏好。

案例　　**我到底适合做什么？**

毕业于某名牌高校的小何向浙江一家汽车公司申请一个机械工程师的岗位。他学的是机械专业，在大学期间各门课程都优秀，毕业后的五六年时间里，从事过医药、空调、摩托车等产品的销售、品质主管，换了六七个工作，但是没有机械方面的工作经历。招聘者看到他的情况后认为，如果他毕业后稳定从事过机械方面的工作，则正是公司需要的人选，但是因为没有这方面的工作经验，公司无法录用他。

很多大学生盲目就业，给自己带来了危害。由于没有长远打算，很多大学生年轻时只是随波逐流地换工作，到了30 多岁还没有职业定位。这种情况之下，继续下去出路不大，重新定位又要费很大力气，不得不陷入一种尴尬的境地。

所谓职业规划，是指个人结合自身情况眼前的机遇和制约因素，为自己确立职业方向、职业目标，选择职业道路，确定教育计划、发展计划，为实现职业生涯目标而确定行动时间和行动方案。

美国成功学大师安东尼·罗宾斯（Antony Robins）曾经提出过一个成功公式：成功=明确目标+详细计划+马上行动+检查修正+坚持到底。从这个公式可以看出，要想成功，首先要有明确的目标和详细的计划。职业生涯也一样，必须明确自己的职业目标，制订一个详细的实施计划，选择一个最适合自己发展的行业和工作，然后付诸行动，并且经常对自己的目标和计划进行检查修正，最后坚持到底，就能获得职业生涯的成功。

优秀的职业生涯规划是在充分考虑兴趣、能力、性格及社会需求的基础上形成的。个人投身自己钟爱的职业活动中，自然充满乐趣和动力；同时，由于它切合实际，扬己所长，也最有可能取得成就，使人享受到成功的欢快。

四、职业生涯规划的步骤

大学是职业生涯规划的第一站。大学生应该如何对自己的职业生涯进行规划呢？可以经过以下具体步骤来完成。

（一）评估

大学生职业生涯规划的第一个关键环节是进行正确的评估，包括自我评估和环境评估。自我评估即“知己”，环境评估即“知彼”。在职业生涯规划中，“知己知彼”是非常重要的。制订一个有效的职业生涯规划，一方面要充分并且正确的认识自身条件，即弄清楚我喜欢干的事、我能干的事；另一方面要充分认识环境中存在的机会和挑战，即弄清楚环境给提供的可以利用的条件和不利的因素。

1. 正确的自我评估

自我评估的目的是认识自己、了解自己。只有正确认识自己，才能根据自己的特点制定适合自己的职业生涯发展规划，才能寻找到最适合自己发展的职业之路。自我评估是对自己的兴趣能力、特长、性格、学识、技能、价值观等方面进行评价。对大学生而言，特别是对大一新生，他们刚步入新的环境，正处于自我意识的困惑期，自我评价容易发生重大波动。此时，大学生应该从职业规划的角度出发，探索适合自己的职业。比如，通过一些专业的心理学测试去了解自己的性格特征、优势、弱点、最大的兴趣爱好等。

2. 客观的环境评估

所谓环境，主要是当前的整体就业环境和就业形势。每个人都处在一定的环境之中，离开了环境便无法生存和成长。所以，在制定职业生涯规划时，应该充分考虑到环境因素。大学生应当在学会关注社会政治、经济等大环境的基础上，充分了解各种职业的发展状况及就业形势，评估环境对自己职业生涯发展影响，特别要了解自己所学专业和自己感兴趣的行业的形势以及发展前景，结合自己的优势和劣势，寻找一份适合自己的、有发展前景的工作。

如何进行自我及环境的评估呢？20世纪80年代初，旧金山大学的管理学教授海因茨·韦里克提出了一种SWOT分析法，这是职业生涯规划中对自身及机会进行评估时可以使用的方法。SWOT四个英文字母分别代表：优势、劣势、机会和威胁。从整体上看，SWOT可以分为两个部分：第一部分SW，主要用来分析内部条件；第二部分为OT，主要用来分析外部条件。利用这种方法可以认识到自己的优点和缺点，发现外界存在的机会和挑战，从而可以根据分析的情况，避开不利因素，按照有利于自己的方向发展。

以下列举了一个想要在会计事务所里当注册会计师的大学生所制作的 SWOT 矩阵表（表 10－1）。

表 10－1　SWOT 矩阵表

内部环境（自我评估）	优势因素 S	劣势因素 W
	1. 逻辑分析能力强 2. 反应敏捷 3. 对数字比较敏感	1. 缺少领导能力 2. 缺乏上进心 3. 组织、协调能力欠缺 4. 缺少耐性
外部环境（环境评估）	机会因素 O	威胁因素 T
	社会对会计人才要求的数量比较多，尤其是注册会计师	1. 如今会计人才众多，就业压力大 2. 同地区竞争激烈

我来练练

请你根据上面介绍的 SWOT 法，对自我以及环境进行评估。将你的评估结果填写在表 10－2 中。

表 10－2　评估表

内部环境（自我评估）	优势因素 S	劣势因素 W
外部环境（环境评估）	机会因素 O	威胁因素 T

（二）确定职业

在充分了解自我，并对职业生涯的环境进行评估之后，就可以根据评估的情况确定自己的职业。

案例　　丁磊创业传奇

丁磊毕业于成都电子科技大学，1993 年大学毕业后进入电信局工作。虽然单位待遇很不错，但他觉得那并不是自己想要的职业，在那样的工作岗位上工作总有种难尽其材的苦恼。1994 年，他第一次接触到因特网，便对网络产生了莫大的兴趣，他评估了当时的社会环境，看到了网络背后潜在的巨大商机。1995 年，他毅然放弃了所谓的“铁饭碗”，从电信局辞职，开始进入网络这个行业。1997 年，丁磊正式创立了网易。

设想一下，如果丁磊当初一直留在电信局工作，结果会怎样呢？他也许现在还在电信局做一名普通职员，而不会拥有今天的成就。这就说明，职业选择正确与否，直接关系到人生事业的成败。因此，选择一个适合自己的职业对于职业发展至关重要。

那么，如何才能正确选择职业呢？大学生在进行职业选择的时候，一方面，要全面考虑内外部的环境与职业的适应性。有些大学生在择业的时候，只考虑到自己的兴趣，比如，他们喜欢做生意，完全不考虑自己是否具有这方面的能力就放弃就业机会而选择创业；有一些大学生迫于就业环境的压力，而低估自己的能力，总是担心自己在巨大的竞争中找不到工作，于是“廉价”地就把自己签给自己并不喜欢的公司；还有些大学生，选择职业时总是盯着高薪、热门的职业等。大学生要在全面衡量各方面因素的基础之上做出选择，而不是单凭兴趣、能力或者环境选择职业。要依据客观现实，比较职业的条件、要求、性质与自身条件的匹配情况，选择自己更感兴趣、能够胜任且有发展前途的职业。

（三）确定目标

一个人事业成败，很大程度上取决于有无正确、适当的目标。没有目标就如同行走在一望无际的沙漠中，视野开阔，却没有方向，不知道自己该走向何方。而目标就犹如沙漠中的北斗星，引导自己走出沙漠，走向成功。哈佛大学曾经对一群智力、学历等背景相似，目标不同的年轻人进行跟踪调查，结果发现，有清晰且长期目标的人，25 年后都成了社会各界顶尖成功人士；有清晰短期目标的人，大都是生活社会的中上层；目标模糊的人能安稳地生活与工作，但都没有什么特别突出的成绩；没有目标的人几乎都生活在社会的最底层。因此，为自己设立职业目标，对于人生、事业发展有重大的意义。

职业生涯规划的目标包括长期、中期、短期目标。长期目标一般是将来 5 ~10 年想要达到的目标，是今后职业发展的最高点，它让人看到未来发展的美好前景；中期目标的时间为 3 ~5 年，主要是指在大学期间应当达到的目标，它是人们经过努力所要达到的阶段性目标；短期目标的时间很灵活，可以是一年、一月、一周、一日等。

大学生在确立职业目标时要注意以下几点：其一，长期目标的确立要立足现实，既具有前瞻性又具有现实性；中期目标的确立要切合实际，具有一定的操作性，不能过于空洞；短期目标在设定时要细化至具体的工作、具体实施的时间计划，便于操作与检查。其二，在设定目标的过程可以把中、长期目标分解为多个短期目标，这样既可以将中、长期目标可操作化，又可以建立实现中、长期目标的信心。

随着时代的变迁，就业形势的变化，以及大学生个性的彰显，当代大学生的职业目标已经越来越多元化。大学生的职业目标已经不再是单一的“3 年内成为白领，5 年内成为经理，10 年内做到 CEO”。下面就是一个大学生以养猪为职业，并通过职业目标的设立而获得成功的案例：

案例　　小林的创业规划

小林是某农业大学计算机系的毕业生，在求职时，他认真地评估了目前的就业形势，研究了国家的“三农”政策，特别是发展养猪业的政策，并仔细估算了养猪的经济效益，最后毅然决定不进机关，不当白领，而是回老家办个养猪场。小林计划用 3 ~5 年时间，把猪场规模扩大到 100 亩，年出栏生猪 10 万头，而且所有种猪，仔猪的进食、饮水、分娩等都由电脑来监控，实现自动化管理，让猪“数字化生存”“用猪粪作肥料，建大棚、种蔬菜，让自己的猪场成为集种、养、加工为一体的大型无公害环保龙头养殖企业”……经过几年的摸索，小林的养猪场创下了生猪肥育的新纪录，盈利上百万。

【我来练练】

很多人或许要问：“为什么职业生涯需要规划？”下面就请大家做个小小的实验，体验一下规划的力量。

首先，请你闭上眼睛，回忆一下身边有哪些东西是红色的。这时你可能叫出很多东西，也可能不多。

现在，请你睁开眼睛，看看周围有哪些被遗漏的。

借着这个实验，你是否了解到：身边的红色物体，其实一直都存在着的，但当我们没有设定目标要去看它时，就会视而不见。可见，目标其实就是感官的过滤器，当你有了目标，就会见所未见，而身边的资源，也就源源不绝的涌向你。

（四）制定并实施职业生涯的行动方案

在确定了职业生涯目标后，就要根据这个目标制订相应的行动计划，并按照计划开始行动。没有行动，职业目标只能是空谈，也就谈不上事业的成功。为了实现职业目标，大学生应该明确：采取什么措施以提高专业知识；掌握哪些技能以提高业务能力；采取什么措施去开发潜能；参加哪些社团活动以提高实践能力。这些方面都要考虑清楚，并制作成清晰、明确的行动计划，计划要具体、可操作，要包括每项活动的时间分配和具体落实的措施，以便指导行动。制订好计划，就要严格执行，将每个计划都落实到实处。

【练习】

请你结合自己的兴趣及能力特点，设计职业生涯目标及相应的行动方案。请在左边填写自己的职业目标，包括要做到什么职位，掌握哪些相应的能力，收入达到什么水平等；在右边填写：为了达到上述目标，在知识储备、技能训练、能力培养等方面所应做的准备。

你的长期目标（5～10 年）是什么？　　你会为你的目标做什么？

职务目标：____________　　知识储备：____________

能力目标：____________　　技能训练：____________

经济目标：____________　　能力培养：____________

其　　他：____________　　其　　他：____________

你的中期目标（3～5）是什么？你会为你的目标做什么？

职务目标：____________　　知识储备：____________

能力目标：____________　　技能训练：____________

经济目标：____________　　能力培养：____________

其　　他：____________　　其　　他：____________

你的短期目标是什么？你会为你的目标做什么？

职务目标：____________　　知识储备：____________

能力目标：____________　　技能训练：____________

经济目标：____________　　能力培养：____________

其　　他：____________　　其　　他：____________

（五）反馈与修正

所谓“实践出真相”。职业生涯规划是否合理、有效，必须通过实施的效果反馈才能检验。在自身及外部环境的变化当中，职业生涯规划也会随时间的推移而变化。因此，要使职业生涯规划行之有效，就要在实施的过程中自觉地总结经验和教训，评估职业生涯规划，并通过反馈与修正，及时调整职业计划。

以上五个步骤彼此独立，但又相辅相成。每一个环节出现问题，都需要重新调整。往往要经过多次的反复才能形成一个较为合理的职业生涯计划。

第二节　大学生就业心理调适

一、大学生形成就业心理障碍的原因分析

大学生的求职择业是一种社会行为，这种行为不仅关系到大学生本人的人生价值实现问题，也是家庭教育投资的一个收益过程，还是高等院校实行学生资源可持续发展十分关键的一部分，关系到社会发展的方方面面，牵动着社会、学校、家庭、个人等多方的视线。对大学生择业产生影响的因素很多，大致可分为外部因素和内部因素两类。

（一）外部因素

1. 家庭因素

家庭的血缘关系、家人在思想道德上对大学生产生的潜移默化的影响，以及大学生在生活和经济上对家庭的依赖关系等都显示出家庭的巨大影响力。这种影响力表现为三种类型：一是言行影响型：大学生虽对就业问题有一定的主见，但父母亲友的言行、经验教训也对其有一定的影响；二是协商帮助型：父母亲友参与大学生的就业过程，或共同商量决策，或利用其社会关系帮助子女获得理想的职业；三是替代选择型：那些平时对父母依赖惯了的大学生，在职业选择上乐于接受父母的选择与安排。有的大学生甚至把“让父母满意”作为自己选择职业的主要标准。

2. 社会因素

（1）经济危机的影响。全球经济危机和国内严峻的经济形势，使近几年本就趋紧的大学生就业形势更为严峻。

（2）随着高校招生规模的不断扩大，毕业生数量逐年增加。

（3）就业空间相对紧张，企业需求量下滑严重。大学生的就业岗位、就业机会明显减少。

（4）相关的政策措施和服务体系尽管得到了一定落实，但还亟待完善。

（5）就业市场不完善的影响。首先，就业市场主体不明确。其次，就业市场信息不畅。再次，就业市场中介机构不健全。最后，就业市场调控不规范，最明显的是洽谈会上签订的协议兑现率低，而且协议缺乏权威性和规范性。

3. 学校因素

（1）大学教育与市场脱节。各类高校不仅在办学模式、办学层次上不能根据经济力量、科技实力和社会产业结构发展及人才市场的需要形成各自的特色，而且在专业设置、教学内容和教学方法上也采用雷同的模式，人才结构、专业结构和素质结构很不合理。

（2）学科专业设置问题。各类高校不同程度地存在着学科和专业结构不合理的现象。

（3）就业指导力度不够。一是学校对毕业生的认识不到位；二是指导机构不健全，专职指导人员的储备也不足；三是指导内容不到位，不少高校将就业指导和就业服务混为一谈，真正的就业指导内容却只限于在毕业班开设就业指导课。

（二）内部因素

1. 观念因素

大学生的就业观念与实际就业的市场不适应问题，成为大学生就业的一大障碍。一些毕业生的就业期望值过高或过低，缺乏从基层做起的勇气，心理准备不充分，以致就业受挫。

2. 能力因素

随着知识经济时代的来临，社会对人才的素质和能力提出了更高的要求。一方面，由于教育体制和大学生自身的原因，当代大学生的能力和素质不能适应市场的需要；另一方面，由于社会对人才的要求越来越挑剔，对大学生在知识储备、能力素质等方面的要求相应提高。

3. 个性因素

人的个性因素与就业成功之间有着密切的关系。大学生在就业过程中，也要利用自己的个性特点扬长避短。这样，缺点也可以变成优点，优点也会更有效地发挥出来。

4. 价值取向

虽然政府统包统分的时代已经结束，我国社会主义市场经济体制已经建立起来，但是很多大学生（包括他们的家长）在观念上还停留在以前计划经济和精英教育的时代，不能认清形势，也不能正确地认识自己，期望值过高。这种在求职择业过程中忽视就业现实的盲目高期望现象，是不合理的择业观所致，需要加以调整。

5. 择业意识

许多高校毕业生在求职过程中，既未树立正确的择业观，又不能准确地评价自身的优劣，更没有一个合理的求职目标。在求职过程中盲目从众、盲目攀比，具体表现就是以多数毕业生相对集中求职的地域、单位、职业等作为自己求职的参照，表现出求职上的地域从众、单位从众、职业从众等。事实上，单位的好坏是相对的，别人认为好的单位并不一定就适合自己。判断单位的好坏，要根据自身的实际情况而定，适合的才是最好的。同时，对用人单位的选择也要建立在正确对自身素质评价的基础上，否则就会脱离现实。

二、大学生就业心理调适的对策

一位老师在对毕业班同学做动员时讲："每位同学都应该明白，毕业生作为一种人才资源最终将进入人才市场。在市场中，每个求职者都是平等的，谁赢谁输，谁获胜谁被淘汰，是个体之间综合素质竞争的结果。表面上看，角逐是在市场上展开的，而实际上，这种竞争早在进入市场前的学生时代中就已经开始了。"

老师这番未雨绸缪的教诲的确是用心良苦。对于大学生来说，求职不仅仅是找一份工作，更是选择一个能帮助自己获取成功的机会。而面对市场无情的竞争和残酷的淘汰过程，大学生们普遍感到压力加大。特别是由于择业挫折导致的各种心理问题，如不及时得到解决，就会影响到他们的就业和身心健康，甚至影响到整个人生。因此，树立正确的择业观，合理进行职业生涯规划，并且学会进行自我心理调适，充分做好求职的准备是每个大学生的当务之急。

良好的就业心态，可以帮助毕业生坦然面对和正确判断求职择业过程中出现的各种情况，对可能遇到的问题探求有效的解决办法，同时能够把握各种就业机会，充分发挥自己的智慧和潜能。

（一）合理定位

合理定位是树立良好心态的根本，只有定位合理，心理才不会产生过大的落差，才会避免出现一系列心理问题。

1. 合理定位来自合理的就业期望

期望值是指个体对某个目标能够实现的概率的估计，包括两层含义：一是目标本身是否具有价值，是否值得追求；二是目标实现的可能性，即概率。理想的工作就是毕业生追求的有价值的目标最终能够得以实现。而学生们有多大可能找到这个理想的工作，就可称为就业期望值。从心理作用来看，就业期望值好比一把双刃剑，把握得好，就可以成为激励学生奋发向上的动力，把握得不好，就会使毕业生在美好的愿望和无情的现实之间产生较大的落差，致使他们因定位不准而错失就业良机。

2. 影响合理定位的因素

由于受思维发展水平、人生价值观、家庭教育、成长背景、自我认知方式、专业定位、对就业形势和就业政策分析能力等因素的影响，很多大学生在就业时自我定位不准确。他们往往用理想中的我去代替现实中的我，不能客观评价自我、合理定位，对大学生充分就业产生一定的负面影响。一方面，影响国家和高校就业工作的顺利进行；另一方面，居高不下的就业期望值，使毕业生在好高骛远中遭受心理挫折。

3. 两大对策帮助大学生合理定位

第一，学校应加强就业观的指导。加强对高校毕业生就业观的指导，可以有效地帮助他们树立正确的世界观、人生观、价值观、职业观和择业观，将理想与现实结合起来，正确认识自己，合理确定就业期望值。

第二，毕业生应学会正确认识就业形势。毕业生要正确分析和认识当前我国的就业形势，正确分析各个院校、各个专业的就业情况，充分认识到当前高校毕业生就业存在的有利条件以及面临的困难和问题。毕业生必须审时度势，合理定位，抓住机遇，迎接挑战。

当我们遇到择业期望一时难以实现的情况时，不妨先改变一下择业意愿或择业标准，先争取及时就业。然后，在新的职业领域里培养兴趣，或者积极创造条件，积蓄力量，继续朝自己向往的职业方向努力。总之，树立正确的择业观，可以使大学生在择业的道路上少走许多弯路，是大学生事业成功的起点。

（二）拥有自信

自信是成功的基石，只有拥有了自信，才会在求职择业的道路上勇敢面对竞争，坦然接受挫折，才会有足够的耐心等待成功。两次诺贝尔奖获得者、法国伟大的物理学家、化学家居里夫人在一封信中说过："我们应该有信心，尤其要有自信心。我们必须相信，我们的天赋是用来做某种事情的，无论代价有多大，这种事情必须做到！"正是这种自信加上刻苦钻研的精神，才使居里夫人获得了巨大的成功。

1. 自信来源于对自己的探索

自信不等于自负，更不等于盲目攀比，而是来源于对自己充分探索后的正确认知。在就业活动开始之前，要充分了解自己，包括自己的学识、能力、性格、特长等，汇总自己的长处和不足，对自己有充分的认识，通过发挥自己的长处、弥补自己的不足，来确立自信，即自身的合理定位，既不要盲目乐观，又不要盲目悲观。

2. 要相信自己与众不同

莎士比亚曾经把人类比喻成艺术品，认为每件艺术品都是不同的，所以，每个人也是不同的。正是由于人与人之间的差异，才有了今天丰富多彩的人类社会。每个人要坚信自己是独一无二的，是与众不同的。在竞争的时候，要充分体现自信，充分展示自己的特长，不要被竞争的压力压垮。就业活动是残酷的，同时也是一个展示自己的舞台。所以，毕业生应该充分利用求职的机会，展示自己的特色。相信“天生我材必有用”，总有适合自己的岗位，要树立信心，从容应对挑战，要坚信自己可以在适合的岗位上做得出色，并为这个目标而努力，用自己的信心去搭建成功的桥梁。

3. 自信不同于自负

自信建立在对自己能力的发现和正确评估的基础之上，是对自己正确、客观、全面的评价。自信不同于自负，不会目空一切，过高地评估自己的能力，以为凭自己的能力完全可以战胜一切。不少毕业生在自荐书上写道：“给我一个机会，我会为你创造一个辉煌!”他们暴露出过于理想化的心态，这不是显示自信，而是自负了。

我国高等教育从精英教育向大众教育转变，市场化就业已经是大势所趋，所以大学生清楚自己在社会中所处的位置，适当降低自己的就业期望值，理智设计自己未来的职业，保持平和的就业心态。不要想一步登天，找工作要注重自己能在这个职业中学习到什么，知道自己将来到底想干什么。在我国现在的整个劳动力市场中，学生在知识、年龄、观念、精力、信息等方面具有独特的优势，所以不要被市场上所谓“非多年工作经验，非本科学位不招”等信息所击败。当然，也需要脚踏实地，从培养自己的创新和创业能力的长期效应着想，不要斤斤计较短期的报酬、岗位、职务等因素。通过对自己能力的培养，调整就业策略、自主创业等方式重整就业格局。

（三）勇于竞争

如今，竞争机制已深入到社会生活的各个方面，良好的竞争观念已深入人心。在就业活动中，大批毕业生要在短时间内找到工作，参与激烈的市场竞争是不可避免的，因此，做好竞争的心理准备非常必要。

1. 树立竞争意识

要做好竞争的心理准备，首先要有强烈的竞争意识。全国每年都有数百万的高校毕业生，要在短短几个月的时间内集中实现就业的理想，就业的压力可想而知。同一岗位，往往聚集了许多竞争者，一些学生没有主动竞争的意识，不能把外在的竞争压力转化为自己积极进取的内在动力，显然难以顺利在竞争中脱颖而出，争取到心仪的工作岗位。

2. 遵守竞争原则

要做好竞争的心理准备，还要坚持正确的竞争原则。就业竞争是客观现实的，同时也是无情的，但竞争应当符合社会道德规范。具体地说，竞争应坚持公正、公开、公平的原则，反对尔虞我诈、相互诋毁、弄虚作假。在就业竞争面前，要保持自己的人格尊严、道德品质，诚实守信，凭自己的实力并运用竞争技巧去赢得用人单位的肯定。

3. 培养竞争实力

一句广告语说得好，“有实力才有魅力”。雄厚的竞争实力是大学生战胜对手，争得工作机会的保证。竞争实力是指与择业竞争有关的各种能力，主要体现在适应能力、专业知识学习能力、人际交往与沟通能力、表达能力、组织管理能力、开拓创新能力、动手操作能力等诸多方面，大学生在学习、生活中要注重培养和提高这些能力。

4. 勇于面对竞争

当今时代，竞争机制已经渗入社会的各个领域和人生的整个过程。在高校学习阶段，学生竞争的内容广泛，评奖评优、推优入党、争取好工作等，无一不和竞争联系在一起。在激烈竞争面前，学生要正视现实，不能回避躲让，要做好参加竞争的心理准备；不断提高自己的综合素质，提高竞争实力，积极参与竞争，争取成功。

只要有竞争，就会有成功的喜悦和失败的痛苦。对于参与就业竞争的高校毕业生来说，要保持良好的心态，具备接受失败的心理承受力。当择业过程中遇到失败时，应积极设法寻求新的工作机遇，努力争取在下一次就业竞争中成功，做到“胜不骄，败不馁”，一步一步地实现自己的职业理想。

（四）富有耐心

求职择业有时是一个漫长的过程，要求毕业生在做好准备的基础上，有足够的耐心等待成功的来临。

1. 学会坚持

求职择业是一个漫长的过程，这个过程不仅仅体现在实践上，也体现在过程的复杂性上。如有的是因为单位的用人岗位尚未确定；有的是因为应聘人员过多，信息处理时间过长；有的是因为办理手续审批时间过长等。这些无疑对毕业生是一个考验。所以，毕业生要学会坚持。坚持就是顽强地克服行动中的困难，百折不挠地向既定的目标奋进，而不能一遇到困难与挫折就半途而废。相信只要长期坚持，就一定能够获得成功。

2. 学会发展

耐心不是“干等”，求职择业的耐心还表现为要学会在等待中求发展。这里的发展包含两层含义：一是在等待的过程中继续收集择业信息，继续进行择业活动，不要“在一棵树上吊死”，再理想的职业岗位，在等待的过程中，也会因为太多不确定的因素影响着最终的结果；二是在等待的过程中发展自己，根据社会需求，缺什么补什么，无论是专业知识还是实践技能，都要抓紧时间提高，为即将来临的考验做好充分的准备。

3. 学会调节

前途是光明的，道路是曲折的，等待选择的结果是一种考验。毕业生要学会调节自己的心态，缓解自己紧张的情绪，从容面对就业过程中的种种困难，避免焦躁的情绪影响身心的健康和就业的成功。

（五）做好准备工作

1. 知识准备

一切职业都要求从业者具有相应的知识。知识是人类认识的成果，是培养能力和提高技能的基础。知识可分为专业知识和一般常识。前者指从事某种专门职业或进行某种特殊活动所必备的知识，后者指人进行日常生活或从事一般活动所需要的常识。知识是大学生就业的基础条件。

2. 能力准备

能力则属于个性心理特征的范畴。能力可分为一般能力和专业能力。一般能力指：①自学能力，如阅读、使用工具书、利用文献、独立思考等方面的能力；②表达能力，主要有口头的、书面的、图表的和数字的表达能力；③环境适应能力，如独立生活、人际交往、应对挫折、独立工作等能力；④创造能力，如从事科研活动和提出新见解、新发明等；⑤自我教育能力，如自我评价、自我监督、自我管理等；⑥管理能力，即人的管理和技术的管理等；⑦动手能力，如具体的操作能力；专业能力则因专业的不同，有不同的内容和要求。但无论是什么专业的大学生，都要具有一定的专业能力。在就业准备期应该做到的事项有：学好专业知识，参加有关的科技活动和科研活动，结合专业内容参加社会实践活动，认真进行专业实习，认真做好毕业设计和论文等。能力准备是大学生就业的关键。

3. 心理准备，特别是挫折心理准备

当前，由于受多种因素的影响，大学生在就业过程中存在某些不健康心理，特别是当现实与理想存在一定距离时会产生自卑或恐惧等心理。主要表现在：一是自负心理，这是大学生的一种过度的优势心理。二是迷惘心理，当所学专业与社会需求不尽吻合时感到无所适从。三是逃避心理，在面对“双向选择”时，发现自己的知识不能适应社会的需求，于是追悔、逃避、对就业失去了信心和勇气。四是消极心理。大学生由于不能正确认识和分析就业中的不合理现象而常常感到失望。因此，大学生在就业准备的过程中，要注意破除自己的心理障碍，保持健康的心态。那么怎样才能使自己有一个健康的心理呢？首先要进行自我调节，充分相信自己，看到自己的优势、就业前景，减轻心理负荷，保持良好的精神状态。其次是做好充分的心理准备。树立正确的择业观，看问题不要极端，处理好自我价值实现与社会需求的关系。

4. 就业常识准备

在市场经济条件下，大学生去寻找工作的主要场所是人才市场，在人才市场进行“双向选择”。这就要求大学生做好进入人才市场的准备工作，掌握好在市场竞争中求职择业的技能和技巧。大学生首先需要写好求职信和自荐书。要实事求是、简明扼要地写清求职的动机和愿望、所学专业、自己的兴趣、特长，被录用后的打算，以及自己的思想状况、学习成绩、动手能力等方面的内容。切忌只写优点，不写缺点；其次，大学生要掌握“双向选择”洽谈的技能与技巧。应该充分发挥自己的优势，正确运用眼、口、手的配合，举止大方自然，穿着与自身相符合，沉着冷静地回答对方的提问，千万不要牵强附会、不懂装懂，但也不应过谦，而应充满自信，展示青年大学生应有的风度和品格。

课程实践

活动一 心理测试

什么职业适合我

以下有 60 道题目，如果你认为是符合自己情况的选项，在题目后面的表格中相应的序号上画个圈，反之则不必做记号。答题时不需要反复思考。

1. 我喜欢自己动手干一些具体的、能直接看到效果的活。
2. 我喜欢弄清楚有关做一件事情的具体要求，以明确如何去做。
3. 我认为追求的目标应该尽量高些，这样才可能在实践中多获得成功。
4. 我很看重人与人之间的友情。
5. 我常常想寻找独特的方式来表现自己的创造力。

6. 我喜欢阅读比较理性的书籍。
7. 我喜欢把生活与工作场所布置得朴实些、实用些。
8. 在开始做一件事情以前，我喜欢有条不紊地做好所有准备工作。
9. 我善于带动他人，影响他人。
10. 为了帮助他人，我愿意做些自我牺牲。
11. 当我进入创造性工作时，我会忘却一切。
12. 在找到解决困难的办法之前，我通常不会罢手。
13. 我喜欢直截了当，不喜欢说话婉转。
14. 我比较善于注意和检查细节。
15. 我乐于在所从事的工作中承当主要责任。
16. 在解决个人问题时，我喜欢找他人商量。
17. 我的情绪容易激动。
18. 一接触到有关新发明、新发现的信息，我就会感到兴奋。
19. 我喜欢在户外工作与活动。
20. 我喜欢有规律、干净整洁。
21. 在我要做重要的决定之前，总觉得异常兴奋。
22. 当别人叙述个人烦恼时，我能做一个很好的倾听者。
23. 我喜欢观赏艺术展和好的戏剧和电影。
24. 我喜欢先研究所有的细节，然后再做出合乎逻辑的决定。
25. 我的手工操作和体力劳动永远不会过时。
26. 我不大喜欢由我一个人负责来做重大决定。
27. 我善于和能为我提供好处的人交往。
28. 我善于调节他人之间的矛盾。
29. 我喜欢别致的着装，喜欢新颖的色彩与风格。
30. 我对各种大自然的奥秘充满好奇。
31. 我不怕干体力活，通常还知道如何巧干。
32. 在作决定时，我喜欢保险系数比较高的方案，不喜欢冒险。
33. 我喜欢竞争与挑战。
34. 我喜欢与人交往，以丰富自己的阅历。
35. 我善于用自己的工作来体现自己的情感。
36. 在动手做一件事情之前，我喜欢先在脑中仔细思索几遍。
37. 我不喜欢购买现成的物品，希望能购买到材料自己做。
38. 只要我按照规则做了，心里就会踏实。
39. 只要成果大，我愿意冒险。
40. 我通常能比较敏感地觉察到他人的需求。
41. 音乐、绘画、文字，任何优美的东西都特别容易给我带来好心情。
42. 我把受教育看成是不断提高自我的，一辈子的过程。
43. 我喜欢把东西拆开，然后再使之复原。
44. 我喜欢每一分钟都过得很充实。

45. 我喜欢启动一项工作，而具体的细节让其他人去负责。

46. 我喜欢帮助他人，提高他人的学习能力。

47. 我很善于想象。

48. 有时候我能独坐很长时间来阅读。

49. 我不怎么在乎干活时弄脏自己。

50. 只要能仔细地完整地做完一件事情，我就感到十分满足。

51. 我喜欢在团体中担当主角。

52. 如果我与他人有了矛盾，我喜欢采取平和的方式加以解决。

53. 我对环境布置比较讲究，哪怕是一般的色彩、图案，都希望能赏心悦目。

54. 哪怕我明知结果会与我的期盼相悖，我也要探究到底。

55. 我很看重拥有健壮灵活的身体。

56. 如果答应完成某事，我就会把这件事情彻底干好。

57. 我喜欢谈判，喜欢讨价还价。

58. 人们喜欢向我倾诉他们的烦恼。

59. 我喜欢尝试有创意的新主意。

60. 凡事我都喜欢问一个“为什么”。

评分标准：

在下表中将每一列画圈的数量加起来填在每一列最下面，哪一列分数高，便倾向于哪种类型。

分值表

R	C	E	S	A	I
1	2	3	4	5	6
7	8	9	10	11	12
13	14	15	16	17	18
19	20	21	22	23	24
25	26	27	28	29	30
31	32	33	34	35	36
37	38	39	40	41	42
43	44	45	46	47	48
49	50	51	52	53	54
55	56	57	58	59	60

自我评析：

R：现实型。喜欢做使用工具、实物、机器或与物有关的工作，具有手工、机械、农业、电子方面的技能，爱好与建筑、维修有关的职业，脚踏实地，实事求是。适合做机械师、工程师、司机、电工、木匠等。

C：常规型。喜欢做系统地整理信息资料一类的事情，具有办公室工作和数字方面的能力，爱好记录、整理文件、打字、复印及操作计算机等职业，尽职尽责，忠实可靠。适合做会计师、银行出纳、计算机操作员、打字员、书记员等。

E：企业型。喜欢领导和左右他人，具有领导能力、说服能力及其他一些与人打交道所必需的重要技能，爱好商业或与管理人有关的职业，雄心勃勃，友好大方，精力充沛，信心十足。适合做公司经理、电视制作人、广告部长、销售、个体工商业者等。

S：社会型。喜欢参加自学、培训、教学和各种帮助他人的活动，具有与他人相处共事的能力，爱好教师、护士、律师一类的职业，乐于助人，友好热情。适合做教师、医生、教练、导游、公务员等。

A：艺术型。喜欢不受常规约束，以便利用时间从事创造性的活动，具有语言、美术、音乐、，戏剧、写作等方面的技能、爱好，能发挥创造才能的职业，天资聪慧，创造性强，不拘小节，自由放任。适合做音乐家、作家、记者、演员、主持人等。

I：研究型。喜欢各种与生物科学、物理科学有关的活动，具有极好的数学和科学研究能力，爱好科学或医生领域里的职业，好奇心强，勤奋自立。适合做学者、科学家、编辑、医学实验室的技术人员等。

活动二　自助阅读

（1）《职业生涯设计学》．沈登学，孔勤．成都：四川大学出版社．

（2）《职业生涯规划自测、技能与路径》．［美］叶纳．刘红霞，杨伟国，译．北京：机械工业出版社．

第十一章 大学生常见心理障碍及心理咨询

正如每个人都可能患躯体疾病一样，每个人也都可能出现心理困扰。心理困扰有性质的差异和程度的不同，有些人出现心理困扰，还能保持基本的社会适应，而有些人出现心理困扰，却发展到了完全不健康的心理状态——心理障碍和精神疾病。

第一节 大学生心理障碍主要类型

大学生常见心理障碍主要分为三大类：神经症、人格障碍和性心理障碍。

一、神经症

神经症又称神经官能症，是一组轻性心理障碍的总称。神经症是由心理因素引起的，基本都是主观感觉方面的不良症状，没有相应的器质性损害。表现为当事人一般社会适应能力保持正常或影响不大；有良好的自知力，对自己的不适有充分的感受，一般能主动求治。神经症也是门诊中最常见的疾病之一，患病率相当高。神经症根据不同症状又可分为多种类型，大学生群体里，常见的有神经衰弱、焦虑症、抑郁症、恐怖症、强迫症等。

（一）神经衰弱

由于大脑神经活动长期持续性过度紧张，导致大脑的兴奋和抑制失调，精神活动能力的减弱而产生的心理障碍。

案例　　神经衰弱的痛苦

石××，男，某名牌大学理科一年级学生。他的主要问题是对学习感到格外吃力，学习过程中也极易疲劳。往往只看了十几分钟的书，脑子里便乱成一团麻，再也无法继续看下去。学习中遇到一些很小的事情，也要分散该生很大的精力，注意力很难集中，学习兴趣明显下降，经常感到乏累，整天无精打采；睡眠出现障碍，每天躺在床上需要三个小时才能入睡，尽管想了许多催眠的方法，但均无济于事。该生同时还伴有心情沉重等症状。据该生自述，他已面临退学的危险，迫切希望得到咨询工作者的帮助。

1. 神经衰弱的诊断标准

（1）衰弱症状。患者脑力易疲劳，感到没有精神，自感脑子迟钝，注意力不易集中或不能持久，记忆力差，效率显著下降，身体也易疲劳。

（2）情绪症状。烦恼，心情紧张而不能松弛，易激动等，可有轻度焦虑或抑郁。

（3）兴奋症状。感到精神易兴奋，表现为回忆或联想增多且控制不住，伴有不快感，但没有语言和运动的增多。

（4）肌肉紧张性疼痛。自觉头部发胀或有紧缩感，似乎头皮变厚或像是戴了一顶橡皮帽，头晕、头痛、机体肌肉酸痛等。

（5）睡眠障碍。如入睡困难，多梦，醒后感到不解乏，睡眠感丧失（实际已睡，自感未睡），睡眠节律紊乱（夜间不眠，白天无精打采和打瞌睡）。

此外还有心悸、气短、多汗、肢冷、腹胀、尿频、遗精等植物神经功能紊乱症状。

上述必须具备三项以上时，才可判断为神经衰弱，其中睡眠障碍最主要。

2. 常见致病因素

（1）遭遇某些负性生活事件。如亲人死亡，与家人、同学或导师及上级领导关系紧张，失恋、学业上的失败等，由这些负性生活事件所引起的忧虑、愤怒、怨恨、委屈及悲伤等情绪体验可导致大脑皮层的神经活动失调，进而发生神经衰弱。

（2）生活及学习安排不当、杂乱无章，对所计划或规定完成的学习任务难以完成时所产生的慌乱或紧迫感，以及对学习、生活环境突然改变的适应困难等，也可促使大脑神经活动的过度紧张而产生神经衰弱。

（3）学习及脑力劳动时间过长，缺乏良好的休息和睡眠，同时伴有思想负担或压力，或者对学习或工作不满，但又非要完成不可，由此所产生的抵触情绪也往往容易导致神经衰弱的发生。

（4）身体患有某些慢性疾病、长期失眠及其他可能削弱机体机能的各种心理因素均能助长神经衰弱的发生。

（5）个性及体型也与神经衰弱的发病有关。多数患者病前的性格偏于情绪不稳、敏感多疑、易激怒、急躁、自制力差、心胸狭窄、胆怯等。此外，患神经衰弱者大都属于身体瘦长和肌肉不结实的无力体型。不过，神经衰弱除少数是由于某种过于强劲的刺激引起外，大多是上述多种原因共同作用所致。

（二）焦虑症

在日常生活中，很多人都体会过焦虑情绪。焦虑是一种情绪反应，是个体在面临不良刺激或预感到会出现挫折情境时所产生的一种复杂的消极或不愉快的情绪状态。轻度焦虑是正常的情绪反应，例如考试之前的夜不能寐，参加讲演比赛前的忐忑不安，这些暂时性的情度焦虑不属于焦虑症。焦虑症是一个人在毫无原由或在无关紧要的情况下，呈现出严重的焦虑不安、胆战心惊等症状，而这些症状并非由实际威胁所引起，其紧张及焦虑的程度与现实情况很不相称。

案例　　小敏的焦虑症

小敏，22岁，大学四年级。自述一年多之前，其父因患肝癌住院治疗，在住院期间受到一些医护人员的冷遇，心中不免感到世态炎凉。不久，其父病逝，由于与父亲感情较深，她的很多事情都是由父亲代办或安排好的，养成了对父亲的依赖性。父亲的去世使她一下子失去了依靠，再加上分遗产的事与亲友们发生了很大纠纷，就更加觉得人世间似乎一点儿爱和人情味都没有了。常有一种末日来临的感觉，遇到一点儿小事就控制不住地大发脾气，或不由自主浑身发抖，甚至当着亲友们的面随意砸坏室内的家具或其他完好的物品。近来常做噩梦，心烦意乱，有一种强烈的报复心理，对一切都丧失了兴趣。

1. 因其焦虑的主要原因

（1）遗传因素。据研究，单卵双生子的同病率为35%，高于全部其他的神经症。

（2）心理因素。心理素质在焦虑症的发生中也有着重要作用。焦虑症患者大都谨小慎微、胆小怕事、情绪不稳，对轻微的心理挫折或身体不适极易发生焦虑和紧张。

（3）精神压力因素。当人们长期面临威胁，处于不利环境之中，或遭遇重大的生活事件如亲人死亡等，就更易于发生焦虑症。值得注意的是，儿童时期的创伤性体验常会由于现实生活中某些事物的唤起作用而诱发焦虑症。

2. 焦虑症分类

（1）急性形式。或称惊恐发作，指患者常出现大祸临头或死亡来临之感，使他们恐惧不安、尖叫或逃离，同时伴有心慌、心悸、心急等，发作时通常可持续数分钟。

（2）慢性形式。或称普遍性焦虑，比前者更为常见，主要表现为精神不安、心情紧张和容易激怒等，有时感到心惊肉跳、头痛、背痛、全身颤抖等，患者常因不明原因的惊恐感而意志消沉、忧虑不安，夜间入睡困难。

（三）抑郁症

抑郁症又叫忧郁症，是最常见的一类情绪障碍。该症主要是对痛苦经历的抑郁反应，但抑郁的程度常与其痛苦经历不相称。通常表现为情绪低落，焦虑不安，凄凉悲哀，暗自伤心落泪，对任何事物都不感兴趣，不愿与人交往，感到处处不如意，总觉得什么不幸的事情要发生，甚至悲观厌世，觉得活着没意思，想以死来寻求解脱。此外，他们常伴有身体不适感，如食欲减退、失眠等。

案例　　**抑郁症的困扰**

男，18岁，大二学生。自述“心情忧郁、乏力，对学习反感，精力难以集中，做事无兴趣，感到生活没有意义”。高三时，常胃痛、腹泻，当时医生诊断为“胃肠炎”，经治疗后好转。进入大学后，军训时，常有腹痛、腹泻，经胃镜检查诊断为“浅表性胃炎、十二指肠球炎”。服药治疗后效果不佳，因此感到焦虑不安，进而影响学习。到第二学期时，学习兴趣下降，讨厌学习，不愿看书，上课听不进去。无任何业余爱好，从不参加课外活动，业余时间常看医学书籍，最近一学期学习成绩下降，有些科目（主课）考试不及格。此后，有时想抓紧时间学习，但因头晕、胃部不适未能坚持。很少与他人交往，养成了孤僻的性格，常常独坐一处，感到孤独、忧郁。咨询过程中，总是问一句才答一句，回答问题时语调很低，有气无力，行动迟缓，反应较慢，始终低垂着头。

1. 诊断标准

（1）对日常生活丧失兴趣，无愉快感。

（2）精力明显减退，无原因的持续疲劳感。

（3）精神运动性迟滞或激起。

（4）自我评价过低，或自责，或有内疚感，可达到妄想程度。

（5）联想困难，或自觉思考能力显著下降。

（6）失眠，或早醒，或睡眠过多。

（7）食欲不振，或体重明显减轻。

（8）性欲明显减退。

以上症状标准中至少有四项，以心境低落为主要特征，并且症状持续至少两周。此外，要参照严重程度标准，或者社会功能受损，或者给本人造成不良后果，至少符合情况之一。

2. 原因

抑郁症可以由多种原因引起，主要是心理因素。绝大多数患者都是由一定的负性生活事件所引起，如亲人死亡、与亲友分离、较大或慢性伤病、工作学习上的挫折及经济问题等。但这些负性生活事件之所以会导致本症的发生，与下列一些基本因素有关：

（1）患者病前多情绪不稳、性格不开朗、思虑过多、依赖心重等。这些性格特点对他们对负性生活事件的反应强度和性质起着决定作用。

（2）由于在生活中遭受的挫折或损伤所引起的心境突然改变，破坏了其情感生活的平衡。

（3）突如其来的打击使自尊心受到严重伤害，动摇了所有自信心和价值观。

（四）恐怖症

恐怖症是指对某些不具备任何伤害性质的事物作出不合理的恐惧反应。也就是说，即使当事人明明知道自己不会受到伤害，却仍然无法控制自己的恐惧情绪。恐惧症最重要的特点是内心恐惧感的不合理性。比如与他人交往是很正常的事，可有些人不敢与人接近，不敢在陌生人面前讲话，必须这样做时会非常紧张、脸红语塞，甚至逃避，这是社交恐惧症。

1. 场所恐惧症

场所恐惧症主要表现为对公共场所产生恐怖因而害怕到各种公共场所中去。当患者看到周围都是人时，便会产生强烈的恐怖感，担心自己无法自控或晕倒，或出现濒死感，焦虑不安，有些患者对高空或黑暗等产生恐怖，不敢在高处停留，甚至不敢在高楼上居住，或不敢独自一人处于黑暗中。

案例　　　　恐惧症的苦恼

有位21岁的男大学生，只要天黑就不敢去地下室，白天无所谓。一次，父亲强迫他去，竟然昏倒在地下室。后来发展到不敢关灯睡觉，即使和别人同住一屋，一关灯就吓得哇哇大叫。原来在幼年时，听小朋友讲鬼故事，描述一位巨人，专吃十岁以下的小孩儿的心，喝他们的血，挖他们的眼。他听完故事后满怀恐惧回家，结果在黑暗中遇到一个喝醉酒的农民，他吓得昏了过去。从此对黑暗产生极大的恐惧。

2. 物体恐惧症

物体恐惧症主要表现为对某些特定的物体产生恐怖。如对动物的恐怖，害怕猫、老鼠、狗、蛇、鸟类及昆虫等；有些患者表现为对尖锐物体的恐怖，不敢接触尖锐物体，害怕自己或他人会受到这些物体的伤害等。

案例　　　　怕狗的小英

18岁的小英突然怕狗而不敢独自出门，上学要爸爸走在前面，她居中，妈妈随后。继而怕图画中的狗，怕谈论狗，怕看到“狗”字，父母为此不能离开她的左右。母亲回忆说，女儿6岁时夫妻常吵架，有一次闹离婚，一气之下自己带着女儿回娘家，路上碰到一条恶狗，吓得女儿哭喊不止，喊来丈夫后才平静。去年以来，小英她爸迷上了赌博，家里又起“战争”，小英很害怕、很紧张，不久就出现了怕狗的症状。

（四）强迫症

在日常生活中很多人会有强迫倾向，比如走出宿舍楼，忽然想起可能忘记锁门，这个念头一出现便有些担心，回去检查发现已经锁好才安心去上课，这是很正常的。强迫症是指当事人的行为不受自由意志的支配，即使其行为违反自己的意志，却仍然一再身不由己地重复。

案例　　　　　　　　　　**小王的强迫症**

大学生小王性格畏首畏尾，谨小慎微，办事情总希望尽善尽美。复习功课时台灯放的高了，认为照明度不够；放低些，觉得挡视线，每次晚上看书前都得调半个多小时。虽然明知没必要，但不调就看不了书。穿裤子时，皮带系紧了，他感觉影响了自己的呼吸；系松了又认为有碍个人的形象。他便将皮带扣在第四个眼儿里，又扣在第五个眼儿……也常常反复几十次。

强迫症有两种含义，一种是强迫性观念，另一种是强迫性动作。强迫性观念主要表现为无法控制反复出现的一些想法，如强迫性记忆、强迫性疑虑、强迫性穷思竭虑等。强迫性记忆，患者反复回忆无关紧要的事或过去的经历；强迫性疑虑，对自己的行动是否正确无误，产生不必要的疑虑；强迫性穷思竭虑，即对自然现象或日常生活事件发生的原因进行无效的反复思考。强迫性行为主要表现为不由自主地重复自己认为毫无必要的行为，如强迫洗涤，当患者的手或身体接触陌生人或陌生人用的东西时，不能控制地去洗手、洗涤全身；强迫性计数，患者不可克制地计数某些东西；强迫性仪式动作，患者常重复一套刻板动作，进门一定要左足先跨，接着向前走两步向后退一步；或上床睡觉前，按规定的次序脱衣脱鞋，然后绕床一圈，不这样做，会感到心中不安。二者有时单独出现，有时同时出现。当事人明知有这种思考或动作毫无意义，毫无必要，甚至感到荒谬，但却难以控制。如果没有那样做，就总觉得内心不安。不去做，痛苦，做完之后再反复数次做，更加痛苦。

二、人格障碍

见第五章大学生人格的塑造。

三、性心理障碍

（一）露阴癖

所谓露阴癖，或称暴露癖，是将自己的生殖器暴露给非自愿的异性看，从对方的恐慌害怕或惊叫厌恶的反应中获得性欲的唤起和满足。暴露癖是比较常见的一种性变态心理，这种变态行为者几乎都是男性。这种行为既可在较为僻静、阴暗的地方发生，也可在人多拥挤的场合发生。露阴癖者选择的异性大多是比自己年轻的女性，通常是自己不熟悉的女性。通常情况下并不对异性构成直接的暴力侵害，只要其露阴成功立即离去，以逃避制裁。

（二）恋物癖

恋物癖，即以物代人，以某种异性用品如女性的贴身用品作为性欲对象刺激和满足自己的性欲，一般以成年男性居多。恋物癖的特点是性行为的对象不是女性的性器官，而是女性使用的物品，所恋之物多数是女性用过或正在使用的贴身穿戴物，通常是以非法手段取得。患者大多性格内向、抑郁，平时缺少异性伙伴，性启蒙较早。有的恋物癖大学生平时品行良好，无流氓行为，发作前有明显的紧张性、焦虑性冲动，失去自控能力，事情过后有强烈的自责、悔恨及改过的心理。

（三）窥淫癖

窥淫癖指的是寻找时机窥视异性裸体及他人的性行为来获取异常的性满足和性快感，并以此来代替正常的情欲和性交。主要行为特征是偷看异性的性器官、异性的裸体，偷看他人的性生活，是一种异常的心理与行为表现。窥淫癖者常在夜晚潜伏在他人住房的窗外、厕所或浴室，偷看年轻夫妇的性生活及正在上厕所或洗澡的女性裸体。他们有时借助于望远镜或利用镜子反射，为了达到窥视的目的常常不择手段，甚至不惜冒很大的风险。

（四）恋童癖

恋童癖的性欲对象不是成人，而是专门选择儿童作为性欲满足的对象。恋童癖者几乎仅限于男性，大多数恋童者与儿童间的性行为仅限于抚弄儿童的外生殖器。同时让儿童抚摸自己的生殖器，只有少数人试图性交。在我国恋童癖不仅是性变态的问题，同时也是一种严重犯罪。

（五）施虐癖与受虐癖

施虐癖与受虐癖是两性之间通过暴力方式来得到性满足。施虐者对所爱的对象施以精神及肉体上的虐待或痛楚，以获得性兴奋。当施虐癖发展到极端时，便有可能是一种精神病表现，患者不再满足于施虐，而是常在性活动之后以极残忍的手段杀害对方，即色情杀人狂。这对社会构成重大危害，是要受到法律的严惩的。受虐癖与施虐癖正相反，以他人对自己的身体实施残害达到进一步的性心理满足。

（六）易性癖

又称性别转换症，属于性身份障碍。这种人主观上对自己性别的认识，与客观的生理性别完全相反，即心理性别和生理性别完全相反。最早，临床把这种病症归于一种原发、系统的妄想，即偏执型精神病。与其他类型的偏执型精神病一样，病因不明，治疗困难。现在一些医院采取变性手术方法，改变其性别。这只是权宜之计，不能从根本上解决病理性的思维障碍。

变性手术

变性手术是一种非常严肃的治疗手段，绝对不是满足人们暂时的好奇心就能做的一种游戏，手术对患者的生活方式、人际关系、社会角色等都会造成巨大的冲击，因此手术接受者需要慎重。为了保证手术的严肃性，每一位要接受变性手术的人必须是“易性癖”患者，并且已经以异性身份生活和工作了一段时间。在接受手术之前，还必须出具八项证明：公安部同意手术的证明、包括个人经历及手术决心的个人手术申请的证明、家庭成员同意手术的证明、精神院排除精神病的证明、工作单位同意手术的证明、县政府和居委会同意手术的证明、已经结婚者必须解决好配偶问题并出具法院证明、医疗费用的筹备及手术后的生活保障措施证明。所有证明准备齐全后，才能接受变性手术。

四、不同心理学派对心理困扰的解释

（一）精神分析理论对心理困扰成因的解释

案例　　小王的心理问题

小王上大学二年级，求助心理咨询的问题是每当写字时总是反复检查字是否写好。他说，自己心里也明白，这样检查没有任何意义，字写得好坏也无关紧要，可是就是控制不住自己，这种症状从四、五岁时就开始了。他非常苦恼。如何解释这种心理困扰呢？

弗洛伊德创建的精神分析学派开创了心理治疗的先河。他认为，人的许多问题其实是更深层的内心世界冲突的结果。弗洛伊德认为，成人的人格本质是在生命最初的五六年里已经形成，儿童早期的经历对一个人后来的心理发展是至关重要的。

弗洛伊德将意识分为意识、前意识和潜意识三个水平。意识是我们可以意识到的部分；前意识介于意识和潜意识之间，指虽不在意识范围但可以经过回忆记起的内容；潜意识指我们无法觉察到的东西。弗洛伊德认为，潜意识是我们内心想法的主体，决定了许多日常行为。个案中的男生从四、五岁时开始出现反复检查字写得好坏的症状，显然，四、五岁还不是上学的年龄，不会经常写字，甚至还没有学习写字。在弗洛伊德看来，这个年龄处于一定的心理发展阶段，会产生特别的心理冲突。这涉及弗洛伊德的性心理发展理论。

正常的性心理发展经历口欲期（0～1 岁）、肛门期（2～3 岁）、性器期（3～6 岁）、潜伏期（6～12 岁）、青春期（12～18 岁）这样一系列的发展阶段。其中性器期是最重要的心理性欲发展阶段，儿童将经历俄狄浦斯情结。这个年龄阶段的儿童会对异性父母产生性兴趣，男孩希望占有母亲，消灭父亲；而女孩希望占有父亲，消灭母亲。

男孩产生占有母亲的性幻想的同时，伴有对父亲的嫉妒和怨恨。但他看到父亲是强有力的危险人物，如果父亲知道自己的真实感情一定会报复，因而男孩会出现阉割焦虑和阉割恐惧，成为男孩俄狄浦斯情结的主要成分。男孩所经历的巨大心理冲突，来自意识和潜意识中混杂的渴望、恐惧与怨恨，解决这些心理冲突的方法是压抑对母亲的渴望，同时向父亲认同，即男孩将父亲的价值和标准认同为自己的价值和标准，从而降低阉割焦虑。男孩对父亲的这种认同具有社会功能，由此文化规则一代代传承下去，男孩学到可以接受的社会规则。

根据精神分析理论，俄狄浦斯情结顺利解决是个性健康发展的重要一步。如果对俄狄浦斯情结解决得不彻底，可能出现不同的结果，例如对父亲的怨恨和敌意可能转移到对权威人物身上；对异性父母的过度依恋可能阻断与其他成年异性的情感交往，即使恋爱、结婚似乎也在寻找类似于父爱、母爱的感情。

案例　　**俄狄浦斯情结**

一个男孩从四、五岁开始出现症状，用弗洛伊德的理论来解释，正是俄狄浦斯情结中的冲突时期，让我们联想到他写字的症状是否与父亲或和父亲的竞争有关。对个案进一步了解发现，他的父亲是报社编辑，毛笔字写得非常好，他其实是以字写得好作为父亲的代表，自己也要写好字。这似乎意味着与父亲竞争，不过这是超我所不能接受的，只能被压抑在潜意识里。可见，反复检查字写得好坏的冲突，其实表达的是内心深处与父亲竞争的冲突。因为这一冲突一直未能解决，所以症状一直保持了下来。

（二）行为主义理论对心理困扰成因的解释

案例　　**社交困扰**

女，大学一年级，在社交场合感到紧张、局促，从不主动与同学交往，很少参加集体活动。如果必须去参加活动会非常焦虑，会觉得很尴尬，思来想去最后还是选择待在宿舍里，但又觉得自己不应该这样做。

她为什么不想与人交往，不想参加活动呢？

行为主义理论的创始人华生有一段名言：“给我十几个健康的婴儿，让我在自己构建的特殊环境里把他们养大，我保证能够随机地把他们训练成为任何一种类型的专家——医生、律师、艺术家、巨商，甚至乞丐和盗贼。”很显然，行为主义学派非常重视后天学习对人的影响。

行为主义理论认为，许多让我们烦恼的恐惧都是通过条件反射形成的。例如，一位3岁女孩从高高的滑梯上滑下来很害怕，她体验到的恐惧与她看到的滑梯是同时出现的。当她下一次接近滑梯时，这种恐惧的感觉就会出现，而且离滑梯越近恐惧越强烈，她很可能想跑开。小女孩对滑梯的恐惧还可能泛化到对其他高处的恐惧。在她偶然一次跑开后，恐惧感消失了，这样躲避滑梯的行为因为得到负强化增强。生活中，我们可能记不清自己是在什么时候曾经将一座桥或一条蛇与自己的恐惧体验联系在一起，也许这样的联系是在我们没有意识到的情况下发生的，但现在却给我们带来了问题。

在行为主义者看来，可观察的行为是心理学的研究对象。操作条件反射的代表人物桑代克和斯金纳通过动物迷箱实验发现，当行为产生消极结果时，这种行为趋于减少；当行为产生积极结果时，这种行为被重复的可能性更大。这就是说，某种行为出现的频率受该行为所产生的后果影响。增加行为频率的基本强化策略有两种，即正强化和负强化。正强化之所以使行为频率增加，是因为在行为后面跟随着奖励，例如学习努力取得好成绩，获得了奖学金，以后会更加勤奋学习。负强化之所以增加行为的频率，是因为在行为后面去掉了坏刺激，例如，学习累了到教室外散步疲劳感消失，以后每当学习疲惫时都会去散步。

以班杜拉为代表的一些学者认为，人的行为是由内部力量和外部力量共同决定的，还应该加入认知的因素。也就是说，是奖励、惩罚等外因和信念、思维、期望等内因相互作用、相互影响，共同决定人的行为。此外，人的很多行为是通过模仿习得的，但是为使个体表现这些行为，还是要运用强化手段。

案例中的女生，可能从小就是非常害羞的女孩，在陌生人面前表现不自然，不爱说话，偶尔讲话很紧张，还可能被人嘲笑。她发现，唯一的办法就是尽可能地躲避他们，后来这种躲避行为泛化到其他人身上，女孩越发退缩。或许这位女生也曾经努力与他人交往，但从来没有成功过，没有体会过积极的交往经验，也就不愿意再尝试，这样她更缺少了与人交往时机会。

（三）人本主义者对心理困扰成因的解释

案例　　　　　　　　**不想回家的小张**

小张，大学一年级，在自己家所在城市上学，周末却不想回家。他知道父母会给他无微不至的关怀，早已准备好各种他喜欢吃的东西，可他就是不想回去。

原来，他高考后感觉非常不好，估分觉得可能连大学录取线都不够。当他告诉父母以后，家里的空气简直就像凝固了一样，他觉得自己是一个罪人。等高考成绩出来以后，实际他考得很好，进入现在这所重点大学学习。父母对他的态度根本转变了，每天又给他做好吃的，又为他买各种以前想要的东西。可他怎么也扭不过这个劲来，不知道自己到底是一个什么样的人。

以罗杰斯为代表的人本主义心理学家认为，一个人的心理健康与否主要表现在他是否有积极的自我观念。而积极自我观念的形成，主要取决于父母在孩子的成长过程中对待他们的态度，是否给予无条件的积极关注。

什么是无条件的积极关注呢？在罗杰斯看来，人都是善的，都有积极向上的发展愿望，每个人都有自己的价值。父母给予孩子的爱应该是无条件的，父母爱孩子，不是因为他表现好才喜欢他，而是因为他是一个人就喜欢他。根据罗杰斯的观点，每个人都需要无条件的积极关注，这时我们知道无论自己做什么，都会被接受、被爱、被引以为荣。我们会发现自己不需要隐藏可能引起爱被撤销的那部分自我，自己的所有方面都能被接受，弱点和错误也可以纳入自我概念，自由地体验全部生活。

但是，在现实生活中父母（或其他重要人物）给予孩子的爱通常是有条件的。也就是说，大多数父母只是在孩子的表现符合自己的期望时，才会爱孩子，当父母对孩子的行为不满意时，就收回给予孩子的爱。孩子逐渐懂得，自己只有做了让父母满意的事情才能得到父母的爱，获得父母的积极关注需要以自己的行为为条件。这种有条件的积极关注的结果，使孩子学会了抛弃自己的真实情感和愿望，拒绝自己的弱点和错误，只接受父母赞许的那一部分自我，只将那些最可能被父母赞许、获得父母爱的内容纳入自我概念，他们的自我概念不是全部的、客观的自我。

当人们接触到与自我概念不一致的信息时，很容易产生焦虑，会使用一些防御机制阻止这样的信息进入自己的意识，其中最常用的防御机制是扭曲。例如对自己人际交往能力缺乏自信的人，即使得到的反馈是积极的，也会认为是对方很合作等原因。当拒绝了与自我概念不一致的信息时，焦虑水平会下降。有意思的是，与自我概念不一致的即使是好信息，同样会令他们感到焦虑。例如本来认为自己是不受欢迎的人，当听到有人说被他吸引时，也会使用防御机制加以否认，认为这个人不是出于礼貌就是有什么企图。最终，这样的人会变得越来越不了解自己，将来也越来越不可能成为一个完善的人。

那么，我们是如何将新的信息纳入自我概念呢？罗杰斯认为，一个具有积极自我概念的人，首先会注意到出现了新的信息，然后将其纳入自我概念。例如一个人原以为自己很随和，可听见某人说不容易和自己相处，他会认为自己是个好人，但每个人并不是完美的，不可能与所有的人都相处得很和谐。一个有消极自我概念的人呢，可能因为新的信息而焦虑。当新的信息对自我概念构成威胁时，焦虑可能很难克服，心理困扰因此而生。

案例中的男生，由于父母在得知高考成绩前后对待自己的态度截然相反，感到无所适从，不知道自己是不是值得关爱，怀疑自己的价值。因此，父母可以不赞成孩子的某些行为，但是他们应该一直爱孩子、接受孩子，给予孩子无条件的积极关注。

（四）认知学派对心理困扰成因的解释

案例　　失恋的痛苦

男，大学三年级，近一个月来睡眠不好，食欲下降，时常感到浑身无力。对很多活动都不感兴趣，甚至课都没有听，很多事情都不愿意面对，情绪低落，觉得生活没有意思，甚至想到过死。

原来就在一个月前，相恋一年多的女朋友提出分手，他为此非常痛苦，并且越陷越深。

认知学派认为，引起情绪和行为问题的原因不是事件本身，而是人们对事件的解释和评价。认知、情绪和行为互相影响、互相加强，如果是消极认识，存在认知歪曲，就会形成恶性循环，这是导致心理困扰的真正原因。

抑郁者的想法可以用“抑郁认知三联症”来解释，即消极地看待自己，消极地看待自己的经验，消极地看待自己的未来。他们认为自己是有缺陷的，是失败的，是被抛弃的人，消极地解释自己过去的经验，即使有成功的经验在他们看来也不过是偶然的侥幸，对未来同样充满无助和绝望。

抑郁者不仅有使其抑郁的念头，更重要的是来源于其抑郁的认知图式。研究表明，抑郁者有特殊的信息加工认知结构，称之为抑郁图式。活跃的抑郁图式干扰他们的信息加工过程，倾向于注意消极信息，忽视积极信息，以消极的方式解释模棱两可的信息。例如老师告诉一位抑郁的学生，这四个问题他回答得都很好，只是有一点不足，这位同学就会把他的注意力全部都集中在他那一点失误上，并由此推论他的成绩很差，自己是个失败者。抑郁者以抑郁图式加工信息还意味着他们更擅长记住消极的经验，容易把目前发生的事件与过去的消极经验联想到一起。例如一次考试失败或者一次被朋友拒绝，本来是大家在生活中都会遇到的事情，可抑郁者却经常地想起这些事，并认为自己是一个彻底的失败者，是一个不受欢迎的人。

可见，对于抑郁者来说，不良的生活事件触发其认知图式，又派生出大量的消极想法，进而导致心情沮丧、兴趣下降、活动减少，负性情绪进一步加剧失败体验，形成恶性循环，最终导致抑郁症状。

案例中的男生因为失恋引发情绪困扰是可以理解的，但陷入抑郁状态显然不是失恋本身造成的，而是他对失恋这件事的看法造成的，例如认为自己不够优秀、自己不值得别人爱、自己没价值等。

由此可见，不同的心理学派对心理困扰成因的解释是不同的。任何一个学派都不能解释全部人类的各种行为和心理现象，从不同的角度分析有助于我们更好地理解人类的行为。

第二节　树立积极的心理咨询观

一、什么是心理咨询

（一）心理咨询的概念

心理咨询，英文为Counseling，直译为“咨询”“辅导”，字面上并无“心理”的意思。此名词在我国台湾地区一般译作“咨商”，在香港地区译作“辅导”“咨询”。心理咨询是一个覆盖非常广的概念，涉及教育辅导、职业指导、心理健康咨询、婚姻家庭咨询等诸多方面。是指咨询师用心理学的理论、方法和技巧，通过交谈或指导操作解决来访者存在的心理问题、错误的认知、不良的情绪或行为，从而促进来访者的身心健康，提高来访者生活质量的一种互动交流。

第一，心理咨询的过程建立在咨询师与来访者良好的人际关系基础之上。在咨询中，咨询师运用其专业技能和良好的咨询氛围，帮助来访者学会以更为有效的方式认识自己、与他人相处、与周围环境协调发展，促进个人的成长与发展。

第二，心理咨询是一系列心理活动的过程。心理咨询师在咨询过程中运用以心理学为基础的有关理论与技术，帮助来访者更好地理解自己，更愉快地生活。这其中必然包含一系列的心理活动，如来访者对新信息的接受、对新行为的理解与掌握、情绪的调整等。

第三，心理咨询是由专业人员从事的一项特殊服务。心理咨询师必须受过严格的专业训练，拥有这项服务所必需的知识和技能，其中包含对来访者的关注、倾听，对来访者问题的分析与评估以及在心理学有关原理、技术的指导下，运用各种心理咨询技术帮助来访者。

第四，心理咨询的服务对象，是有一些心理问题或在发展过程中需要得到帮助的正常人，而不是处于发病期的精神病人、智力低下或大脑器质性病变的患者。

第五，心理咨询有独特的目标。咨询师在咨询过程中要助人自助，帮助来访者认识自己、确定目标、解决问题，最终使来访者更好地适应社会、完善人格和发挥潜能。

（二）心理咨询与心理治疗的异同

心理咨询（Counseling）与心理治疗（Psychotherapy）是两个不同的概念。二者有许多相似之处：两者所采用的理论方法常常是一致的；在强调帮助求助者成长和改变方面是相似的；并且两者都注重建立良好的帮助者与求助者之间的人际关系，认为这是帮助求助者改变的必要条件；从目标来看，两者的目标也是一致的，都是维护和增进个体的心理健康，都属于专业性很强的工作。

但二者的区别也是明显的，心理咨询与心理治疗的区别见表（表11－1）。

表11－1　心理咨询与心理治疗的区别

	心理治疗	心理咨询
接受帮助者	一般被称为病人或患者	一般被称为来访者、当事人
给予帮助者	精神病医生，以接受医学训练为主，接受心理学训练为辅； 临床心理学家以接受心理学训练为主，接受精神医学训练为辅	咨询者或咨询心理学家，接受心理学的专业训练； 社会工作者
咨询的内容	神经症、人格障碍、行为障碍、心身疾病、性心理变态、处在缓解期的某些精神疾病等	正常人在适应和发展方面的障碍，如人际交往、学业、升学就业、婚姻家庭等方面，也涉及一些变态行为
干预的特点	强调人格的塑造和行为矫正，重视症状的消除	强调教育和发展的原则，重视来访者自身的作用，强调发掘、利用其潜在积极因素，促进来访者自己解决困难

二、心理咨询的作用

心理咨询可以为来访者提供安全的情绪宣泄场所；使来访者通过咨询师的视角重新看待自己、他人和社会；协助来访者共同解决问题，最终促进其人格的发展与完善。其作用具体而言包括：

（1）帮助来访者找到合理的宣泄途径。通过宣泄，减少压抑，释放情绪。

（2）促进来访者认知观念的改变。引导来访者以更加合理的信念来取代原有的不合理信念，形成完整积极的自我概念，获得适合社会的新行为，以及采取更加积极的方式应对生活。

（3）促进来访者人格的完善。咨询为来访者的健康人格修炼打下了基础，来访者可以借助咨询的过程，学习新经验，体验新感觉，不断完善自身的人格，从而获得成长。

最后要说明的一点是，心理咨询是咨询师和来访者之间相互合作的过程。也就是说，心理咨询的效果取决于咨询双方相互作用的质量。一方面，咨询师不能主观地下定论，而应从来访者的实际情况出发；另一方面，心理咨询能否取得最后的成功，也需要来访者积极主动地配合。

三、咨询的原则

心理咨询的原则是指心理咨询人员在工作中必须遵守的基本要求。它是心理咨询工作者在长期的咨询实践中不断认识并逐步积累的经验，与心理咨询过程中各项具体的要求相比，它更具概括性，也更具有指导性，是咨询师在工作中必须要遵守的准则。从某种意义上来说，它也是心理咨询者的职业能否健康发展的保证。

（一）保密原则

咨询师必须本着对来访者负责的态度，以来访者的利益为重，尊重来访者的权利和隐私，为咨询的谈话内容保守秘密，不公开来访者的姓名，不在任何场所和任何人（督导师除外）面前谈论来访者的隐私，包括来访者的亲属、老师、朋友、同事、领导。除非征得来访者本人的同意，不允许任何人查阅心理咨询档案。（除来访者触犯法律，并经公检法机关认定出具证明外。）咨询师如随意泄露来访者隐私，将要受到舆论谴责，而且对其造成重大后果的要负法律责任。当然，也有保密例外。这是指在发现来访者有可能危及他人生命或者有明显自杀意图或精神疾病时，应及时向有关部门反映，以采取防范措施。

我们可以从以下对话中很好地理解到保密性原则。

下面是一段某中学的心理咨询师与来访的某高一学生的对话：

……

来访者：还有一件事我不知道该怎么说，虽然刚才您已经告诉我您会为我保密，但是……

咨询师：可你还是有些担心，是吗?

来访者：是啊。我担心我的班主任、甚至是我的父母会来找您，了解我们今天谈话的内容。

咨询师：这个请你放心，保密是心理咨询工作的最重要的原则之一，除非遇到非常特殊的情况，比如来访者有自杀、自伤或伤人的动机与计划，否则我们会严格为来访者保密的。

来访者：那我就放心了。

……

（二）情感中立原则

咨询师在心理咨询中应保持不偏不倚的立场，确保心理咨询的客观与公正，不得把自己私人的情感掺杂进去，保持冷静、清醒的头脑，对事物作出客观判断和分析，在咨询过程中避免主动臆断，不轻易批评对方，不把自己的价值观强加于来访者。

……

咨询师：你现在分手的决心如何?

来访者：很矛盾，有时真想一下子离开他，再也不理他了。但我依赖性又强，还想从他那里得到爱。

咨询师：关于这段感情该如何发展，你们双方有没有需要讨论的地方呢？

来访者：应该有的，我也不太清楚，你说我应该怎么办呢？

来访者：解决问题的方法有很多种，分手当然只是其中一条路，但也许还有其他的办法，你要先想一想。我们再来讨论一下各种方法，最后你来选择一种。

……

（三）尊重信任原则

咨询师要和来访者建立相互信任、相互尊重的伙伴式的工作关系，以利于咨询工作的顺利开展。一方面，咨询师要尽可能地让来访者感到自己的可信、诚恳和有专业能力；另一方面，更为重要的是咨询师要充分尊重来访者，尊重每一个来访者的独立性。更倾向于将来访者看做是一时陷入某种困惑的人，而非有问题或有缺陷的人。充分信任来访者有克服困难和适应环境的能力，协助来访者寻求自身的积极资源，并热情鼓励来访者自我探索和解决困惑，实现助人自助。

……

来访者：您知道我一直都很紧张焦虑，但我现在却常常能放松，甚至有点愉快的感觉了，能遇到您真是太好了。

咨询师：我很高兴听到您说的这些。我想您现在能够放松甚至能开始感受到愉快是近半年来我们共同努力的结果。

来访者：是啊，正因为这半年来您耐心的陪伴，我才会有这样的改变。

咨询师：陪伴来访者一起走过人生中的艰难时刻，是我们咨询师的职责，但变化却更多来源于您自己的努力。

……

（四）理解支持原则

理解支持原则就是咨询师能设身处地地体会来访者的情绪、情感体验，准确理解他的想法和看法，使来访者能在精神上得到理解与支持。来访者一般都有心理方面的困扰，精神上的痛苦，他们内心渴望得到别人的理解、支持、关怀和帮助，他们对咨询师抱有很大的希望，同时也可能存在某种担心和疑虑。所以，咨询师要充分理解、诚意相待，这样有助于来访者接触心头的郁结，增强信心。

……

来访者：当初我是看她很漂亮，跟她在一起很有面子，但是后面越谈越觉得说不到一块去，没有共同语言。但是她对我还不错，就是太要强了。我现在想到这个事情就心烦，不知道该怎么办了。

咨询师：考虑感情方面问题时，每个人都会很伤脑筋，这种事情的确不好处理。

来访者：是这样的。我几次想分手，又觉得说不出口，既怕伤害她，也觉得有些可惜，毕竟有一年多感情了。我发现我总是遇到要做选择的事情就很苦恼。

咨询师：是啊，无论如何选择似乎都很为难。或许还需要更多的时间来做决定。不过我们今天可以先讨论一下，你在选择上难做决定这个事情。

……

（五）发展性与灵活性原则

人的心理活动始终处在动态过程中，心理咨询也是不断发展变化的过程。因此，咨询师必须要用发展变化的观点看待来访者的问题，要对来访者的内在潜能和发展条件做准确的估计，运用的方法要有助于来访者的成长发展，同时要充分考虑心理问题形成历史，依据实际情况随时调整咨询方法。在不违背其他咨询原则的基础上，采取灵活的步骤与方法，以求取得最佳咨询效果。对不同的来访者，要有针对性地采取不同咨询方法，如对抑郁个性者，语言要温和，充满同情关切；对强迫个性者，论述要严密，推理要合乎逻辑；对于内向拘谨者，要多给予支持、理解和鼓励等；对依赖性过强者，不宜过于迁就或提供过多的支持，而应让来访者多发表看法。

……

来访者A：我们寝室关系很糟，我简直在寝室待不下去了。她们从来不上自习，一天到晚在寝室里聊天上网，睡得又晚，我在寝室简直得不到一刻安宁。我跟她们谈过，但她们总是推脱，根本不做改变，我觉得她们简直不可理喻！

咨询师：寝室关系糟糕确实非常影响人。除了希望室友做出改变外，我想知道你在维护寝室和谐上做了哪些努力呢？

……

来访者B：我们寝室很糟糕，我觉得这都是我的错。我比较内向，又不会跟大家聊天开玩笑，每次我一插话，大家就很冷场。其实我不是故意的，但我也没办法。现在寝室姐妹之间也有些矛盾，我本来想帮她们调节的，但是嘴又笨没说好话，结果反而让她们误会更深了。现在我心情也很差，不知道该怎么办了。

咨询师：寝室关系的确非常影响人的情绪，我能感受到你很难过。可是不知你是否愿意想想这样一个问题，仅以你个人的能力足以造成整个寝室的矛盾吗？

……

四、对心理咨询的常见误解

虽然今天的大学生已经越来越注重心理健康了，心理咨询一词也不断被提及，但不少同学对心理咨询的认识仍然存在局限性，甚至是一种误解。下面我们列出了一些关于心理咨询的常见误解，并作出解释。

误解一：只有那些有严重心理问题的人才需要心理咨询。

心理咨询是一个涵盖非常广泛的概念，涉及教育辅导，职业指导，心理健康咨询，婚姻家庭咨询等诸多方面。日常生活中每个人都或多或少有些心理困扰，有的困扰很快就能得到解决，而有的则不能。心理咨询可以处理正常人在适应和发展方面的障碍，如人际交往、学业、升学就业、调节情绪、恋爱与婚姻及个别变态行为。如果一个人的心理问题长期得不到解决，个体的矛盾冲突加剧，就有可能导致心理障碍的产生，此时就属于心理治疗的处理范畴了。

误解二：心理咨询解决不了任何问题。

心理咨询只能提供咨询帮助，其目的是协助来访者解决自身问题。通过心理咨询，来访者可以更好地了解自己和适应社会，能够在不断成长的同时充分发挥自己的潜能，从而解决问题并生活得更愉快。心理咨询不干预来访者的个人事务，也不帮助来访者解决现实实际困难。

误解三：心理咨询就是灵丹妙药，可以解决所有问题。

在传统的医疗模式中，看人看病，医生开药，病人常常处于医患关系中。一些来访者也抱有这种心态：我来咨询，咨询师就可以帮我解决所有问题。事实上，心理咨询只能通过分析，引导，启发，支持促进来访者的改变和人格成长，最终起决定作用的还是来访者本人的努力。因此，心理咨询的过程是一个互相配合的过程，咨询师与来访者是工作伙伴的关系，在心理咨询过程中，来访者要积极配合，主动表达，与咨询师共同探讨自己产生的心理问题的根源及成因并寻求解决之道。只有来访者自己可以改变自己的生活，为自己的选择和生活负责。

误解四：心理咨询师应该是百分之百的心理健康。

心理咨询师首先也是普通人，要面对生活的各种压力，要调节自己的情绪，甚至因为职业缘故，还可能出现替代性创伤等心理困扰及问题。这正如医生可以给人看病，但同样可能生病一样。只要心理咨询师的个人问题不影响到他的专业操守和专业能力，他仍然可以完成好自己的咨询工作。

误解五：心理咨询就是思想教育工作。

有些人认为心理咨询没多大用处，就是讲些道德，做做思想教育工作。事实上，心理咨询作为应用心理学中的一门重要分支，具有高难度专业性。它与单纯的思想工作和教育工作有很大区别。思想教育工作的目标更多体现在说服个体关注集体，社会和国家的利益，说明个体遵循社会规范和道德标准，而心理咨询中咨询师持客观中立态度，其目标是促进来访者更好地了解自己，对自己的生活负责，帮助来访者解决自己的问题，更重视来访者的个人成长和人格完善，而不是对来访者进行批评教育。

五、经典的心理治疗方法

（一）精神分析疗法

精神分析的治疗是根据精神分析的理论进行的，由奥地利著名的精神病学家弗洛伊德创立的精神分析理论对心理治疗有独特的认识。弗洛伊德认为，许多心理障碍的形成，是那些被压抑在个人潜意识当中的本能欲望或意念没有得到释放的结果。把无意识的心理过程转变为有意识的，破除了潜抑作用，揭穿了防御机制的化装，使病人了解症状的真实意义，便可使症状消失，这个转变工作就是精神分析。通过精神分析工作，病人能真正意识到并在感情上体验到这是幼年期形成的病根，现在看来已经没有意义了，症状也就失去存在的意义。

弗洛伊德根据自己的实践经验，认为最适于使用精神分析治疗的病是歇斯底里、强迫症和恐惧症。

治疗对象确定以后，在进行治疗前还要先向病人讲清楚治疗所需要的时间，通常精神分析疗法的时间会很长，至少需要半年、一年或更多时间，甚至2～4年，每周会见3～6次，每次平均一小时，累计费用会很高的，因此事先应向病人说明这点以取得较好的合作。精神分析的过程中，心理分析师通常使用解析、自由联想、催眠、释梦等技巧。对梦的隐意加以分析有助于揭露病人症状的真意，有助于破除病人的阻抗。自由联想法是让病人在一个安静且光线适当的房子内，躺在沙发床上随意进行联想。治疗医生则坐在病人身后，倾听他的讲话。

（二）行为疗法

行为治疗的基本理论主要来自行为主义的学习原理：经典的条件反射原理、操作条件作用原理和模仿学习的原理。它强调通过对环境的控制来改变人的行为表现。

行为治疗的基本假设是：异常行为与正常行为一样，都是通过学习、训练和后天培养而获得的。人的心理问题既可以通过学习获得，同样也可以通过学习而改变或消失。行为治疗的通常疗法包括系统脱敏疗法、满灌疗法、厌恶疗法、生物反馈疗法等，其核心均在于利用控制环境和实施强化使来访者习得良好行为，矫正不良行为，重塑个人形象。

1. 系统脱敏法

20 世纪 50 年代由精神病学家约瑟夫·沃尔帕创立的。主要用于来访者在某特定的情景下产生的超出一般紧张的焦虑或恐怖状态。

系统脱敏法，主要是诱导患者缓慢地暴露出导致神经症焦虑的情境，并通过心理的放松状态来对抗这种焦虑情绪，从而达到消除神经焦虑习惯的目的。根据这一原理，在心理治疗时便应从能引起个体较低程度的焦虑或恐怖反应的刺激物开始进行治疗。一旦某个刺激不会再引起患者焦虑或恐怖反应时，心理医生便可向处于放松状态的患者呈现另一个比前一刺激略强一点的刺激。如果一个刺激所引起的焦虑或恐怖状态在患者所能忍受的范围之内，经过多次反复的呈现，他便不再会对该刺激感到焦虑和恐怖，治疗目标也就达到了。这就是系统脱敏疗法的治疗原理。

系统脱敏疗法步骤如下：

（1）进行放松训练；一般需要 6 ~ 10 次练习，每次历时半小时，每天 1 ~ 2 次，以达到全身肌肉能够迅速进入松弛状态为合格。

（2）建立恐怖或焦虑的等级层次。找出所有患者感到恐怖或焦虑的事件，并标出对每一件事件他感到恐怖或焦虑的主观程度，这种主观程度可用主观感觉尺度来度量；将患者报告出的恐怖或焦虑事件按等级程度由小到大的顺序排列。这是进行系统脱敏疗法的依据和主攻方向。

（3）要求患者在放松的情况下，进行分级脱敏练习：要求患者从恐怖或焦虑主观感觉最低的事件想象，当可以清楚想象此事时，伸出一个手指头来表示。然后，让患者保持这一想象中的场景 30 秒钟左右。想象训练一般在安静的环境中进行，想象要求生动逼真，像演员一样进入角色，不允许有回避、停止行为产生，一般忍耐一小时左右视为有效。实在无法忍耐而出现严重恐惧时，采用放松疗法对抗。一次进行，并要求对方在达到最高等级的恐怖事件的情景出现时，不惊恐或反应轻微却能忍耐为止。依次想象训练不超过 4 个等级，如果在某一级训练中仍出现较强的情绪反应，则应降级重新训练，直至完全适度。每周治疗1 ~ 2 次，每次 30 分钟左右。

案例　　用系统脱敏法治疗雷声恐惧症

该女患者从童年起就对雷雨恐惧，雷雨天不敢出门，严重影响她的生活和工作。

第一步；进行肌肉松弛训练，教会放松。

开始时按下列方式放松上肢：“坐好，尽可能地坐舒适，让你尽可能地放松……现在，首先握紧右手拳头，把右拳逐渐握紧，您注意体会紧张感觉，继续保持握拳同时体会右拳、右手、右前臂的感觉。现在，放松……让您右手手指放松，看看您此时的感觉……现在，您自己去试试全部再放松一遍……再来一次，把右拳握紧……保持握拳，再注意体验紧张感觉……现在，放松，把您的手指伸开，请您再次注意其中的不同……现在，您的左手重新这样做。”按同样的方式放松左手、二手肌和三手肌，接着放松面肌、颈、肩和上背部，然后胸、胃和下背部，最后放松臀、股和小腿，从而达到全身完全放松。

第二步：医生与患者共同设计恐怖事物分级表，根据引起焦虑的不同程度将刺激由轻到重加以排列。

(1) 在室内，看阴天，焦虑等级1分。

(2) 听到雷雨将要来临的广播预报，焦虑等级2分。

(3) 室内听远处的雷声，焦虑等级3分。

(4) 室内听近处的雷声，焦虑等级4分。

(5) 室内听头顶上的雷声，焦虑等级5分。

(6) 室内听雷声，看闪电，焦虑等级6分。

(7) 户外听雷声，看闪电，焦虑等级7分。

(8) 在野外听雷声，看闪电，焦虑等级8分。

第三步：系统脱敏治疗。

从引起焦虑最小的基础开始。先采用“自然”情景给病人训练以增加信心。例如：“想象在卧室里，坐在舒适的扶椅上看报。”在达到放松后想象雷声情景，然后要她停止想象，继续放松，在一张0~8分焦虑表上评定其焦虑的主要感觉，0表示完全安静，8表示极度焦虑。如果她评定为0和1，则要与她按分级表进行下一步训练。当得到想象时，要病人进行放松，然后指导她停止想象，继续放松，报告她在想象那个情景时体验的焦虑。

如有必要，第1项可以重复几次，直到病人报告想象的焦虑很轻时再进入第二级训练，通常一项要做3~4次训练，每次约需45分钟，每次治疗一个情景的想象约为5~10秒，每隔30秒左右再继续逐级训练，直到能面对原来的恐怖事物而不再回避。上述患者共需20次治疗来达到治疗的目标。由于个体差异，有些病人在15次之内康复，另一些需要30次以上。

2. 满灌疗法

又称为“冲击疗法”“暴露疗法”和“快速脱敏疗法”。它与系统脱敏疗法正好相反，一开始就迅速向患者呈现让他害怕的刺激，并坚持到他对此刺激习以为常为止。

满灌疗法，一般采用想象的方式，鼓励病人想象最使他恐惧的场面，或者心理医生在旁边反复地，甚至不厌其烦地讲述他最感恐惧情境中的细节，或者使用录像，幻灯片放映最使患者恐惧的情景，以加深患者的焦虑程度，同时不允许患者采取闭眼、哭喊、堵耳朵等逃避行为。在反复的恐惧刺激下，患者因焦虑紧张而出现心跳加快、呼吸困难、面色发白、四肢发冷等植物性神经系统反应，而患者最担心的可怕灾难却没有发生，这样焦虑反应也就相应地消退了。或者把患者直接带入他最害怕的情境，经过实际体验，使其觉得也没有导致什么了不起的后果，恐惧症状自然也就慢慢消除了。

案例

乘车恐惧症

某大学一年级一名女生，从外地农村考入首都某高校，入学不久后的一个星期天自己坐公共汽车进城购物，车上十分拥挤，由于紧张慌乱又坐过了站，下车以后心中忐忑不安。返校时又走了许多弯路才找到车站，上车后感到心慌、头晕、恶心，以后每次乘车都是有类似的感觉。为此，她很焦虑，迫切希望克服这种心态，问咨询人员有什么办法。咨询人员告诉她，这种心理障碍可以通过治疗消除。具体做法就是鼓起勇气再去适应这种环境，并向她讲明了具体做法。征得她的同意后，咨询老师委托班上和她要好而又有主见的同学，利用周日陪她一起挤车，开始时她仍有心慌、头晕等感觉，但因有同学陪行，情绪较以前安定。经同学陪行几次后，逐渐适应了挤车的环境，行车路线也逐渐熟悉，乘车恐惧逐渐消除。

3. 厌恶疗法

厌恶疗法又称“对抗性放射疗法”。这是一种应用具有惩罚性的厌恶刺激来矫正和消除某些适应不良行为的方法。多用于戒酒、戒烟、性变态以及青少年不良习惯的矫正。厌恶疗法的基本原理是：欲使戒除的目标行为与某种不愉快的惩罚性刺激结合出现，以对抗原已形成的条件反射，形成新的条件反射，用新的行为习惯取得原来的不良行为习惯。

在治疗中常用的厌恶治疗形式有电击厌恶疗法，橡皮圈疗法、药物厌恶疗法、想象厌恶疗法。

案例　　恋物癖的矫正

某男，21岁，大学生二年级学生，平时有经常手淫的习惯。一日，他从女生宿舍楼下走过，拾到一只从楼上掉下来的胸罩，颇为好奇。见左右无人，便揣在衣兜里。午睡和晚上就寝时，拉上床帘反复观赏同时产生性兴奋。此后，常走过女生晾晒衣服的地方，方便时便捡拾女生的内衣，收藏起来，后不慎因所藏之物被同学发现，受到鄙夷。渐渐传到女同学中，有人骂他流氓，并尽量回避和远离他。为此，他心理负担很重，一方面对自己这种行为自惭；另一方面，又不能克制对这些物件的兴奋情绪，弄得自己心神不宁影响了学习。前来咨询时，咨询人员首先告诉他这种行为的性质：不算流氓和道德败坏，但也不是正常的行为，持续下去对自己的心理健康会产生不良影响，也会造成周围人对自己轻视，应设法克服这一异常行为。该生也有改正此种行为的愿望。治疗的关键是消除对这些物件的偏爱癖好。建议他把收藏的物件弄脏（如在洗拖布的下水道污染），由于污秽，所以不愿再收留。另外想象走到女生宿舍收拣那些物件时，被保卫人员抓住训斥和同学耻笑自己的羞愧情景。第三，参加丰富多彩的课余活动，加强身体锻炼，感到困倦时再上床休息。第四，撤掉床帘，客观上消除玩赏这些物件的条件。由于该同学能进行配合，所以恋物癖异常行为逐渐被克服。

4. 生物反馈疗法

生物反馈是借助仪器将与心理生理过程有关的体内某些生理活动的信息（如肌电活动、心率、血压、脑电、皮肤温度等）通过视觉或听觉的方式显示给人。人们通过学习和训练，能够有意识地控制自己的生理心理活动，从而达到调整机体功能，防病治病的目的。生物反馈疗法可应用于治疗头疼、偏头痛、高血压、皮肤科疾病以及焦虑症、恐怖性神经症、失眠、腰背痛等多种疾病。它既可单独使用、也可与药物及其他身心治疗方法相配合。

（三）以人为中心的治疗

以人为中心的治疗是人本主义的心理治疗之一，创始人是人本主义心理学家卡尔·罗杰斯（Carl Rogers）。罗杰斯心理治疗的思想基础是对人性的深刻理解和对人的尊重和信赖。他认为人性发展的基本属性是建设性，人有追求美好生活和为之奋斗的本性。健康代表着人格健全和人性的完满发展，病态是健康人格的异化。心理疾病患者并没有失去自身原有的潜能，而有能力发掘自身潜能恢复健康。

以人为中心的治疗非常关注治疗关系的建立，罗杰斯认为，人的许多变态行为和疾病的产生，主要是因为不适应环境，使人的潜能不能发展或向歪曲的方向发展。在这些不适当的环境因素中，最重要的就是人际关系。

以人为中心的治疗主要有两种形式：一是个别谈话治疗，来访者中心疗法，对象一般是有心理冲突或心理疾病的患者，治疗中要提供适宜的环境气氛，开发出来访者自身的改造自我概念和指导自己行为的潜能；二是通过“交朋友”小组进行小团体治疗，交朋友小组的成员由背景或问题相似的人组成，一般十人左右。通过集体活动的相互影响，来矫正一些适应不良行为及心理障碍。

第三节　自杀的预防与干预

近年来，自杀成为健康心理学的一项重要课题。有数据表明：每年全世界有大约100万人死于自杀，而自杀未遂者至少是自杀死亡者的10倍。并且年轻人自杀在全球呈上升趋势，成为当今各国的自杀预防研究中需要优先解决的课题。中国心理卫生协会提供的研究数据显示：自杀已经成为15~34岁人群的首位死亡原因。有资料显示，大学生自杀率是同龄人的2~4倍，并有愈演愈烈的趋势，大学生已成为自杀的高危人群。目前，我国大学生自杀事件已成为突出的社会问题和公共卫生问题，严重影响大学生身心健康。成都某高校使用症状自评量表（SCL—90）对全校2009级新生进行心理健康普测，共回收有效问卷4961份，筛查出危机项因子分大于或等于3的学生共157人，占3.16%。可见，大学生自杀问题已经达到了十分严重的程度，必须引起高度重视。

一、自杀的发展过程

自杀心理，特别是理智型自杀，不是突然发生的，多有比较明显的自杀心理反应过程和心理表现。日本学者冈利贞认为，自杀一般经历以下阶段：“产生自杀意念——下决心自杀——思考自杀方式——选择自杀地点和时间——采取自杀行为”。我国学者一般把自杀行为的发展过程分为以下三个阶段：

第一，自杀意念的形成阶段。在这一阶段，自杀者产生自杀的想法。造成一个人产生自杀念头的原因可能有很多种。比如，有的人觉得生活没有意义；有的人以自杀来报复别人，让别人后悔；有的人遇到自认为不能克服的困难而以死逃避等。有些自杀意念是闪念之间，而有些自杀意念则一经产生就很难消除。另外，自杀意念的产生也和疾病特别是抑郁症有关。自杀意念及行为是抑郁症的临床症状之一，抑郁症患者在整个病程中约有三分之二产生过自杀想法，最终有10%~15%的患者自杀成功。根据中国疾病预防控制中心报道，我国每年有28.7万人因自杀死亡，其中40%的自杀者可归因于抑郁症。

案例　　**自杀的悲剧**

大学生小梅在一个乍暖还寒的春天选择跳楼自杀。在她寝室的床上，给爸爸妈妈留了封遗书：“爸爸妈妈，女儿本以为自己长大了，又考上了大学，将来能报答二老的养育之恩。

然而高昂的学费和我这不争气的身体让我只能成为你们的累赘……”小梅出生从小出生在偏远的农村，家里仅靠几亩薄田为生，过着靠天吃饭的日子。小梅从小就体弱多病，然而这并没有影响她的学习，每次年级考试，她都名列前茅。上了大学的小梅，学习更加勤奋，生活依旧节俭，因为她知道，每一分钱都凝聚着爸妈的辛酸。小梅学习虽然刻苦，但由于她经常生病，学习成绩急剧下降。正在这时，小梅得知，由于交不起学费，弟弟面临辍学。想想劳苦了大半辈子的爸爸妈妈，再看看弱不禁风的自己，一筹莫展的她突然有了一个可怕的想法：如果自己死了就可以不去面对爸爸妈妈、亲戚朋友，而且减轻了爸爸妈妈的生活负担。于是小梅选择了自杀。

小梅遇到两个现实的困难：经济压力和身体疾病，其中经济贫困是主要原因。小梅用死亡来解决当前遇到的难题，这显然是错误的，如果她能想到自杀带来的更严重的后果——父母的绝望和永无止境的痛苦，如果她能懂得贫困只是暂时的，个人努力在很大程度上是可以改变贫困的，她就不会做此选择了。

第二，矛盾冲突阶段。在这一阶段，自杀者虽然已有自杀的意念，但求生的本能和对世事的牵挂，常常使自杀者在做出最终的自杀决定前陷入生与死的矛盾冲突状态中。此时，自杀者会经常与人谈论与自杀有关的话题，反复预言、暗示自己的自杀可能，或以自杀威胁他人，表现出直接或间接的自杀意图。事实上，这一切可以被看做是自杀者向他人发出的寻求帮助或引起注意的信号。这种信号如果能及时被周围的人察觉到，使自杀者得到适当的关注，或通过外界的帮助找到解决问题的办法，自杀者的自杀念头就有可能减轻甚至打消。

第三，自杀的平静阶段。自杀者在这一阶段不再谈论或暗示自杀，抑郁情绪有所减轻，表现得平静如常，这使周围的人们以为其心理状态真的好转，从而放松警惕。事实上，这可能是一种彻底的假象，因为自杀者已经做好了坚决自杀决定，不再为生与死的抉择而烦恼，认为自己终于找到了解决问题的办法。他们所要做的事情是为实施自杀进行最后的准备工作，如搜集安眠药等，并等待一个合适的时机来结束自己的生命。

当然，并非每一个自杀者都经过这三个阶段而实施自杀行为，有的人是因为冲动发生情境性自杀。比如，某女大学生和男朋友感情一直很好，一次约会时两人在河边漫步，因为很小的事情发生争吵，结果越吵越激烈，该女生一怒之下跳河自杀，被救起后很后悔，发誓再也不做这样愚蠢的事情了。

二、大学生自杀的预测

大学生自杀行为具有外显性的特征，即大学生中有自杀意念者在采取行动前总是会或多或少地向外界透漏某些预兆。日本学者的研究发现，大学生在企图自杀的前一段时期往往有以下的表现：用口头、日记或者图画表达自杀意念；情绪异常，焦虑，无故哭泣；举动异常，易激动，攻击；无故旷课，迟到早退，成绩下降，想退学；回避与人接触，与集体不融洽，过分注意别人；抑郁、失眠、食欲不振；对生活麻木，但平时对人冷淡者可以一改常态；突然收拾东西，向关系密切的人道谢，无理由地送礼物、打电话、写信等。以上这些外显性表现实质上是一种危险的信号，是企图自杀的征兆。

大学生是否有自杀倾向可以从以下几个方面确定：

第一，具有明显的外部精神因素的刺激。

第二，情绪低落，悲观抑郁，强烈的罪恶感。

第三，性格孤僻内向。

第四，有严重不良影响的家庭成长环境。

第五，缺乏明确的生活目标和信心，对事物易产生悲观失望的体验。

第六，谈论自杀，在亲友中发生过自杀，或者过去有自杀意图。

三、大学生自杀的自我预防

大学生自杀的预防是一项艰苦而复杂的系统工程，需要社会、家庭、学校和学生多方面共同努力。在这里，我们主要谈谈大学生的自我预防。

（一）珍爱生命，认识生命的意义

大学生应该珍视生命本体的存在价值。人的生命价值离不开的生命的存在与延续，既包括对生命本身的真爱与珍惜，也包括对他人生命的尊敬与敬畏。生命存在于普遍联系之中，所有生命的链条都是环环相扣、互相依存的。因此，人类的存在依赖于生命体的连续，生命神圣性是人类永恒的追求。一切皆有可能重来，唯有生命不能重生，任意地结束生命是对生命的不尊重。大学生应该珍爱自己的生命，同时也要珍爱他人的生命，对自己的生命负责，对家庭与社会负责，也对他人的生命负责。

（二）树立健康的死亡观

人类对死亡的探索伴随着整个哲学史与科学史的发展。恩格斯在《自然辩证法》中简要说明："生就意味着死。"当代大学生自杀事件不绝于耳，他们中大部分人对生命与死亡态度的草率与随意令人担忧。作为新时代的大学生应该树立科学、合理、健康的死亡观。

中国伟大的思想家孔子主张以生的意义抵消死的侵袭，认为我们的生命过得充实而有意义时，死亡就并不可怕了。沈括在《梦溪笔谈》中谈到："四省常理也"，用自然历史观理解生死。西方哲学家蒙田曾谈到，你的生命不管何时结束，总是完整无缺的。生命的意义不在于长短，而在于如何使用。意大利心理学家弗兰克认为，死亡的事实不是一种威胁，也不是让构成生命整体的机遇荒废而过，而是我们利用时间达到最大极限的推动力。大学生通过对死亡的思考，可以帮助自己正确评价自己的生活，进而激励自己更加珍惜生命、珍爱健康，提高自己的生命和生活质量；可以使大学生自己认识到人生包括优生、优活、优死三大阶段，以便能客观地面对死亡。如果我们过着一种有意义的生活，那么，随时被唤走就没有遗憾了。

（三）树立积极的人生观

大学生应该树立乐观的人生态度，以积极的心态面对挫折与失败。很多负性情绪与大学生自身内部的挫败感相关，也与自身的目标期望相结合。古人非常重视个人人生态度的修炼，主张"穷则独善其身，达则兼济天下""淡泊明志，宁静致远""成己达人"等。当代大学生更应具有开阔的胸怀、乐观的生活态度和正确的生活目标，遇到困难挫折、失败与逆境能够正确看待并积极应对。

每个大学生都积极关注自我的心理状态，当面临成长危机与境遇性危机时，大学生要积极运用自身资源与社会资源，主动寻求社会支持，想办法将危机化解在萌芽状态。特别是当发现自己萌生自杀意念时，一定要求助于亲朋好友，求助于学校的心理咨询中心，以积极的方式对待自己的问题，并及时解决。

四、大学生如何对有自杀倾向的同学进行干预

如果大学生发现自己身边的同学具有自杀倾向，需要对其进行一定的干预。

（一）给以积极的情感支持

对有自杀倾向的同学给予发自内心的关心，态度诚恳地同他们进行交谈，表示能够理解他们的感情并希望给予他们帮助，对他们给予开导与劝慰，或以其他适当方式，使内心不良的情绪、体验自杀的冲动等得以宣泄，减轻他们内心的痛苦和无助感，提高他们恢复心理平衡的能力。鼓励他们采取积极的行动去缓解一些不愉快。比如，抑郁症患者对事情逐渐失去兴趣，不愿参加活动，恶性循环下去导致更加抑郁和孤僻。同学们可以鼓励甚至陪同他们积极参加各种社交活动和运动，让他们处于忙碌和活跃的状态，以改善他们的情绪。

（二）加强监督和保护，及时上报

对自杀倾向明显，并已制订自杀计划的同学要加强监督和保护，同学们几个人一组，轮流看护不让其一人独处。同时，要及时上报学院领导和心理咨询中心。有些学生出于多种顾虑，不愿将同学的事情向老师汇报，担心对其影响不好，认为自己陪伴他、安慰他，过几天就没事了，这种想法是危险的。对于一个有自杀倾向的学生，很难在短时间内让其彻底放弃自杀念头，况且学生干预自杀的能力有限，而学校相关部门和老师在自杀干预方面却有着丰富的经验，学生要学会信任学校和老师。

（三）有关自杀的谬误

与想自杀的人讨论自杀将诱导其自杀事实上，应该和可能会自杀的人讨论自杀。这样的目的是使想自杀的人愿意花时间重新获得对生活得控制。

威胁别人说要自杀的人不会自杀。事实上大量自杀身亡的人曾经威胁过别人或者对让人公开过自己的想法。

自杀是不合理的行为。事实上从自杀者的角度看，几乎所有采取自杀行为的人都有充足的理由。

自杀者患有精神疾病。事实上仅有很少部分自杀未遂者和自杀成功者患有精神疾患。他们中大多数人是具有严重的抑郁、孤独、绝望、无助、被虐待、受打击、深深的失望、失恋、或者别的情感状态的正常人。

自杀发生在家族中，具有一种遗传倾向。事实上自杀倾向没有遗传性。它是学习来的或者是情境性的。

想过一次自杀就会总想自杀。事实上大部人只是在他一生中的某个时刻产生自杀企图。他们中大多数人能从暂时的威胁中恢复过来，学会适应和控制，长久地生活，使自己的生活丰富多彩，免受自我冲突的威胁。

一个人自杀未遂后自杀危险可能结束。事实上自杀最危险的时候可能是情绪高涨时期，即当想自杀的人严重抑郁后变得情绪活跃起来的时候。一个危险的迹象是在抑郁或者试图自杀后出现“欣然”期。

一个想自杀的人开始表现慷慨和分享个人财产，表明这个人有好转和恢复的迹象。事实上大多数想自杀者在情绪好转后，才有精力开始做出一定的计划，安排他们的财产。这种财产的安排有时候类似于最后的愿望和遗嘱。

课程实践

活动　心理测试

焦虑自评量表

下面有20项内容，请仔细阅读每一项，把意思弄明白，然后根据你最近一星期的实际感觉，在适当的方格里画“√”。

序号	项　目	没有或很少有时间	少部分时间	相当多时间	绝大部分时间或全部时间	工作人员评定
1	我觉得比平时容易紧张和着急					
2	我无缘无故地感到害怕					
3	我容易心理烦乱或惊恐					
4	我觉得我可能将要发疯					
5	我觉得一切都好，也不会发生什么不幸					
6	我手脚发抖打战					
7	我因为头痛、头颈痛和背痛而烦恼					
8	我感觉容易衰弱和疲乏					
9	我觉得心平气和，并且容易安静坐着					
10	我觉得心跳得很快					
11	我因为一阵阵头晕而苦恼					
12	我有晕倒症状发作，或觉得要晕倒似的					
13	我吸气呼气都感到很容易					
14	我的手脚麻木和刺痛					
15	我因为胃痛和消化不良而苦恼					
16	我常常要小便					
17	我的手常常是干燥温暖的					
18	我脸红发热					
19	我容易入睡并且一夜睡得很好					
20	我做噩梦					

评分标准：

20 项内容中，其中 1、2、3、4、6、8、10、11、12、14、15、16、17、18、19、20 为正向评分题（依次为 1、2、3、4 分）；5、9、13 为反向评分题（依次为 4、3、2、1 分）。

将 20 个项目中的各项分数相加，即得到总粗分，然后按照粗分标准分换算表换算成标准总分。

总粗分	标准总分	总粗分	标准总分	总粗分	标准总分
20	25	40	50	60	75
21	26	41	51	61	76
22	28	42	53	62	78
23	29	43	54	63	79
24	30	44	55	64	80
25	31	45	56	65	81
26	33	46	58	66	83
27	34	47	59	67	84
28	35	48	60	68	85
29	36	49	61	69	86
30	38	50	63	70	88
31	39	51	64	71	89
32	40	52	65	72	90
33	41	53	66	73	91
34	43	54	68	74	92
35	44	55	69	75	94
36	45	56	70	76	95
37	46	57	71	77	96
38	48	58	73	78	98
39	49	59	74	79	99
				80	100

若自评总粗分超过 40 分，标准总分超过 50 分，则可被判定为有焦虑症状。

参考文献

[1] 龙建成，等．大学生心理健康保健［M］．西安：西安电子科技大学出版社，2001.
[2] 叶苑．心理素质自测与咨询［M］．杭州：浙江人民出版社，2000.
[3] 肖永春，等．成功心理素质训练［M］．上海：复旦大学出版社，2005.
[4] 贾晓明，等．大学生心理健康［M］．北京：北京理工大学出版社，2005.
[5] 陈智．心理咨询［M］．成都：四川大学出版社，2002.
[6] 马学东，等．高校心理健康专题［M］．哈尔滨：哈尔滨工业大学出版社，2004.
[7] 韦彦凌，等．大学生心理健康与咨询［M］．北京：中国经济出版社，1995.
[8] 全国13所高等院校《社会心理学》编写组．社会心理学［M］．天津：南开大学出版社，1995.
[9] 吕秋芳，等．大学生心理健康与调适［M］．北京：华文出版社，2002.
[10] 王登峰，等．大学生心理卫生与咨询［M］．北京：北京大学出版社，1992.
[11] 张述祖，等．基础心理学［M］．北京：教育科学出版社，2000.
[12] 沙香莲．社会心理学［M］．北京：中国人民大学出版社，2002.
[13] 黄希庭．大学生心理健康与咨询［M］．北京：高等教育出版社，2000.
[14] 樊富珉．大学生心理健康与发展［M］．北京：清华大学出版社，1997.
[15] 李有华，等．大学生心理健康教育［M］．北京：中国林业出版社，2000.
[16] 汤姆·莫里斯．造就自己［M］．周旭华，译．海拉尔：内蒙古文化出版社，1997.
[17] 龙建成，等．大学生心理健康向导［M］．西安：西安电子科技大学出版社，2001.
[18] 国家教育委员会全国高等学校毕业生就业指导中心．大学生就业指导［M］．北京：高等教育出版社，1995.
[19] 邱木华，等．青年学生心理指导［M］．北京：中华工商联和出版社，2000.
[20] 张岩松．公关交际艺术［M］．北京：中国社会科学出版社，2006.
[21] 孙智凭．大学生心理健康概论［M］．北京：北京工业大学出版社，2006.
[22] 周家华，等．大学生心理健康教育［M］．北京：清华大学出版社，2004.
[23] 尹登海．职业院校学生心理健康［M］．北京：机械工业出版社，2006.
[24] 施建农，等．人际关系教育［M］．北京：中国税务出版社，1997.
[25] 田万生．青年心理学［M］．北京：中国科学技术出版社，1999.
[26] 张德．心理学［M］．长春：东北师范大学出版社，1993.
[27] 龙建成．大学生心理健康向导［M］．西安：西安电子科技大学出版社，2004.
[28] 钱铭怡．心理咨询与心理治疗［M］．北京：北京大学出版社，1994.
[29]［美］RichardSeharf. 心理治疗与咨询的理论及案例［M］．胡佩诚，等译．北京：中国轻工业出版社，2000.
[30]［美］JerryM. Burger 著．人格心理学［M］．陈会昌等，译．北京：中国轻工业出版社，2010.
[31] 钟友彬．中国心理分析［M］．沈阳：辽宁人民出版社，2001.
[32]［美］珀文．人格科学［M］．周榕等，译．上海：华东师范大学出版社，2001.
[33] 鲁克成．打造你的心理优势［M］．北京：科学出版社，2005.
[34] 张旭东，车文博．挫折应对与大学生心理健康［M］．北京：科学出版社，2005.
[35] 陆卫明，李红．人际关系心理学［M］．成都：西安交通大学出版社，2006.
[36] 叶素贞，曾振华．情绪管理与心理健康［M］．北京：北京大学出版社，2007.

[37] 陶然，等．网络成瘾探析与干预［M］．上海：上海人民出版社，2007.
[38] 程晓玲．恋爱、婚姻与职业——大学生心理学16讲［M］．杭州：浙江大学出版社，2008.
[39]［美］卢西安尼（Luciani. J. J.）．改变自己：心理健康自我训练［M］．迟梦筠，孙燕，译．重庆：重庆大学出版社，2008.
[40] 樊富珉．大学生心理素质教程［M］．北京：北京出版社，2002.
[41] 何少颖．大学生心理健康教育与训练［M］．福建：厦门大学出版社，2003.
[42] 黄希庭．大学生心理健康与咨询［M］．北京：高等教育出版社，2004.
[43] 张泽玲．当代大学生心理素质教育与训练［M］．北京：机械工业出版社，2004.
[44] 白玉萍．破译心灵密码［M］．北京：中国林业出版社，2004.
[45]［英］埃利斯．性心理学［M］．陈维政，等译．贵州：贵州人民出版社，2004.
[46] 樊富珉．团体心理咨询［M］．北京：高等教育出版社，2005.
[47] 郑全全．社会认知心理学［M］．杭州：浙江教育出版社，2008.
[48]［美］威尔伯．性、生态、灵性［M］．李明，等译．北京：中国人民大学出版社，2009.
[49] 何守亮，秦明功．心理健康教育［M］．天津：天津科学技术出版社，2009.
[50] 张国成，邸卫民，王占龙．大学生心理健康教程［M］．北京：北京大学出版社，2008.
[51] 王晓刚．大学生心理健康［M］．北京：清华大学出版社，2008.
[52] 徐玲．大学生心理健康教育教程［M］．北京：高等教育出版社，2007.
[53] 边玉芳．心理健康（高职高专“十一五”规划教材）［M］．上海：华东师范大学出版社，2006.
[54] 魏青．女大学生心理健康指导［M］．成都：西南交通大学出版社，2006.
[55] 湖南省高校大学生心理健康教育研究会组编．大学生心理健康教育与指导［M］．长沙：湖南大学出版社，2006.
[56] 桑志芹，邓旭阳．大学生心理素质训练［M］．上海：上海教育出版社，2006.
[57]［美］Eliot Aronson，Timlth7 D. Wilson，Robin M. Akert. 社会心理学［M］．侯玉波，译．北京：中国轻工业出版社，2005.
[58] 黄希庭．心理学与人生［M］．广州：暨南大学出版社，2005.
[59] 欧居湖，徐建奇．心理学与大学生［M］．成都：天地出版社，2005.
[60] 孙智凭，初凤林，柳建营．大学生心理健康概论［M］．北京：北京工业大学出版社，2005.
[61] 冉超凤．高职大学生心理健康与成长［M］．北京：科学教育出版社，2005.
[62] 贾晓明，陶恒．大学生心理健康——走向和谐与适应［M］．北京：北京理工大学出版社，2005.
[63] 王晋．面向21世纪全国高职高专规划教材——大学生心理健康［M］．北京：北京大学出版社，2005.
[63] 张旭东．挫折应对与大学生心理健康［M］．北京：科学出版社，2005.
[64] 姜宪明，等．大学生心理自我保健［M］．北京：北京出版社，2001.
[65] 徐厚道．心理学概论［M］．北京：北京工业大学出版社，2003.
[66] 陈国梁，等．大学生心理健康教育［M］．广州：华南理工大学出版社，2003.
[68] 高希庚，等．大学生心理健康的理论与实践［M］．天津：天津大学出版社，1999.
[69] 贺淑曼，等．人际交往与人才发展［M］．北京：世界图书出版公司，1999.
[70] 李鸿义，等．大学生心理健康教育与指导［M］．武汉：武汉大学出版社，2002.
[71] 金宏章，等．大学生心理健康教育［M］．哈尔滨：黑龙江教育出版社，2002.
[78] 姜宪明．大学生心理自我保健［M］．北京：北京出版社，2001.
[79] 聂振伟．心理健康教育［M］．北京：北京师范大学出版社，2006.
[80] 牧之，单鹏飞．心理健康枕边书［M］．北京：新世界出版社，2005.